深入浅出
Hyperscan

高性能正则表达式算法原理与设计

王翔 昌昊 洪扬 张磊 著

人民邮电出版社

北京

图书在版编目（CIP）数据

深入浅出 Hyperscan：高性能正则表达式算法原理
与设计 / 王翔等著. -- 北京：人民邮电出版社，
2021.9（2022.5重印）
ISBN 978-7-115-55209-9

Ⅰ．①深… Ⅱ．①王… Ⅲ．①正则表达式－算法
Ⅳ．①TP301.2

中国版本图书馆CIP数据核字(2020)第214139号

内 容 提 要

  本书系统、全面、循序渐进地介绍 Hyperscan 技术。全书共 8 章，主要介绍正则表达式、经典匹配算法和正则表达式匹配所依赖的自动机原理、正则表达式匹配库等，并重点介绍 Hyperscan 的功能特性、设计原理和性能调优技巧，以及匹配引擎的核心算法和 SIMD 加速技术的运用，还展示了 Hyperscan 多样化的应用场景。

  本书既适合作为 Hyperscan 开发者的学习用书，也适合作为高等院校计算机相关专业的师生用书和相关培训学校的教材。

◆ 著　　　　王　翔　昌　昊　洪　扬　张　磊
　　责任编辑　武晓燕
　　责任印制　王　郁　焦志炜

◆ 人民邮电出版社出版发行　　北京市丰台区成寿寺路 11 号
　　邮编　100164　　电子邮件　315@ptpress.com.cn
　　网址　https://www.ptpress.com.cn
　　固安县铭成印刷有限公司印刷

◆ 开本：800×1000　1/16
　　印张：17　　　　　　　　　2021 年 9 月第 1 版
　　字数：310 千字　　　　　　2022 年 5 月河北第 4 次印刷

定价：79.90 元

读者服务热线：(010)81055410　印装质量热线：(010)81055316
反盗版热线：(010)81055315
广告经营许可证：京东市监广登字 20170147 号

前　言

正则表达式的概念早在 20 世纪 50 年代就由美国数学家 Kleene 提出了。由于其丰富的描述性特征，正则表达式在网络安全场景下被广泛用于以规则匹配为核心的深度报文检测。流量特征的多样性决定了网络处理需要定义大量正则规则进行匹配，这成为了网络处理中的一大性能瓶颈。尽管在几十年的发展过程中，人们对正则表达式匹配的研究层出不穷，并沉淀了许多经典的算法，但在 CPU 上以软件形式运行这些经典算法还是难以满足网络处理性能的要求。因此定制化硬件（如 FPGA）的正则匹配加速方案曾经一直主导潮流。在如今网络功能虚拟化（Network Function Virtualization，NFV）的浪潮中，如何在 CPU 上进行高效正则匹配以满足网络场景的需求已成为一大痛点。Hyperscan 应运而生，它让使用通用 x86 处理器进行高性能深度报文检测成为可能。

学术界研究者和产品开发者因此对 Hyperscan 产生了浓厚的兴趣，是什么样的算法设计让其显著优于先前的软件解决方案？由于实现上的复杂性，单纯从代码层面剖析 Hyperscan 对大多数人而言较为晦涩和烦琐，这也成为诸多探索者身前的一大壁垒。作为 Hyperscan 的开发者，我们想通过更好的渠道来分享其中的技术精华，让大家从中汲取一些核心设计思想以应用于实际工作和学习中。因此，我们编写了本书，将开发过程中的经验总结整理成册，供广大读者参考。

本书由浅入深，从正则表达式的介绍和经典算法的剖析来引导感兴趣的初学者入门；接着从 Hyperscan 总体设计原理逐步深入内部匹配引擎的介绍，梳理 Hyperscan 的核心技术点；最后以性能优化和应用场景收尾。为使本书更易于理解，我们使用大量图片和伪代码来解释各种算法和概念。

本书适合那些对算法有强烈兴趣的初学者，以及觉得算法晦涩难懂而无所适从的人阅读，也适合作为计算机相关专业的师生用书。同时它可为相关领域的工作者提供技术上的参考。本书不仅能帮助你理解经典的匹配算法，同时可以在系统设计层面教授你如何将理论与实践相结合。希望广大读者都能从本书中有所收获！

本书内容

本书主要介绍正则表达式算法库 Hyperscan 的设计原理、实现方法、技术细节以及具体应用。本书围绕 Hyperscan 的以下方面展开。

第 1 章介绍正则表达式的语法和相关背景知识。

第 2 章讲解字符串匹配和正则匹配的各类常规算法。

第 3 章介绍并比较目前业界广泛使用的较为成熟的正则匹配算法库。

第 4 章全面介绍 Hyperscan 算法库的功能特性。

第 5 章和第 6 章是本书的核心内容。

第 5 章介绍 Hyperscan 总体设计原则，并详细描述了对正则表达式的全新解构思路。

第 6 章介绍解构后的正则表达式模型的实现方法，并详细描述了优化手段。

第 7 章针对 Hyperscan 的使用，介绍了性能调优的若干原则与技巧。

第 8 章展示了 Hyperscan 与现实应用的整合案例。

本书特色

本书具有以下几个特色。

（1）算法思想，由浅入深。字符串匹配和正则匹配算法，一直是基础算法中比较晦涩的一类，讲解难度较大。而这些都是 Hyperscan 思想的"基石"。本书搜集诸多基础匹配算法，介绍顺序从简单到复杂，从直观到抽象。本书对每个算法源码抽丝剥茧，分析其优势或局限，对于 Hyperscan 算法本身的介绍，也蕴含着自顶向下、从宏观到微观的叙述脉络。读者可以从本书的内容编排感受到，即使是思想艰深的算法，也能有层次感。

（2）优化手段，精心打磨。Hyperscan 算法的灵魂是优化。本书会在合适的位置展示经过体系化总结的 Hyperscan 与传统匹配方案的差异性内容，比如基于有效字符串提取的过滤设计、状态机的分类和调优思想、x86 指令集加速技术等。上述内容作为对算法基础思想的完整补充，可以使读者充分体会 Hyperscan 算法之所以高性能的必要原因。

（3）伪码源码，相辅相成。代码是算法书中讲解算法必不可少的素材，但伪码和源码的取舍，却有讲究。本书基于"因地制宜"的原则来安排所需代码的形式。本着让读者完全明晰细节的初衷，我们会选择源码来介绍基础算法，完全展示算法的实现步骤，并配以详细讲解。而对于 Hyperscan 内部的算法实现，则会使用伪码，因为 Hyperscan 相较于基础算法而言，背景问题的上下文离一般读者更远，有许多实现细节是和项目本身强相关的，放在书中不免带来干扰，因此我们抽取了最核心的部分，写成伪代码，方便读者理解。

（4）图例表格，精准实用。本书对算法讲解的基本模式是，从基本思想出发，借助代码来解释关键步骤，通常还会辅以一个精心设计的实例运行过程。本书为算法实例的运行设计了风格简约的示意图和表格，力求还原出可以匹配算法运行的整个动态过程，以加深读者对算法的理解。

（5）理论实践，兼收并重。除了最核心的 Hyperscan 算法库的设计和相关内容的实现，本书还涵盖了算法库在实际应用中的更多丰富内容，比如：业界同类型算法库产品的对比；针对 Hyperscan 普通用户给出进行性能调优的实用建议；Hyperscan 与成熟的开源产品整合的案例分析。本书将这些内容也分享出来，期望给读者呈现出一个全面的、立体的关于 Hyperscan 这个产品的故事。

建议和反馈

写书是一项极其琐碎、繁重的工作，尽管我已经竭力使本书接近完美，但仍然可能存在漏洞和瑕疵。欢迎读者提供关于本书的反馈意见，这有利于我们改进和提高，从而帮助更多的读者。如果你对本书有任何评论和建议，可以致信作者邮箱 xiang.w.wang@intel.com 进行交流或登录异步社区的本书页面进行评论，我将不胜感激。

致谢

感谢 Langdale Geoffrey 和 Ravisundar Subhiksha 为本书撰写的宝贵内容！感谢网络平台事业部经理周林和李雪峰在本书编写过程中提供的大力支持！感谢提供宝贵意见的同事们，感谢提供技术支持的同学们！感恩我遇到的众多良师益友！

资源与支持

本书由异步社区出品，社区（https://www.epubit.com/）为您提供相关资源和后续服务。

提交勘误

作者和编辑尽最大努力来确保书中内容的准确性，但难免会存在疏漏。欢迎您将发现的问题反馈给我们，帮助我们提升图书的质量。

当您发现错误时，请登录异步社区，按书名搜索，进入本书页面，单击"提交勘误"，输入勘误信息，单击"提交"按钮即可。本书的作者和编辑会对您提交的勘误进行审核，确认并接受后，您将获赠异步社区的 100 积分。积分可用于在异步社区兑换优惠券、样书或奖品。

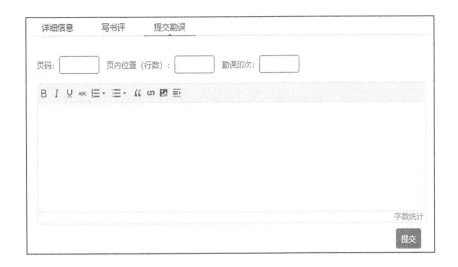

扫码关注本书

扫描下方二维码，您将会在异步社区微信服务号中看到本书信息及相关的服务提示。

与我们联系

我们的联系邮箱是 contact@epubit.com.cn。

如果您对本书有任何疑问或建议,请您发邮件给我们,并请在邮件标题中注明本书书名,以便我们更高效地做出反馈。

如果您有兴趣出版图书、录制教学视频,或者参与图书翻译、技术审校等工作,可以发邮件给我们;有意出版图书的作者也可以到异步社区在线提交投稿(邮箱为 wuxiaoyan@ptpress.com.cn)。

如果您所在的学校、培训机构或企业,想批量购买本书或异步社区出版的其他图书,也可以发邮件给我们。

如果您在网上发现有针对异步社区出品图书的各种形式的盗版行为,包括对图书全部或部分内容的非授权传播,请您将怀疑有侵权行为的链接发邮件给我们。您的这一举动是对作者权益的保护,也是我们持续为您提供有价值的内容的动力之源。

关于异步社区和异步图书

"异步社区"是人民邮电出版社旗下 IT 专业图书社区,致力于出版精品 IT 技术图书和相关学习产品,为作译者提供优质出版服务。异步社区创办于 2015 年 8 月,提供大量精品 IT 技术图书和电子书,以及高品质技术文章和视频课程。更多详情请访问异步社区官网 https://www.epubit.com。

"异步图书"是由异步社区编辑团队策划出版的精品 IT 专业图书的品牌,依托于人民邮电出版社近 30 年的计算机图书出版积累和专业编辑团队,相关图书在封面上印有异步图书的LOGO。异步图书的出版领域包括软件开发、大数据、AI、测试、前端、网络技术等。

异步社区

微信服务号

目 录

第1章 正则表达式简介

正则表达式是为了匹配特定的字符串而定义的描述字符串特征的模式，通常用于查找、替换符合特征的字符串，或者用来验证某个字符串是否符合指定的特征。

正则表达式最初的想法源于 1940 年，神经生理学家 Warren McCulloch 与 Walter Pitts 研究出了一种用数学方式来描述神经网络的模型，他们将神经系统中的神经元描述成小而简单的自动控制元。1951 年，数学家 Stephen Kleene 利用被他称为"正则集合"的数学符号来描述此模型，这种表达式称为"正则表达式"，正则表达式从此成为现实。之后 1968 年，UNIX 操作系统之父 Ken Thompson 将这套符号系统引入了他的文本编辑器 qed，这种编辑器后来成了 UNIX ed 编辑器的基础，并由 ed 将正则表达式引入了 grep。自此以后，正则表达式被广泛地应用到各种 UNIX 操作系统或类 UNIX 操作系统中。

正则表达式是一种强大、便捷、高效的文本处理工具，其赋予了使用者描述和分析文本的能力。从更高的层面上来说，正则表达式允许使用者掌控自己的数据为自己服务[1]。掌握正则表达式，就是掌握自己的数据。接下来就让我们来了解一下正则表达式的相关知识。

1.1 正则表达式的语法

完整的正则表达式是由普通字符和元字符组成的文本模式。

普通字符包括大写和小写字母、所有的数字，以及没有特殊定义的标点和符号。元字符则是在正则表达式中具有特殊含义的一些符号。

正则表达式具有非常丰富的元字符并且提供了强大的描述能力，这是正则表达式具有强大处理能力的关键。构造正则表达式的方法和创建数学表达式的方法一样，可以通过多种元字符将子表达式结合在一起来创建更大的表达式。

正则表达式的元字符

下面列举了一些常见正则表达式的元字符，这里仅做简要的说明。此外，不同的流派支持的元字符和这些元字符代表的意义存在着细微的差异，这里参考了 Perl 兼容正则表达式（Perl Compatible Regular Expression，PCRE）的语法。关于 PCRE 的内容，请参考 1.2.1 小节。类似于数学运算符，正则表达式的元字符之间也有优先权顺序。在匹配过程中，按照正则表达式中从左到右、不同优先权先高后低来匹配相应的元字符。下面列举了优先权从高到低的正则表达式元字符的类型：转义符、字符组、分组、匹配量词、锚点和零宽断言，以及多选结构和嵌入条件等。

1. 转义符

转义符用来清晰简便地表示一些特定的字符，包括一些不可打印字符。转义符和相关元字符，如表 1.1 所示。

表 1.1　转义符和相关元字符

转义符和元字符	含义	类型
\	将具有特殊含义的元字符转义成字符本身	元字符转义
\a	匹配 ASCII 的响铃符 BEL	字符缩略表示法
\b	仅在字符组内部匹配 ASCII 的退格符 BS	
\e	匹配 ASCII 的跳出符 ESC	
\f	匹配 ASCII 的换页符 FF	
\n	匹配 ASCII 的换行符 LF	
\r	匹配 ASCII 的回车符 CR	
\t	匹配 ASCII 的水平制表符 HT	
\v	匹配 ASCII 的垂直制表符 VT	
\cX	匹配由 X 指定的 ASCII 控制字符，X 的值为 A~Z 或者 a~z。例如\cJ 匹配 ASCII 的换行符 LF	
\0dd	八进制数 dd 所代表的字符	八进制和十六进制转义
\xhh	十六进制数 hh 所代表的字符	

（1）利用转义符来匹配具有特殊含义的元字符本身。举例说明，*在正则表达式中是一个量词元字符，表示匹配前面的子表达式零次或任意次，但是转义之后*匹配的是*这个元字符本身。同样地，要匹配\元字符本身，需要写成\\。

（2）利用字符缩略表示法来匹配其他方式很难描述的 ASCII 控制字符和不可打印字符，最常见的就是\n 匹配换行符 LF，\r 匹配回车符 CR。其中一个特别的用法是用\cX 来匹配 X 指明的控制字符，X 的值为 A~Z 或者 a~z，例如\cJ 匹配换行符 LF，\cM 匹配回车符 CR。

（3）八进制转义和十六进制转义。\0dd 表示八进制数 dd 所代表的字符，\xhh 表示十六进制数 hh 所代表的字符。

2. 字符组

字符组指在正则表达式中的某个位置表示一组指定的字符。常见的字符组表示方法有点号、普通字符组和字符组简记法，如表 1.2 所示。

表 1.2 字符组

元字符	含义	类型
.	匹配除了换行符之外的任意一个字符。如果设置了点号通配模式（dot-match-all），则可以匹配任意一个字符	点号
[...]	匹配方括号中所列字符组合的任意一个字符，例如，[abc]可以匹配 a、b 和 c 这 3 个字符当中的任意一个，[0-9]可以匹配 0~9 的任意一个数字	普通字符组
[^...]	匹配方括号中所列字符组合之外的任意一个字符，例如：[^abc]可以匹配除 a、b 和 c 这 3 个字符之外的任意字符，[^0-9]可以匹配 0~9 之外的任意字符	
\d	匹配任意一个数字，等价于[0-9]	字符组简记法
\D	匹配任意一个非数字字符，等价于[^0-9]	
\s	匹配任意一个不可见空白字符，包括空格、换页符和制表符等，等价于[\f\n\r\t\v]	
\S	匹配任意一个可见非空白字符，等价于[^ \f\n\r\t\v]	
\w	匹配任意一个包括下划线的单词字符，等价于[A-Za-z0-9_]	
\W	匹配任意一个非单词字符，等价于[^A-Za-z0-9_]	

（1）点号可以匹配除了换行符之外的任意一个字符，如果设置了点号通配模式（dot-match-all），则可以匹配任意一个字符。

（2）普通字符组指通过[...]来匹配方括号中所列字符组合中的任意一个字符，或者通过[^...]来匹配方括号中所列字符组合之外的任意一个字符。

（3）字符组简记法指对一些常见字符更简便的表示方法。例如\d 匹配任意一个数字，等价于[0-9]，\D 匹配任意一个非数字字符，等价于[^0-9]。

需要强调的是，元字符的规定在字符组内外是有差别的。例如在字符组内部，*不是元字符，而-是元字符。此外，有些元字符在字符组内外的含义是不同的，例如\b 匹配 ASCII 退格符，仅在字符组内部有效，在字符组外部则匹配单词边界。

3. 分组

分组主要包括捕获型分组和非捕获型分组，如表 1.3 所示。

表 1.3　捕获型分组和非捕获型分组

元字符	含义	类型
(...)	正则表达式中通过捕获型分组(...)和命名捕获型分组(?<name>...)匹配的结果都可以在正则表达式后面通过\1、\2……编号方式来引用。分组编号的规则是先只对普通捕获型分组按照括号顺序编号，然后再对命名捕获型分组从左往右累计编号	捕获型分组
(?<name>...)	命名捕获型分组，分组内子表达式匹配结果可以通过\1、\2……编号的方式来引用，也可以通过\k<name>的方式来引用	
(?:...)	非捕获型分组，不会捕获子表达式匹配的结果，因而也无法反向引用	非捕获型分组
(?>...)	原子分组，分组内的子表达式匹配之后，匹配的内容就固定下来不会交还已匹配的字符	

　　捕获型分组指的是以(...)标记的一个子表达式作为分组并捕获这个子表达式的匹配结果，这个捕获的结果可以利用前文提到的\1、\2……编号的方式来引用。这种分组并捕获匹配结果的(...)称之为捕获型分组。分组编号的规则是按照左括号(从左往右出现的顺序，从 1 开始编号。

　　还有一种命名捕获型分组(?<name>...)能够为捕获的内容命名，捕获的结果可以利用\1、\2……编号的方式来引用，也可以通过\k<name>的方式来引用。注意，如果捕获型分组和命名捕获型分组都用编号来引用，分组编号的规则是先只对普通捕获型分组按照左括号顺序编号，然后再对命名捕获型分组从左往右累计编号。

　　除此之外，(?:...)只支持分组，而不会捕获子表达式的匹配结果，因而也无法反向引用，这种称为非捕获型分组。非捕获型分组的作用主要是把复杂的表达式变得清晰，并且可以避免一些无用的捕获来提高正则表达式的效率。

　　还有一种特殊的分组(?>...)称为原子分组。也就是分组内的子表达式匹配之后，匹配的内容就固定下来不会交还已匹配的字符。原子分组也是非捕获型分组。

4.　匹配量词

　　匹配量词能够用来限制前面子表达式的匹配次数。匹配量词又可以分为标准匹配量词、忽略优先量词和占有优先量词，如表 1.4 所示。

表 1.4　匹配量词

元字符	含义	类型
*	匹配前面的子表达式任意次，匹配是贪婪的	标准匹配量词
+	匹配前面的子表达式一次或者多次，即大于等于一次，匹配是贪婪的	
?	匹配前面的子表达式零次或者一次，匹配是贪婪的	
{n}	匹配前面的子表达式 n 次，n 是一个非负整数，匹配是贪婪的	
{n,}	匹配前面的子表达式至少 n 次，n 是一个非负整数，匹配是贪婪的	
{n,m}	匹配前面的子表达式次数大于等于 n 且小于等于 m，n、m 是非负整数且 $n \leqslant m$，匹配是贪婪的	

续表

元字符	含义	类型
*?	匹配前面的子表达式任意次，匹配是非贪婪的	
+?	匹配前面的子表达式一次或者多次，即大于等于一次，匹配是非贪婪的	
??	匹配前面的子表达式零次或者一次，匹配是非贪婪的	忽略优先匹配量词
{n,}?	匹配前面的子表达式至少 n 次，n 是一个非负整数，匹配是非贪婪的	
{n,m}?	匹配前面的子表达式次数大于等于 n 且小于等于 m，n、m 是非负整数且 n≤m，匹配是非贪婪的	
*+	匹配前面的子表达式任意次，匹配是贪婪的且匹配结果不回溯	
++	匹配前面的子表达式一次或者多次，即大于等于一次，匹配是贪婪的且匹配结果不回溯	
?+	匹配前面的子表达式零次或者一次，匹配是贪婪的且匹配结果不回溯	占有优先匹配量词
{n,}+	匹配前面的子表达式至少 n 次，n 是一个非负整数，匹配是贪婪的且匹配结果不回溯	
{n,m}+	匹配前面的子表达式次数大于等于 n 且小于等于 m，n、m 是非负整数且 n≤m，匹配是贪婪的且匹配结果不回溯	

（1）标准匹配量词包括*、+、?、{n}、{n,}和{n, m}。标准匹配量词都是贪婪（greedy）的，会尽可能地匹配更多的内容。举例来说，当正则表达式 ab+去匹配字符串 abbbb 时，量词+会尽可能多地匹配字母 b，所以最终的匹配结果是 abbbb。

（2）忽略优先量词是在标准匹配量词之后紧跟?修饰符，即*?、+?、??、{n}?、{n,}?和{n,m}?。忽略优先量词和匹配优先量词正好相反，是非贪婪(non-greedy)的，会尽可能少地匹配内容。举例来说，当正则表达式 ab+?去匹配字符串 abbbb 时，量词+?会尽可能少地去匹配字母 b，所以最终的匹配结果是 ab。

（3）占有优先量词是在标准匹配量词之后接+字符，即*+、++、?+、{n}+、{n,}+和{n,m}+。占有优先量词类似于标准匹配量词，但是匹配的结果不会"交还"或者说回溯。举例来说，当正则表达式 a.*b 和 a.*+b 同时去匹配字符串 acccb 时，a.*b 会匹配成功，而 a.*+b 会匹配失败。原因是不管是.*还是.*+，它们都是匹配优先的，并且"贪婪"地匹配到了字符串 acccb 中的 cccb，但是.*+不会回溯已匹配到的结果，所以正则表达式 a.*+b 中的 b 会发现这时候字符串中已经没有 b 可以匹配，从而整个正则表达式匹配失败。占有优先量词能够控制匹配和不能匹配的内容，在某些场合下使用占有优先量词能够提高匹配效率。原子分组的概念类似于占有优先量词，例如，(?>\d+)的含义等价于\d++。

5. 锚点和零宽断言

正则表达式中的锚点和零宽断言都不会匹配实际的字符，而是寻找和定位字符在文本中的位置，可以认为都是定位符，如表 1.5 所示。

表 1.5　锚点和零宽断言

元字符	含义	类型
^	匹配字符串开始位置，多行模式下匹配行开始位置	锚点
$	匹配字符串结束位置，多行模式下匹配行结束位置	
\b	匹配一个单词边界，也就是单词和空格之间的位置，不匹配任何字符	
\B	匹配非单词边界	
\A	匹配字符串开始位置，多行模式下匹配行开始位置，等价于^	
\Z	匹配字符串结束位置，多行模式下匹配行结束位置，等价于$	
\z	只匹配字符串结束位置	
(?=exp)	零宽正向先行断言（zero-width positive lookahead），目标字符出现的位置右边必须匹配 exp 这个表达式	零宽断言
(?!exp)	零宽负向先行断言（zero-width negative lookahead），目标字符出现的位置右边不能匹配 exp 这个表达式	
(?<=exp)	零宽正向后发断言（zero-width positive lookbehind），目标字符出现的位置左边必须匹配 exp 这个表达式	
(?<!exp)	零宽负向后发断言（zero-width negative lookbehind），目标字符出现的位置左边不能匹配 exp 这个表达式	

6. 多选结构和嵌入条件

多选结构...|...能够在同一位置测试多个子表达式，每个子表达式被称为一个多选分支。在匹配时，整个多选结构被视为单个元素，只要其中某个子表达式能够匹配，整个多选结构的匹配就成功；如果所有子表达式都不能匹配，则整个多选结构匹配失败。

多选结构常常和嵌入条件一起使用，如表 1.6 所示。常用的嵌入条件形式是(?(ref)yes_exp|no_exp)，表示如果编号 ref 引用的捕获型分组存在，则匹配 yes_exp，否则匹配 no_exp。例如，上海地区固定电话号码一般写成 021-12345678 或者(021)12345678，可以用正则表达式(\()?021(?(\1)\)|-)\d{8}来匹配这两种写法。其中(?(\1)\)|-)部分表示如果前面\(捕获到了匹配，那么继续匹配一个右括号)，否则匹配一个横线-。

表 1.6　多选结构和嵌入条件

元字符	含义	类型
...|...	在同一位置测试多个子表达式，只要其中某个子表达式能够匹配，整个多选结构的匹配就成功；如果所有子表达式都不能匹配，则整个多选结构匹配失败	多选结构
(?(ref)yes_exp|no_exp)	如果 ref 编号引用的捕获型分组存在，则匹配 yes_exp，否则匹配 no_exp	嵌入条件

7.　模式修饰符

除了常用的元字符以外，正则表达式也经常可以通过模式修饰符(?modifier)来设置匹配的模式，如表 1.7 所示。常见的模式 modifier 的值如下。

（1）i：表示忽略大小写的模式。

（2）s：表示点号通配模式，即点号可以匹配换行。

（3）m：表示多行模式，在这种模式下^、$、\A 和\Z 这些锚点符匹配的是行起始位置。

表 1.7　模式修饰符

元字符	含义	类型
(?modifier)	开启 modifier 指定的匹配模式，modifier 的值通常有 i、s 和 m	
(?-modifier)	关闭 modifier 指定的匹配模式	模式修饰符
(?modifier:...)	开启 modifier 指定的匹配模式，并且指定其作用范围在当前括号内	

模式修饰符设置模式打开之后可以通过(?-modifier)来停用。此外，模式修饰符的作用范围局限于一个括号分组内。还有一种更简单的指定模式修饰符作用范围的方法是(?modifier:...)，表示其作用范围只在当前这个括号内有效。

1.2　正则表达式的流派与标准

前文提到，自从 Ken Thompson 将正则表达式引入 qed 编辑器之后，越来越多的 UNIX 操作系统或者类 UNIX 操作系统开始使用正则表达式，例如 grep、egrep、lex、awk 和 sed 等。不同的开发语言，例如 C/C++、Java、Tcl、Python、Perl 和 PHP 等也都包含了各自的正则表达式包。

但是，不同的工具和不同的开发语言在自身的发展过程中对正则表达式支持的元字符和这些元字符的意义的规定存在着较多的差异，导致形成众多正则表达式的流派。

不同流派之间的差异给正则表达式的发展和使用造成了一定程序的混乱，不同流派的整合和相关标准的制定成为一个必然的趋势。

1.2.1　PCRE 简介

随着互联网的发展，文本和数据处理变得越来越重要。在众多的工具和开发语言发展过程中，Perl 5 由于其强大、便捷的文本和数据处理能力广受欢迎，Perl 支持的正则表达式也逐渐成为最重要的流派之一，越来越多的工具和开发语言开始支持兼容 Perl 正则表达式的语法。与此同时，PCRE 也出现了。

PCRE 是由 Philip Hazel 在 1997 年发布的一套兼容 Perl 正则表达式的库。PCRE 的正则引擎质量很高，继承了 Perl 的正则表达式的语法和语义。开发者可以把 PCRE 整合到自己的工具和语言中，为用户提供丰富且极具表现力的各种正则功能。许多软件都使用了 PCRE，例如 PHP、Apache 2 和 Nmap 等[1]。

PCRE 有两个主要的版本，当前版本是 PCRE2，于 2015 年发布，最新版本号是 10.35。而目前使用得最广泛的仍然是 1997 年发布的 PCRE，当前版本号是 8.44。

PCRE 语法从严格意义上来说是正则表达式的一个流派，而不是正则表达式的一个标准，但是由于 PCRE 使用广泛和受欢迎程度高，开发者也常常把兼容 PCRE 语法称为符合 PCRE 标准。

1.2.2　POSIX 标准

在 Perl 和 PCRE 发展时，电气与电子工程师学会（Institute of Electrical and Electronics Engineers，IEEE）也开始制定正则表达式的可移植操作系统接口（Portable Operating System Interface，POSIX）标准来规范不同的正则表达式流派。

1. BRE 和 ERE

正则表达式 POSIX 标准把正则表达式分成两大类：基本正则表达式（Basic Regular Expression，BRE）和扩展正则表达式（Extended Regular Expression，ERE），遵循 POSIX 标准的程序必须支持其中任意一种。BRE 和 ERE 的主要区别如表 1.8 所示。

表 1.8　BRE 和 ERE 的主要区别

元字符	BRE	ERE
^	支持	支持
.	支持	支持
[...] [^...]	支持	支持
$	支持	支持
*	支持	支持
+	不支持	支持
?	不支持	支持
(...)	需要加转义符\(...\)	支持
{n,m}	需要加转义符\{n,m\}	支持
\x（x 为 1～9）	支持	不支持
...|...	不支持	支持

在传统的 UNIX 常用工具中，grep、vi 和 sed 等都属于 BRE 流派，所以当它们使用像()、{}这样的元字符时，元字符前面必须要加转义符，而且 BRE 流派也不支持+、?量词，以及...|...多选结构。但是，今天纯粹的 BRE 已经很少见了，GNU 对 BRE 做了扩展，使得 BRE 也能支持+、?量词，以及...|...多选结构，不过这些元字符前面都必须要加转义符变成\+、\?、\|。所以，GNU 的 grep 等工具严格地说应该属于 GNU BRE[2]。

而在传统的 UNIX 常用工具中，egrep、grep –E 和 awk 等就属于 ERE 流派。ERE 名为扩展，但其并不是 BRE 的扩展，而是自成一体。ERE 中元字符使用时前面无须加转义符，并且支持+和?量词，支持...|...多选结构。值得注意的是，POSIX ERE 标准中并没有定义\x 反向引用的实现。GNU 同样对 ERE 做了扩展，使得 ERE 能够支持\x 反向引用的功能。所以，GNU 的 egrep 等工具严格地说属于 GNU ERE[2]。

其实从功能来看，GNU BRE 和 GNU ERE 已经基本没有区别了。最大的不同就是 GNU ERE 元字符使用时前面不需要加转义符。

2. POSIX 字符组

在 POSIX 标准中，[a-z]和[^a-z]这样的字符组表示是合法的。但是 POSIX 标准还支持一种特别的字符组表示，类似于[[:alnum:]]和[[:alpha:]]，这其实是 POSIX 标准方括号表达式的一种特殊功能。POSIX 方括号表达式与 PCRE 字符组[...]和[^...]最主要的区别在于，POSIX 方括号表达式内部\不是用来转义的，所以在 POSIX 中[\d]匹配的是\和 d 两个字符。

POSIX 字符组其实就是在 POSIX 方括号表达式内使用几种特殊元字符。值得注意的是，POSIX 字符组表示的是当前语言环境下对应的字符，因此 POSIX 字符组详细的列表会根据当前语言环境的变化而变化。此外，这种特殊的元字符只有在方括号表达式内部才是有效的，所以使用完整的 POSIX 字符组时必须写成[[:alnum:]]。

表 1.9 列举了一些常见的 POSIX 字符组的元字符及其含义，这些元字符通常在不同的语言环境下都能支持[1]。

表 1.9　POSIX 字符组的元字符及其含义

POSIX 字符组的元字符	含义
[:alnum:]	字母和数字
[:alpha:]	字母
[:blank:]	空格和制表符
[:cntrl:]	控制字符
[:digit:]	数字

续表

POSIX 字符组的元字符	含义
[:xdigit:]	十六进制中允许出现的数字（0～9、a～z、A～Z）
[:graph:]	非空字符（即空白字符、控制字符之外的字符）
[:lower:]	小写字母
[:upper:]	大写字母
[:print:]	类似[:graph:]但包含空白字符
[:punct:]	标点符号
[:space:]	所有的空白字符（[:blank:]、换行符和回车符等）

1.3 本章参考

[1] Friedl E F．精通正则表达式[M]．3 版．余晟，译．北京：电子工业出版社，2012.

[2] 余晟．正则指引[M]．2 版．北京：电子工业出版社，2018.

第 2 章　正则表达式匹配算法

正则表达式作为表示复杂语义的模式串的有力工具，它的定义是递归的：一个正则表达式要么是一个简单的字符串，要么是正则表达式的串联、并联或重复。匹配正则表达式的算法相当复杂，只有在模式串不能用更简单的方法来表示的时候才会使用正则表达式来表示。

一方面，正则表达式的匹配通常是用有限自动机来解决的，具体又可以分为非确定性有限状态自动机（Non-deterministic Finite Automata，NFA）和确定性有限状态自动机（Deterministic Finite Automata，DFA）两种，后者可以由前者转化而来。另一方面，字符串其实是正则表达式的特殊情况，它本身不一定需要借助生成自动机来匹配，它的匹配有更丰富的算法可选择。本章对简单字符串和普通正则表达式的匹配手段进行梳理和介绍。

2.1　纯字符串匹配

2.1.1　单字符串匹配 KMP 算法

字符串匹配问题的基本情境是这样的：给定一个搜索串 S（输入语料）和一个模式串 P（字符串规则），如何查找 P 在 S 中的位置？首先需要将 P 和 S 对齐，然后从头开始比较二者在每一个对齐位置上的字符是否相同，只要相同就各自查看下一位。如果从模式串的开始位置到结尾位置的字符序列都和搜索串中相同，就说明成功找到了 P 在 S 中的匹配。但如果在某个位置上，模式串的字符和搜索串的字符不相同呢？下一步该怎么办？解决思路有多种。如果采用暴力匹配的思路，假设某个时刻发生了这种两边字符不相同的情况，或者称为"失配"，并且失配的字符分别位于搜索串的第 i 位、模式串的第 j 位，即 $S[i]\ !=\ P[j]$，那么暴力匹配的下一步是：令 $i = i - j + 1$，且 $j = 0$。这相当于每次失配时，搜索串需要回溯到上一轮开始位置的下一位，模式串则需要从头再来。不同的算法在失配发生时，采取的后续跳转方法各有不同，暴力匹配只是最保守的情况。

KMP（Knuth-Morris-Pratt）算法是一种用于单字符串匹配的传统算法，其时间复杂度为 $O(n)$，其中 n 为搜索串长度。其匹配过程中依次将搜索串每个位置的字符与模式串特定位置的字符做比较。工作特点为搜索串的位置不做回溯。当前位置匹配的情况下搜索串位置和模式串位置同步递增 1，而失配的情况下搜索串停留原位置与模式串当前位置的失配跳转位置再做比较。其运行期算法很简洁，关键在于预处理，即根据模式串自身的特点计算出失配函数，即模式串每个位置的失配跳转位置。

KMP 算法运行的伪代码如下：

```
1   #s  : string for scan
2   #p  : string pattern
3   #miss  : mismatch function
4
5   function kmp_runtime(s, p, miss)
6     i := 0;
7     j := 0;
8     while i < strlen(s) do
9       if (j = -1) || (s[i] = p[j]) then
10          i := i + 1;
11          j := j + 1;
12        else
13          j := miss[j];
14        end if
15        if j = strlen(p) then
16          report match @ (i - 1);
17          j := miss[j];
18        end if
19      end while
20  end function
```

其中预处理计算模式串的失配函数是算法的关键，在发生失配时不能简单地将搜索串失配位置的字符与模式串开头位置的字符做下一步比较，因为在发生失配的前一个位置上必有模式串的某个子串产生了匹配，所以该子串的所有严格后缀（除去该子串本身的后缀）也产生了匹配。若该子串的某严格后缀同样为模式串前缀，那么该前缀部分也是产生了匹配的。若将模式串失配位置的失配函数值直接置 0，就会跳过产生匹配的前缀部分，从而可能丢失潜在的匹配。

图 2.1 展示了一个丢失匹配的例子。假设有模式串 abcabe，对图中的搜索串进行匹配，在位置 5 发生失配，但此时位置 3、4 上有子串 abcab 的后缀 ab 发生匹配，且 ab 又恰是 abcab 的前缀，若简单地将失配函数值置 0，即模式串向后移动 6 个位置，则会漏掉从位置 3 到位置 8 的真实匹配。

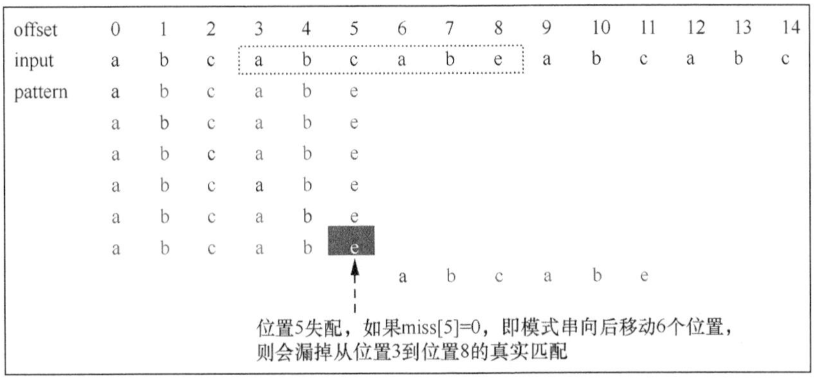

offset	0	1	2	3	4	5	6	7	8	9	10	11	12	13	14
input	a	b	c	a	b	c	a	b	e	a	b	c	a	b	c
pattern	a	b	c	a	b	e									
	a	b	c	a	b	e									
	a	b	c	a	b	e									
	a	b	c	a	b	e									
	a	b	c	a	b	e									
	a	b	c	a	b	e									
					a	b	c	a	b	e					

位置5失配，如果miss[5]=0，即模式串向后移动6个位置，则会漏掉从位置3到位置8的真实匹配

图 2.1　失配函数值置 0 的漏报风险

为了不漏掉这类潜在的匹配，模式串每个位置的失配函数值应当设为该位置之前的子串的严格后缀，且为模式串最长前缀的后一个位置的值。

编译期模式串失配函数在各个位置的值可通过如下伪代码来计算：

```
1    #p    : string pattern
2    #miss : mismatch function
3
4    function kmp_compile(p, miss)
5        miss[0] := -1;
6        i := 0;
7        j := -1;
8        while i < strlen(p) do
9            if (j = -1) || (p[i] = p[j]) then
10               i := i + 1;
11               j := j + 1;
12               miss[i] := j;
13           else
14               j := miss[j];
15           end if
16       end while
17   end function
```

例如，对给定模式串 abcabc，其失配函数值如图 2.2 所示。

给定搜索串 abcabeabaabcabc，则匹配流程如下。

初始状态为从头对搜索串和模式串进行匹配，直到位置 5 发生失配，如图 2.3 所示。

offset	0	1	2	3	4	5
pattern	a	b	c	a	b	c
miss	-1	0	0	0	1	2

图 2.2　KMP 编译期生成的失配函数

由于 miss[5] = 2，因此意味着子串 s[0..4] 的严格后缀中的 s[3..4] 同时也是 s 最长前缀 s[0..1] 在位置 4 的匹配。此时，必须将模式串的位置 2 与搜索串的位置 5 对齐再继续进行匹配，仍然在该位置发生失配，如图 2.4 所示。

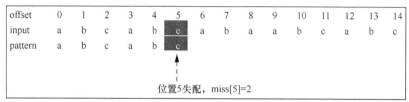

图 2.3　KMP 运行至第 1 次失配

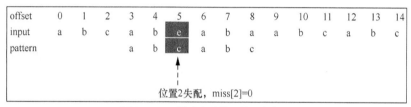

图 2.4　KMP 模式串后移及第 2 次失配

再次计算 miss[2] = 0，将模式串位置 0 与搜索串位置 5 对齐继续匹配，再次发生失配，如图 2.5 所示。

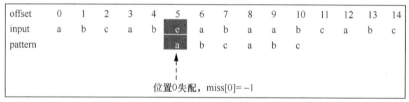

图 2.5　KMP 模式串后移及第 3 次失配

由于 miss[0] = −1，将模式串位置后移 1，即将模式串位置 0 与搜索串位置 6 对齐继续匹配，这次在搜索串位置 8（模式串位置 2）发生失配，如图 2.6 所示。

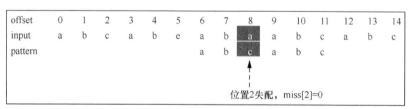

图 2.6　KMP 模式串后移并运行至第 4 次失配

此时有 miss[2]=0，将模式串位置 0 与搜索串位置 8 对齐继续匹配，这次在搜索串位置 9（模式串位置 1）发生失配，如图 2.7 所示。

由于 miss[1] = 0，须将模式串位置 0 与搜索串位置 9 对齐继续匹配，直至搜索串位置 14

（模式串位置 5）匹配到完整的模式串，报告该匹配，如图 2.8 所示。

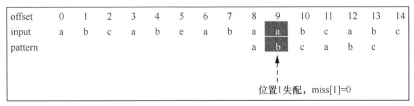

图 2.7　KMP 模式串后移并运行至第 5 次失配

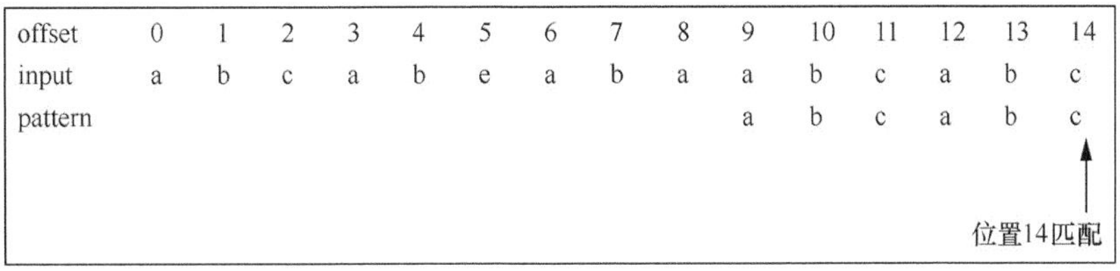

图 2.8　KMP 模式串后移，找到匹配

搜索串完结，算法运行结束。

该实例 KMP 算法运行全过程如图 2.9 所示。

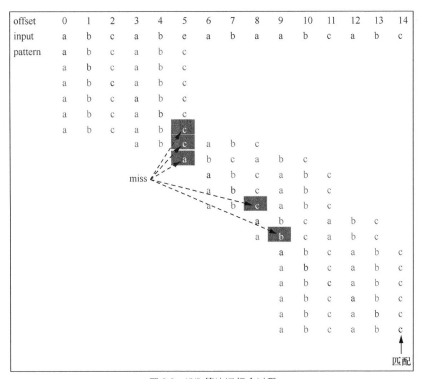

图 2.9　KMP 算法运行全过程

2.1.2　单字符串匹配 BM 算法

BM（Boyer-Moore）算法是进行单字符串匹配的经典算法，其时间复杂度为 $O(n)$，其中 n 为搜索串长度。相比 KMP 算法，BM 算法的效率更高，各种文本编辑器（如 Vim）大多采用 BM 算法来实现查找功能。

与 KMP 算法从模式串头部开始向后进行比较不同，BM 算法从模式串尾部开始向前进行比较。考虑一种匹配率较低的场景，即如果搜索串某区间所有字符都不在模式串中出现，KMP 算法从模式串头部开始比较。在区间中每个位置都与模式串位置 0 的字符失配，每次模式串向后移动 1 个位置。若模式串长度为 m，则要做 m 次比较和后移才能处理搜索串中 m 个字符。而 BM 算法从模式串尾部开始比较，尾部失配时可直接将模式串后移 m 个位置，只需 1 次比较和后移就能处理搜索串中 m 个字符。在该场景下可直观地看出 BM 算法的效率优势。

当然，BM 算法并不能保证一直有这么好的运气，尾部失配但失配字符在模式串其他位置出现的情形，或是尾部部分后缀匹配的情形，都是需要考虑的。

首先考虑尾部失配但失配字符在模式串其他位置出现的情形。假设模式串长度为 m，此时不能简单地将模式串后移 m 个位置，因为这样可能漏掉潜在的匹配。安全的做法是将失配字符的位置与其在模式串中前一个字符出现的位置对齐。据此可导出"坏字符规则"，将发生失配的字符称为坏字符，遇到坏字符 c 时，将模式串后移的位置数 bad[c] 称为坏字符函数，则坏字符函数的每个值可通过如下伪代码来计算：

```
1    #p    : string pattern
2    #bad  : bad character function
3
4    function bm_compile_bad(p, bad)
5      for c = 0 to 255 do
6        bad[c] := strlen(p);
7      end for
8      for i = 0 to strlen(p) - 1 do
9        bad[p[i]] := strlen(p) - 1 - i;
10     end for
11   end function
```

需要注意的是，上述一维数组形式的坏字符函数只能完美表达坏字符出现在模式串尾部的情况。对有部分后缀匹配的情况，例如在模式串位置 j 发生了坏字符 c，则模式串后移的位置数应为 bad[c]+j−(m−1)，有些时候这个值甚至会是负数。完整的坏字符函数应当是一个二维数组，即发生在模式串每个位置的每个坏字符都需要一个函数值，其大小为 $m×256$，但这样存储开销较大。在实际应用中，多使用上述一维数组，虽然它不能完美处理有部分后缀匹配的情况，但不用担心，部分后缀匹配的情况是我们即将要考虑的第二个问题，会有更适合的方法来解决这个问题。

接下来讨论部分后缀匹配的情形。该情形与利用 KMP 算法构造失配函数类似，但不完全相同。由于 BM 算法从尾部开始向前比较，在某位置失配时，若模式串某后缀已得到匹配，那么该后缀称为好后缀。此时需考虑好后缀是否与其他子串相同的情况，如有下一步操作应将模式串后移至相同子串与好后缀对齐的位置。如有多个其他子串与好后缀相同，那么应将最近的相同子串与好后缀对齐，才不会漏掉潜在的匹配。当没有与好后缀相同的子串时，还需检查好后缀的严格后缀与模式串前缀重合的情况。为不漏掉潜在的匹配，应将好后缀的严格后缀中的模式串最长前缀与好后缀尾部对齐。

当既没有与好后缀相同的子串，又没有与好后缀的严格后缀重合的模式串前缀时，可直接将模式串后移 m 个位置。

图 2.10 和图 2.11 中的例子展示了好后缀函数值的计算方法。假设有模式串 abcabc，不妨考虑求位置 4 的好后缀函数值。如图 2.10 所示，从位置 4 开始的后缀 bc 与从位置 1 开始的子串 bc 相同，二者相距 3 个位置，所以位置 4 的好后缀函数值为 3。再求位置 1 的好后缀函数值，如图 2.11 所示，从位置 1 开始的后缀 bcabc 没有和任何之前出现的子串相同，但它从位置 3 开始的严格后缀 abc 与从位置 0 开始的模式串前缀 abc 相同，二者相距 3 个位置，所以位置 1 的好后缀函数值为 3。

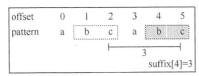

图 2.10 从位置 4 开始的后缀与
从位置 1 开始的子串相同

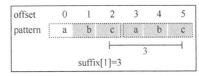

图 2.11 从位置 1 开始的后缀的严格后缀与从
位置 0 开始的前缀相同

上述即为"好后缀规则"，对模式串的某个好后缀 p[k..m−1]，找出与它最近的相同模式串子串或与它的严格后缀重合的最长模式串前缀，其尾部与模式串尾部的距离 suffix[k] 称为好后缀函数，则好后缀函数的每个值可通过如下伪代码来计算：

```
1   #p          : string pattern
2   #suffix     : good suffix function
3
4   function bm_compile_suffix(p, suffix)
5     j := strlen(p) - 2; # iter of common substring
6     k := strlen(p) - 1; # index in suffix[]
7     while k >= 0 do
```

```
8           while (j >= 0) && (p[j] != p[strlen(p) - 1]) do
9               j := j - 1;
10          end while
11          if j >= 0 then
12              dist := strlen(p) - 1 - j;
13              i := strlen(p) - 1;
14              do
15                  if i <= k then
16                      suffix[k] := dist;
17                      k := k - 1;
18                  end if
19                  i := i - 1;
20                  j := j - 1;
21              while (k >= 0) && ((j < 0) || (p[j] = p[i]));
22              j := strlen(p) - 1 - dist - 1;
23          else # j < 0
24              while k >= 0 do
25                  suffix[k] := strlen(p);
26                  k := k - 1;
27              end while
28          end if
29      end while
30  end function
```

以上对模式串的坏字符函数和好后缀函数的计算是 BM 算法的预处理,运行期根据这两个函数来对搜索串进行匹配。初始状态是将模式串与搜索串的头部对齐,然后从模式串尾部开始向前比较,直至整个模式串获得匹配或在某位置发生失配。发生失配时根据坏字符规则和好后缀规则来共同指导模式串后移的位置数。

假设在模式串 p 位置 j 发生失配,对应搜索串 s 中位置 i 的坏字符,则坏字符规则指导模式串后移的位置数为 bad[$s[i]$]+j−(m−1)。当 j=m−1,即模式串尾部失配时,不存在好后缀,不适用好后缀规则;当 j<m−1 时,存在好后缀 $p[j+1..m-1]$,好后缀规则指导模式串后移的位置数为 suffix[j+1]。两个规则指导的后移位置数都是安全的,运行时取其中大的一个来后移模式串。

BM 算法的运行期可用下面的伪代码描述:

```
1   #s        : string for scan
2   #p        : string pattern
3   #bad      : bad character function
4   #suffix   : good suffix function
5
6   function bm_runtime(s, p, bad, suffix)
```

```
7        i := strlen(p) - 1;
8        while i < strlen(s) do
9            matched := false;
10           k := i;
11           j := strlen(p) - 1;
12           while (j >= 0) && (s[k] = p[j]) do
13               if (j = 0) then
14                   report match @ i;
15                   matched := true;
16               end if
17               k := k - 1;
18               j := j - 1;
19           end while
20           if matched then
21               i := i + 1;
22               continue;
23           end if
24           stride1 := bad[s[k]] + j - (strlen(p) - 1);
25           stride2 := (j < strlen(p) - 1) ? suffix[j + 1] : 0;
26           i := i + max(stride1, stride2);
27       end while
28   end function
```

讨论与 2.1.1 小节 KMP 算法使用的相同的实例，即给定模式串 abcabc，它对应的坏字符函数如图 2.12 所示。

好后缀函数如图 2.13 所示。

char	a	b	c	其他
bad	2	1	0	6

图 2.12 BM 坏字符函数

offset	0	1	2	3	4	5
pattern	a	b	c	a	b	c
suffix	3	3	3	3	3	3

图 2.13 BM 好后缀函数

同样给定搜索串 abcabeabaabcabc，则匹配流程如下。

初始状态将模式串与搜索串头部对齐，从模式串尾部开始向前比较，在模式串尾部位置 5 发生失配，如图 2.14 所示。

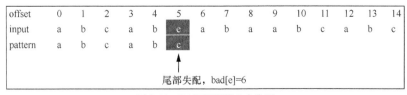

图 2.14 BM 运行期第 1 次失配

此时没有好后缀，但有坏字符 e，坏字符规则指导模式串后移位置数为 bad[e]=6，于是将模式串后移 6，即将搜索串位置 11 与模式串位置 5 对齐，继续匹配，直至模式串位置 2（搜索串位置 8）发生失配，如图 2.15 所示。

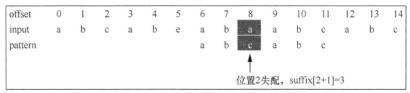

图 2.15　BM 根据坏字符规则后移模式串并运行至第 2 次失配

根据坏字符规则指导模式串后移 bad[a]+2−5=−1，而好后缀规则指导模式串后移 suffix[3]=3，取其大者将模式串后移 3，即搜索串位置 14 与模式串位置 5 对齐，继续匹配，这次匹配到完整的模式串，在搜索串位置 14 报告该匹配，如图 2.16 所示。

图 2.16　BM 根据好后缀规则后移模式串并运行至匹配

搜索串处理完毕，匹配结束。

该实例 BM 算法运行全过程如图 2.17 所示。

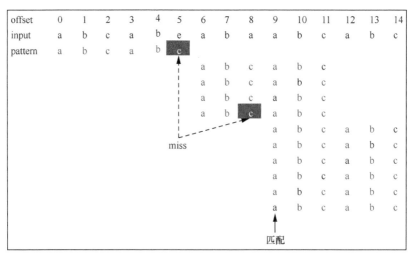

图 2.17　BM 算法运行全过程

从本例中可以看到 BM 算法比 KMP 算法做字符比较的次数更少。事实上大多数情况下都是如此。

2.1.3 多字符串匹配 AC 算法

AC（Aho-Corasick）算法是进行多字符串匹配的经典算法，广泛应用于各类入侵防御系统（Intrusion Prevention System，IPS）/入侵检测系统（Intrusion Detection System，IDS），以及深度报文检测（Deep Packet Inspection，DPI）解决方案做预过滤处理。有别于对单条字符串分别进行匹配，AC 算法同时对所有字符串进行匹配，该算法的时间复杂度为 $O(n)$，其中 n 为搜索串长度。

AC 算法的本质是根据多字符串规则构造基于前缀树（trie，又称为字典树）的 DFA。该 DFA 运行过程中发生失配时跳转至某前缀的其他分支，避免重复匹配前缀。这种方法比构造普通的 NFA 要高效，当然，可以对 NFA 做确定化处理得到 DFA，但 AC 算法构造 DFA 的过程更简洁。

在 AC 算法构造的前缀树中，根节点对应空字符串，其余每个节点保存一个字符。一个节点对应的字符串为从根节点到自身的路径上经过的字符序列。每个节点都是其子孙节点的前缀。多字符串规则对应了前缀树的所有叶子节点和部分内部节点。

假设有多字符串规则集{and, can, candle, cat, scan}，基于该组规则集构建的前缀树将如图 2.18 所示。

其中黑色节点所代表的字符串为规则集中存在的字符串，可称之为字典节点。

在此基础上，可以根据该前缀树推演每个

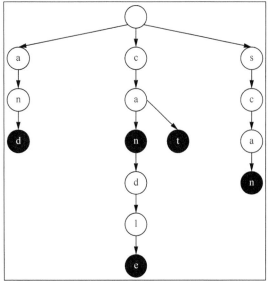

图 2.18　前缀树

位置都匹配时的跳转。但此时的前缀树只能算是 NFA，而作为 DFA 时还无法指导某位置失配时的跳转，也无法在某位置匹配时报出所有获得匹配的字符串。这两个问题可以通过求每个节点的后缀信息得到解决。

首先是失配情况下的跳转。当某位置获得匹配，即某一子串获得匹配时，会激活其前缀树中对应的节点，此时该子串的所有后缀也是获得匹配的，原则上也应激活所有的后缀节点，但这是 NFA 的做法。事实上一个字符串所有的严格后缀都是其最大严格后缀的后缀。我们只需求出每个节点在前缀树中的最大严格后缀,当某位置失配,即该位置的字符不对应任何当前节点的子节点时,应搜索当前节点的最大严格后缀节点 p 的子节点。若仍然失配,则再回溯搜索 p 的最大严格后缀的子节点,直至找到匹配节点或回到根节点无法继续向上回溯为止(根节点的所有子节点都失配)。这样便是一个 DFA 的运行过程,即处理每一个字符都只有一个固定的跳转。

然后是报告所有获得匹配的字符串。前面提到,当某位置获得匹配时,其对应节点的所有后缀也获得匹配,那么其严格后缀中所有的字典节点对应的字符串都应该报告获得匹配,这些字典节点称为字典后缀。而某节点的所有字典后缀可通过回溯最大严格后缀获得,直至根节点结束。为简化存储,每个节点只需保存其最大的字典后缀。不是所有节点都具有字典后缀。

若用虚线有向边来表示前缀树每个节点的最大严格后缀,则该树可表达一个 DFA,如图 2.19 所示。

求所有节点最大严格后缀节点的过程可按深度优先搜索(Depth First Search,DFS)顺序进行。在求某节点 n 的最大严格后缀节点时,回溯至父节点 p 的最大严格后缀节点 s,并在其子节点中查找与节点 n 含相同字符的节点。若找到这样的节点 n′,则将其设为节点 n 的最大严格后缀节点;若没有找到,则

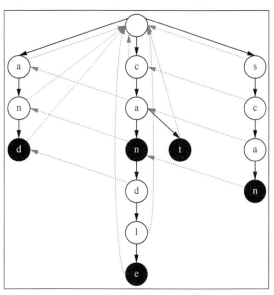

图 2.19　带最大严格后缀信息的 AC 前缀树

继续回溯至节点 s 的最大严格后缀节点 s′,并在其子节点中查找与节点 n 含相同字符的节点,直至找到节点 n 的最大严格后缀节点,或回到根节点,并在根节点的子节点中搜寻失败为止。

表 2.1 表示了每个节点的最大严格后缀和最大字典后缀。

表 2.1　AC 前缀树节点的最大严格后缀和最大字典后缀

节点	是否字典节点	最大严格后缀	最大字典后缀
()			
a		()	
an		()	
and	是	()	

续表

节点	是否字典节点	最大严格后缀	最大字典后缀
c		()	
ca		a	
can	是	an	
cand		and	and
candl		()	
candle	是	()	
cat	是	()	
s		()	
sc		c	
sca		ca	
scan	是	can	can

　　至此，AC 算法的编译结束，根据表 2.1 可对任意输入数据进行匹配。

　　下面介绍 AC 算法的匹配流程。假设有输入数据 scandles，AC 算法依次处理每个字符并运行 DFA，在前缀树上的运行过程如图 2.20 所示。

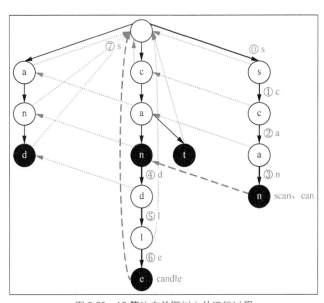

图 2.20　AC 算法在前缀树上的运行过程

　　其对每个输入字符的状态转移过程和匹配结果如表 2.2 所示。

表 2.2　AC 运行期对每个输入字符的状态转移过程和匹配结果

位置	字符	节点	匹配
		()	
0	s	s	
1	c	sc	
2	a	sca	
3	n	scan	scan、can
4	d	cand	and
5	l	candl	
6	e	candle	candle
7	s	()	

匹配结果：字符串 scan 和 can 在位置 3 匹配成功，and 在位置 4 匹配成功，candle 在位置 6 匹配成功。

2.1.4　AC 算法与单字符串匹配

AC 算法可处理多字符串匹配，而单字符串匹配作为特殊情况，AC 当然也可以处理。那么用 AC 算法进行单字符串匹配是什么效果呢？显而易见的是，由单字符串构造的前缀树将是一条单向链，而前缀树中每个节点都是模式串的前缀，每个节点也保存有其在树中的最大严格后缀节点，同时也是其严格后缀中的模式串最长前缀。这是不是很像 KMP 算法？

来看一个具体的例子，假设给定模式串 blahblahh，它对应的前缀树，带上最大严格后缀信息，如图 2.21 所示。

表 2.3 表示了每个节点的最大严格后缀和最大字典后缀。

表 2.3　AC 单字符串前缀树节点的最大严格后缀和最大字典后缀

节点	是否字典节点	最大严格后缀	最大字典后缀
()			
b		()	
bl		()	
bla		()	
blah		()	
blahb		b	
blahbl		bl	
blahbla		bla	
blahblah		blah	
blahblahh	是	()	

给定搜索串 blahblahblahh，则匹配过程如图 2.22 所示。

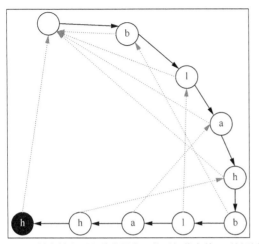

图 2.21 单字符串对应的带最大严格后缀信息的 AC 前缀树

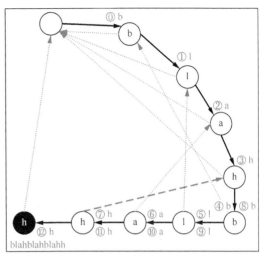

图 2.22 单字符串 AC 前缀树上的匹配过程

其对每个输入字符的状态转移过程和匹配结果如表 2.4 所示。

表 2.4 AC 处理单字符串运行期对每个输入字符的状态转移过程和匹配结果

位置	字符	节点	匹配
		()	
0	b	b	
1	l	bl	
2	a	bla	
3	h	blah	
4	b	blahb	
5	l	blahbl	
6	a	blahbla	
7	h	blahblah	
8	b	blahb	
9	l	blahbl	
10	a	blahbla	
11	h	blahblah	
12	h	blahblahh	blahblahh

可见 AC 算法处理单字符串匹配，其 DFA 在遇到失配时回溯最大严格后缀并查找子节点。这与 KMP 算法失配函数的行为在本质上是一致的。在该场景下两种算法效率基本没有区别。正因为如此，处理单字符串匹配时，BM 算法比 KMP 算法更高效，与 AC 算法相比其也具有同样的优势，这就是 BM 算法独立于 AC 算法存在的意义。

2.1.5 SHIFT-OR 算法

字符串匹配的 SHIFT-OR 算法，既可以处理单字符串匹配，又可以处理多字符串匹配。

SHIFT-OR 算法本质上是在预处理时根据每个字符在各字符串中的位置构造位掩码。在运行期对每个位置的输入字符查表得到对应的位掩码，并将状态掩码左移后与当前字符的位掩码做 OR 运算得到新的状态掩码。掩码中"0"代表匹配，"1"代表失配，初始状态掩码全为"0"。

在处理单字符串匹配时，每个位置的状态只需一个位来表达。在处理多字符串匹配时，若字符串规则数量为 k，那么每个位置的状态可用 k 位来表达。状态掩码中每个位置每位表示该位置上对应字符串的匹配状态。

SHIFT-OR 算法可描述为：

state = (state << k) | mask(c)

其中 k 为字符串规则数量，c 为运行期某位置的输入字符，mask(c) 为字符 c 对应的位掩码，state 为运行期状态掩码。

字符位掩码和状态掩码的长度与字符串规则数量和最长字符串长度相关。假设最长字符串长度为 m，则二者均为 $k \times m$ 位。对于长度不足 m 的字符串，在前面加通配符 .，将长度补足为 m。在运行中，第 i 个位置的第 j 位为 0 表示第 j 个字符串 P(j) 的子串 P(j)[0..i] 当前有匹配。下一步通过 SHIFT 操作将当前匹配结果向前推到下一个位置 i+1，与下一个输入字符的匹配结果做 OR 运算，即得到子串 P(j)[0..i+1] 的匹配结果。若第 i+1 个位置的第 j 位仍为 0，则表示仍与增长后的子串匹配，若为 1，则表示匹配失败。若在最后一个位置 m-1 的第 j 位出现 0，则字符串 P(j) 获得匹配。

下面以多字符串规则来演示 SHIFT-OR 算法的编译和运行。假设给定两个模式串 scatter 和 candle，则模式串中每个字符对应掩码如图 2.23 所示。

Pattern 0	s		c		a		t		t		e		r	
Pattern 1	.		c		a		n		d		l		e	
Offset	0		1		2		3		4		5		6	
Bit	0	1	2	3	4	5	6	7	8	9	10	11	12	13
a	1	0	1	1	0	0	1	1	1	1	1	1	1	1
c	1	0	0	0	1	1	1	1	1	1	1	1	1	1
d	1	0	1	1	1	1	1	1	1	0	1	1	1	1
e	1	0	1	1	1	1	1	1	1	1	0	1	1	0
l	1	0	1	1	1	1	1	1	1	1	1	0	1	1
n	1	0	1	1	1	1	1	0	1	1	1	1	1	1
r	1	0	1	1	1	1	1	1	1	1	1	1	0	1
s	0	0	1	1	1	1	1	1	1	1	1	1	1	1
t	1	0	1	1	1	1	0	1	0	1	1	1	1	1
其他	1	0	1	1	1	1	1	1	1	1	1	1	1	1

图 2.23　SHIFT-OR 算法掩码

给定搜索串 scandle，则 SHIFT-OR 算法运行期匹配过程和结果如图 2.24 所示。

Offset	0		1		2		3		4		5		6	
Bit	0	1	2	3	4	5	6	7	8	9	10	11	12	13
Init state	0	0	0	0	0	0	0	0	0	0	0	0	0	0
Input s	0	0	1	1	1	1	1	1	1	1	1	1	1	1
OR	0	0	1	1	1	1	1	1	1	1	1	1	1	1
SHIFT	0	0	1	1	0	0	1	1	1	1	1	1	1	1
Input c	1	0	0	0	1	1	1	1	1	1	1	1	1	1
OR	1	0	0	0	1	1	1	1	1	1	1	1	1	1
SHIFT	0	0	1	0	0	0	1	1	1	1	1	1	1	1
Input a	1	0	1	1	1	1	1	1	1	1	1	1	1	1
OR	1	0	1	1	1	1	1	1	1	1	1	1	1	1
SHIFT	0	0	1	0	1	1	0	0	1	1	1	1	1	1
Input n	1	0	1	1	1	1	1	0	1	1	1	1	1	1
OR	1	0	1	1	1	1	1	0	1	1	1	1	1	1
SHIFT	0	0	1	0	1	1	1	0	1	1	1	1	1	1
Input d	1	0	1	1	1	1	1	1	1	1	0	1	1	1
OR	1	0	1	1	1	1	1	1	1	1	0	1	1	1
SHIFT	0	0	1	0	1	1	1	1	1	1	1	0	1	1
Input l	1	0	1	1	1	1	1	1	1	1	1	1	0	1
OR	1	0	1	1	1	1	1	1	1	1	1	1	0	1
SHIFT	0	0	1	0	1	1	1	1	1	1	1	1	1	0
Input e	1	0	1	1	1	1	1	1	1	1	1	0	1	0
OR	1	0	1	1	1	1	1	1	1	1	1	1	1	0

Pattern 1 match @6

图 2.24　SHIFT-OR 算法运行期匹配过程和结果

从结果可见模式串 candle 在搜索串位置 6 匹配。

需要注意的是，运行期每次 SHIFT 操作后，最低的 k 位没有来源，应该填 0，表示序列的第一个字符做匹配前的初始状态源于空串，默认为匹配，在此基础上与字符位掩码做 OR 运算得到长度为 1 的子串匹配结果。

理论上，无论字符串规则集的大小为多少，只需在字符位掩码和状态掩码中每个位置上用相同数量的位来表达即可，但在字符串数量很多的情况下，这种表达方式将使这些掩码变得巨大，不方便进行向量计算。在这种情况下，通常可对字符串集进行分组，每组对应一位，但在某组发生匹配时，需对组内具体哪些字符串发生匹配进行确认。例如，分为 8 组即可在每个位置用 1 字节来表达字符位掩码和状态掩码，运行时当状态掩码最后位置上某位为 0，即对应的组发生匹配时，后续再确认组内发生匹配的字符串。

与 SHIFT-OR 类似的还有 SHIFT-AND 算法，SHIFT-AND 算法原理与 SHIFT-OR 算法原理相同，区别仅在于它用 "1" 代表匹配，"0" 代表失配，初始状态为全 "1"，其编译期构造的字符位掩码和运行期的状态掩码刚好是 SHIFT-OR 算法的掩码每一位取反的结果。这样在每次 SHIFT 操作后应在最低的 k 位补 1。而通常做 SHIFT 的左移指令默认在低位补 0，因此，在使用指令优化实现时，SHIFT-OR 的效率一般会比 SHIFT-AND 略高。

2.2　非确定性有限状态自动机

2.2.1　定义

非确定性有限状态自动机，其 "非确定" 的含义是指在 NFA 的某个状态上，通过某个字符输入可能跳转到多个后继状态，也可能没有后继状态。NFA 在任意时刻可以存在多个激活状态，在运行时需要保存所有状态的激活情况，并对所有激活状态进行处理。

NFA 的正式定义是一个五元组 $(Q, \Sigma, \Delta, q_0, F)$，含义如下。

（1）Q 是一个有限状态集。

（2）Σ 是一个有限的输入字符集。

（3）$\Delta: Q \times \Sigma \rightarrow P(Q)$，是状态转移函数，即 Q 与 Σ 的笛卡儿积到 Q 的幂集的映射。

（4）$q_0 \in Q$，是初始状态。

（5）$F \subseteq Q$，是结束状态集。

从状态转移函数 Δ 可以看出，每一对状态和字符被映射到幂集 $P(Q)$ 的一个元素，而 $P(Q)$ 中的元素可以是 Q 中任意状态的集合或空集，从而可以看出 NFA 在给定状态和字符条件下的跳转终点是非确定的。

在上面的 NFA 定义中需要注意的是，它并不接受空字符跳转。事实上通过正则表达式构造出的 NFA 是可能含有空字符跳转的，含有空字符跳转的 NFA 称为 ε-NFA。

ε-NFA 的正式定义与不含空字符跳转的 NFA 基本一致，也是一个五元组 $(Q, \Sigma, \Delta, q_0, F)$，而其中 Q、Σ、q_0、F 的含义完全一致，唯一的区别在于状态转移函数 Δ 的定义：

$\Delta: Q \times (\Sigma \cup \{\varepsilon\}) \rightarrow P(Q)$

即输入字符可以是空字符。而 ε-NFA 经过去除空字符跳转的处理后可以简化为一般的 NFA。

我们已经知道，正则表达式等价于 NFA，下面介绍几种经典的根据正则表达式构造 NFA 的方法，以及对 ε-NFA 去除空字符跳转的方法。

2.2.2   运算优先级

正则表达式由字符和字符间的运算组成，其运算只有 3 种："并""连接""Kleene 闭包"。其中"并"和"连接"是二元运算，"Kleene 闭包"是一元运算。一个或两个子表达式通过运算可构成更大的新表达式。我们将介绍两种基于正则运算的 NFA 构造法：Thompson 构造法和 Glushkov 构造法。两种构造法都通过递归的方式定义了 3 种运算的构造规则和递归出口（单个字符或空字符），不同的是 Thompson 构造法基于 NFA 子图进行构造，而 Glushkov 构造法基于状态和状态对集合进行构造。当我们按自底向上的顺序进行构造时，首先需要确定正则表达式中每个运算符的计算顺序。

正则表达式使用的是中缀表示法，为确定其运算顺序，可先将其转换为后缀表达式，然后按后缀表达式中运算符出现的先后顺序进行计算。

转换后缀表达式可以用调度场算法。首先定义运算符的优先级，3 种正则运算有："Kleene 闭包" > "连接" > "并"。算法使用一个运算符栈做辅助，以及一个字符和运算符的混合队列来保存转换结果。从前往后处理中缀表达式时，遇到操作数即直接传入结果队列，遇到左括号须增加其后运算符的优先级，遇到右括号须减小其后运算符的优先级，遇到运算符则须将其优先级与栈顶运算符的优先级做比较，若不大于栈顶运算符则令栈顶运算符出栈并传入结果队列，重复这个过程直至当前运算符的优先级大于栈顶运算符或栈空为止，再将当前运算符入栈。当处理至中缀表达式末尾时，将栈内所有运算符出栈并传入结果队列。最终结果队列中保存的便是对应的后缀表达式。

讨论一个实例，对于给定的正则表达式(AB|CD)*AFF*，假设括号增加运算优先级值为 10，"Kleene 闭包"运算优先级值为 3，"连接"运算优先级值为 2，"并"运算优先级值为 1，则转换后缀表达式的过程如图 2.25 所示。

转换得到的后缀表达式为 AB·CD·|*A·F·F*·。

计算后缀表达式可借助一个操作数栈，从头至尾处理后缀表达式即可获得正确的运算顺序。当遇到操作数时，将其入栈；当遇到运算符时，令 1 或 2 个操作数出栈进行计算，并将计算结果入栈。处理至表达式末尾时，栈中应存有唯一的操作数，即为最终结果。而计算过程中遇到操作符的顺序就是正确的运算顺序，每个运算对应一个四元组：{结果 id,运算符,左操作数,右操作数}，其中"Kleene 闭包"运算的右操作数为空。

上例得到的后缀表达式的运算顺序如图 2.26 所示。

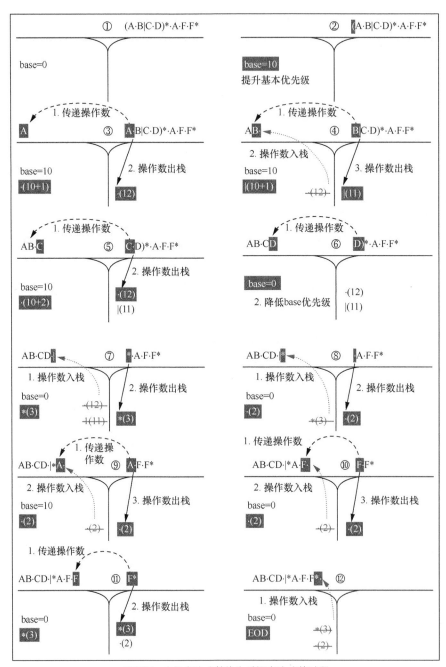

图 2.25　中缀表达式转换为后缀表达式的过程

　　最终我们自底向上按正则表达式(AB|CD)*AFF*的每个运算构造 NFA 的顺序如表 2.5
所示。

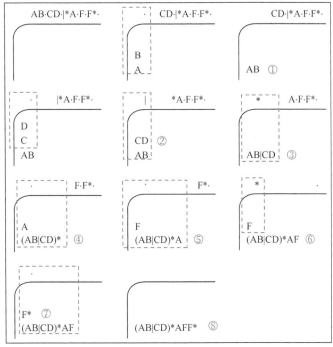

图 2.26 后缀表达式的运算顺序

表 2.5 按正则表达(AB|CD)*AFF*的每个运算构造 NFA 的顺序

id	Sub regex	运算符	左操作数	右操作数
1	AB	•	A	B
2	CD	•	C	D
3	AB|CD	|	1	2
4	(AB|CD)*	*	3	
5	(AB|CD)*A	•	4	A
6	(AB|CD)*AF	•	5	F
7	F*	*	F	
8	(AB|CD)*AFF*	•	6	7

2.2.3 Thompson 构造法

我们已经知道，任意一个正则表达式都可转化为一个 NFA。NFA 的特点是在任意时刻可以存在多个激活状态，一个激活状态在相同输入字符下也可激活多个后继状态。在运行时需要保存所有状态的激活情况，并对所有激活状态进行处理。首先介绍 Thompson 构造法。

Thompson 构造法通过递归的方式定义了 3 种运算的 NFA 图构造规则和递归出口（单个字

符或空字符)。

　　单个字符对应的 NFA 很简单,如图 2.27 所示。

　　空字符对应的 NFA 也一样,如图 2.28 所示。

图 2.27　单个字符的 NFA——NFA(C)

图 2.28　空字符的 NFA——NFA(ε)

　　"并"运算和"连接"运算根据两个子表达式生成新的表达式。设参与运算的两个子表达式为 R 和 S,分别对应的 NFA 为 NFA(R)和 NFA(S),任意表达式对应的 NFA 包含一个初始状态和一个结束状态,以 NFA(R)为例,如图 2.29 所示。

　　"并"运算 R|S 对应的 NFA——NFA(R|S),如图 2.30 所示。

图 2.29　正则表达式 R 的 NFA——NFA(R)

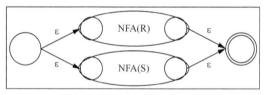

图 2.30　"并"运算的构造法则

　　"连接"运算 RS 对应的 NFA——NFA(RS),如图 2.31 所示。

　　"Kleene 闭包"运算 R*对应的 NFA——NFA(R*),如图 2.32 所示。

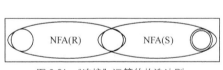

图 2.31　"连接"运算的构造法则

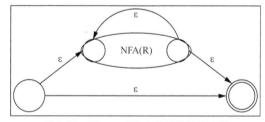

图 2.32　"Kleene 闭包"运算的构造法则

　　讨论 2.2.2 小节的实例,对于给定的正则表达式(AB|CD)*AFF*,采用 Thompson 构造法构造 NFA 的过程如图 2.33 所示。

　　最终给构造出的 Thompson NFA 状态编号,如图 2.34 所示。

　　显而易见的是,Thompson 构造法生成的 NFA 图状态繁多且含有大量空字符跳转,这种带有空字符跳转的 NFA 便是 ε-NFA,且无形中增加了运行的复杂度。

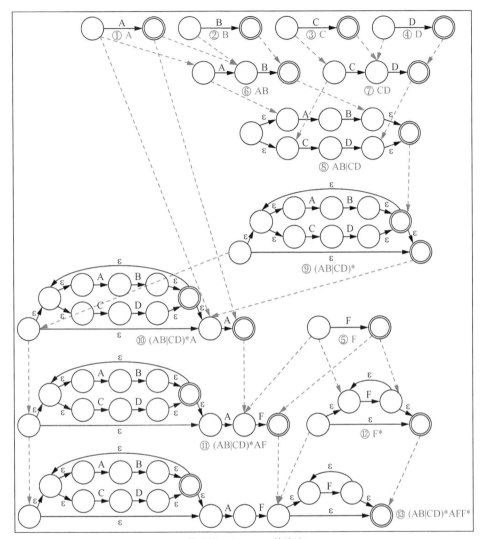

图 2.33　Thompson 构造法

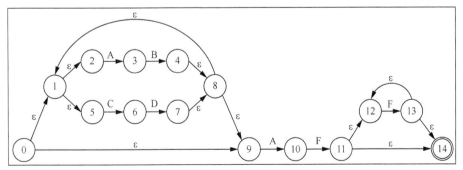

图 2.34　Thompson ε-NFA

2.2.4　ε-NFA 的简化

为增加运行效率，一般情况下需要对 ε-NFA 去除空字符跳转。在此，我们介绍一种去除空字符跳转的方法，它涉及一个概念：ε 闭包。

ε 闭包：在带有 ε 转移的非确定性自动机中，状态 s 或者状态集合 T 的 ε 闭包表示 s 或 T 通过空字符跳转所能够达到的所有状态的集合，包括自身，分别记为 $E(s)$ 与 $E(T)$，且有

$$E(T) = \bigcup_{s \in T} E(s)$$

对 ε-NFA 去除空字符跳转，可保持原有状态不变，将每个状态对每个字符的后继状态集的 ε 闭包作为新的后继状态集，原初始状态的 ε 闭包作为新的初始状态集。

即对一个 ε-NFA $= (Q, \Sigma, \Delta, q_0, F)$，其对应的去除空字符跳转的 NFA $= (Q, \Sigma, \Delta', E(q_0), F)$，其中 ε-NFA 的状态转移函数

Δ：$Q \times (\Sigma \cup \{\varepsilon\}) \rightarrow P(Q)$

NFA 的状态转移函数

Δ'：$Q \times \Sigma \rightarrow P(Q)$

且对于每一个 $a \in \Sigma$ 和 $q \in Q$ 有：

$\Delta'(q, a) = E(\Delta(q, a))$

据此列出上例 ε-NFA 的状态转移和每个状态的 ε 闭包，如表 2.6 所示。

表 2.6　ε-NFA 状态转移和每个状态的 ε 闭包

状态	A	B	C	D	F	ε	ε 闭包
0						{0,1,9}	{0,1,2,5,9}
1						{1,2,5}	{1,2,5}
2	{3}					{2}	{2}
3		{4}				{3}	{3}
4						{4,8}	{1,4,8,9}
5			{6}			{5}	{5}
6				{7}		{6}	{6}
7						{7,8}	{1,7,8,9}
8						{1,8,9}	{1,8,9}
9	{10}					{9}	{9}
10					{11}	{10}	{10}
11						{11,12,14}	{11,12,14}
12					{13}	{12}	{12}
13						{12,13,14}	{12,13,14}
14						{14}	{14}

根据 ε-NFA 的状态转移和 ε 闭包的值，计算去除空字符跳转后的 NFA 状态转移，如表 2.7 所示。

表 2.7 去除 ε 跳转后的 NFA 状态转移

状态	A	B	C	D	F
0					
1					
2	{3}				
3		{1,4,8,9}			
4					
5			{6}		
6				{1,7,8,9}	
7					
8					
9	{10}				
10					{11,12,14}
11					
12					{12,13,14}
13					
14					

根据表 2.7 可得 NFA，如图 2.35 所示。

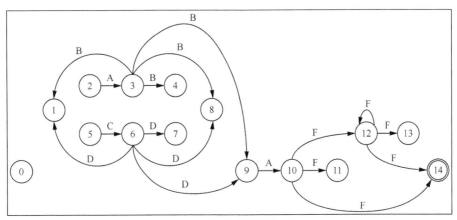

图 2.35　去除 ε 跳转后的 NFA

新的 NFA 已经没有了空字符跳转，且需要注意，初始状态已经从状态 0 变为了状态 0 的 ε 闭包，即状态 {0,1,2,5,9} 的集合。进一步对此图进行简化，首先移除无用的状态，即没有向外跳转的状态{0,1,4,7,8,11,13}，如图 2.36 所示。

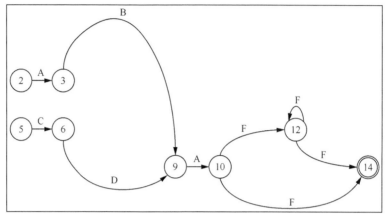

图 2.36　移除无用状态

然后将初始状态集中剩余的状态{2,5,9}合并，作为新的初始状态 0，如图 2.37 所示。

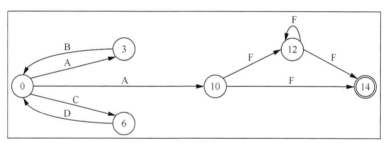

图 2.37　合并初始状态

至此，得到简化后的去空字符跳转的 NFA。最后给存留的状态重新编号即可。

2.2.5　Glushkov 构造法

Glushkov 构造法是一种基于位置的构造法，而非像 Thompson 构造法那样直接进行图的构造。Glushkov NFA 比 Thompson NFA 要简洁得多，不仅不含空字符跳转，而且对任意一个状态而言其所有的转入条件都相同。这样的好处在于跳转条件不需要保存在 NFA 图的每条边上，只需要保存在每个节点中作为节点的激活条件即可。据此可以实现高效的 NFA 模型。

在 Glushkov 构造法中，出现在表达式中的每个字符都占据不同的位置，每个位置对应一个独立的状态。对正则表达式中每个位置的字符从 1 开始编号，对应 NFA 图中的状态 id。编号 0 预留给唯一的初始状态。

Glushkov 构造法依赖正则表达式的几个集合的信息：初始状态集、结束状态集、连接状态对（两个状态）集合，以及每个子表达式是否可为空的信息。以上 4 个集合可以通过 4 个函数来计算，它们的定义以递归形式给出。

函数 Λ 表示正则表达式是否可为空（∅ 表示不可为空，ε 表示可为空），其递归定义如下。

（1）$\Lambda(\emptyset) = \emptyset$。

（2）$\Lambda(\varepsilon) = \{\varepsilon\}$。

（3）$\Lambda(c) = \emptyset$。

（4）$\Lambda(R|S) = \Lambda(R) \cup \Lambda(S)$。

（5）$\Lambda(RS) = \Lambda(R) \cup \Lambda(S)$。

（6）$\Lambda(R^*) = \{\varepsilon\}$。

上述 Λ 定义不难理解，空字符是可为空的，其他任意字符本身都是不可为空的，R 与 S 其中之一可为空，即有 $R|S$ 可为空，R 与 S 必须皆可为空才有 RS 可为空，而 R^* 总是可为空。

函数 P 表示正则表达式的初始状态集，其递归定义如下。

（1）$P(\emptyset) = P(\varepsilon) = \emptyset$。

（2）$P(c) = \{c\}$。

（3）$P(R|S) = P(R) \cup P(S)$。

（4）$P(RS) = P(R) \cup \Lambda(R)P(S)$。

（5）$P(R^*) = P(R)$。

对 P 定义的解读为，空字符没有初始状态，其他任意字符的初始状态集只包含其自身，$R|S$ 的初始状态集是 R 的初始状态集与 S 的初始状态集的并集，R^* 的初始状态集就是 R 的初始状态集。RS 的情况稍复杂，当 R 不可为空时，RS 的初始状态集就是 R 的初始状态集；当 R 可为空时，RS 的初始状态集为 R 的初始状态集与 S 的初始状态集的并集。

函数 D 表示正则表达式的结束状态集，其递归定义如下。

（1）$D(\emptyset) = D(\varepsilon) = \emptyset$。

（2）$D(c) = \{c\}$。

（3）$D(R|S) = D(R) \cup D(S)$。

（4）$D(RS) = D(S) \cup D(R)\Lambda(S)$。

（5）$D(R^*) = D(R)$。

与 P 定义类似，对 D 定义的解读为，空字符没有结束状态，其他任意字符的结束状态集只包含其自身，$R|S$ 的结束状态集是 R 的结束状态集与 S 的结束状态集的并集，R^* 的结

束状态集就是 R 的结束状态集。RS 的情况稍复杂，当 S 不可为空时，RS 的结束状态集就是 S 的结束状态集；当 S 可为空时，RS 的结束状态集为 S 的结束状态集与 R 的结束状态集的并集。

函数 F 表示正则表达式的连接状态对集合，其递归定义如下。

（1）$F(\varnothing) = F(\varepsilon) = F(c) = \varnothing$。

（2）$F(R|S) = F(R) \cup F(S)$。

（3）$F(RS) = F(R) \cup F(S) \cup D(R)P(S)$。

（4）$F(R^*) = F(R) \cup D(R)P(R)$。

对 F 定义的解读为，任意单字符的子表达式无连接状态对，$R|S$ 的连接状态对集合为 R 中连接状态对集合与 S 中连接状态对集合的并集。RS 的连接状态对集合除了包含 R 的连接状态对和 S 的连接状态对，还增加了 R 的结束状态与 S 的初始状态的两两连接的状态对。R^* 的连接状态对集合除了包含 R 的连接状态对，还增加了 R 的结束状态与 R 的初始状态的两两连接的状态对。

通过计算得到整个正则表达式的 P、D、F 值后，便可据此构造 Glushkov NFA。从唯一初始状态 0 到初始状态集 P 中的每个状态都应有一个跳转。结束状态集 D 中的所有状态都应标记为结束状态，连接状态对集合 F 指导每对连接状态之间添加一个跳转，函数 Λ 显示该 NFA 是否可为空，若可为空，则状态 0 也须标记为结束状态。至此便构造完毕。

下面同样以正则表达式 (AB|CD)*AFF* 为例，描述其 Glushkov NFA 的构造过程。

首先为表达式中每个字符分配位置，即状态 id，各字符对应的状态 id 用下标表示如下：

$(A_1B_2|C_3D_4)^*A_5F_6F_7^*$

Glushkov 构造法同样是根据各个运算的优先级顺序从高到低进行计算的，参加计算的是函数 P、D、F 和 Λ。本例 Glushkov 构造法的具体计算过程按照图 2.38 中所示顺序进行。

最终表达式对应的函数 F 值一共包含了 11 个跳转，函数 P 值表示状态 0 到状态 1、3、5 有跳转，函数 D 值表示状态 6、7 均标记为结束状态，函数 Λ 值表示该 NFA 不可为空。由此构造出的 Glushkov NFA 如图 2.39 所示。

显而易见，Glushkov NFA 比 Thompson NFA 要简洁很多，且由于跳转条件被移到节点内变成了节点的激活条件，运行时的处理也变得十分方便。在运行时读入一个字符 c 时，便已经知道字符 c 可以激活的状态集 reach(c)，那么只需在 Glushkov NFA 当前的激活状态集 s 的基础上计算其后继状态集 succ(s)，reach(c) 与 succ(s) 的交集即为 Glushkov NFA 下一刻的激活状态集。而对于 Thompson NFA，节点的激活条件（字符）并不一定唯一，则运行时不能采用这种方法。

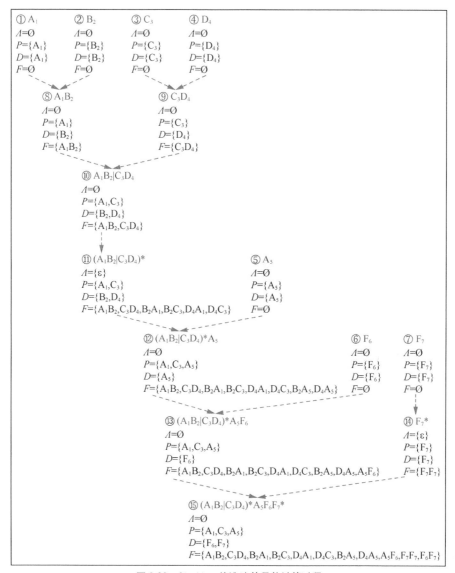

图 2.38 Glushkov 构造法的具体计算过程

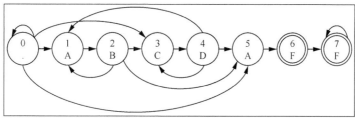

图 2.39 Glushkov NFA

2.3

2.3　确定性有限状态自动机

2.3.1　定义

确定性有限状态自动机也可以识别正则表达式,它是词法分析和模式识别领域中的常见工具。所谓"确定性",指的是自动机运行过程中下一状态转移的唯一性:不同于 NFA,在 DFA 中,每读入一个输入符号,当前状态都会确定地转入由状态转移规则所指定的下一个"唯一的"状态。DFA 仍然有初始状态和结束状态,但在自动机运行的任何时刻,都有且仅有一个激活状态。

以带有空字符跳转的 Thompson 型 NFA 为基础,可以更直观地描述 DFA 的特点。

- DFA 没有任何空字符跳转。

- 对于每个状态 s 和每个输入字符 a,有且仅有一条标号为 a 的边离开 s。

和 NFA 一样,DFA 也由五元组形式定义:$(S, \sum, \delta, s_0, F')$。

(1) S 是一个有限状态集合,它的每一个元素称为一个状态。

(2) $\sum$ 是一个字母表,它的每一个元素称为一个输入字符。

(3) δ 是一个状态转移函数,本质是从 $S \times \sum$ 到 S 的单值映射。对于 S 中的状态 s 与 s',$\sum$ 中的字符 a,$\delta(s, a) = s'$ 表示当激活状态为 s、输入字符为 a 时,自动机将会转换到下一个状态 s'。s' 是 s 的一个后继状态。

(4) $s_0 \in S$,是初始状态。

(5) $F' \subseteq S$,是结束状态集合(可以为空,也可以有多个)。

从形式定义来看,NFA 和 DFA 的主要区别在于状态转换函数的映射属性。如果允许 δ 是一个多值映射,显然就可以得到 NFA 的概念。

不难看出,DFA 是 NFA 的特例。而且,对于每一个 NFA,都存在一个 DFA,使得二者能识别的正则表达式是相同的。DFA 可以从 NFA 转化而来。

NFA 和 DFA 都可以表示用来识别正则表达式的算法。很多时候,这类识别算法的真正实现会依赖 DFA 的高性能。但是在实际应用中,DFA 并不能完全替代 NFA,它们在时间和空间效率上各有侧重,需要我们在实际应用中多进行权衡。

2.3.2　从 NFA 到 DFA

1. 子集构造法

NFA 到 DFA 的转化,实质上是通过转移函数的多值映射到单值映射的转变,来实现有限状态自动机中状态转移的"确定化"。在使用 NFA 时，经过一段输入后，当前被激活的状态可能有多个，而在 DFA 中，经过任何有效长度的输入后，都应当有且仅有一个激活状态。因此，DFA 中的一个状态是和 NFA 中的一个状态集合存在对应关系的。

不妨先从形式定义的角度观察两类有限状态自动机的对应关系，首先考虑 ε-NFA。根据 2.2.4 小节关于 ε-NFA 的五元组定义，我们有 $(Q, \Sigma, \Delta, q_0, F)$。而对于 DFA，有 $(S, \Sigma, \delta, s_0, F')$，二者关系如下。

（1）$S \subseteq P(Q)$（$P(Q)$ 表示 Q 的幂集，即 $P(Q) = \{x | x \subseteq Q\}$）。

表示 DFA 的状态集合是 NFA 的状态集合的集合。

（2）$s_0 = E(q_0)$。

表示 DFA 的初始状态是 NFA 初始状态通过空字符跳转所能达到的所有状态的集合。

（3）$F' = \{f | f \in S, f \cap F \neq \varnothing\}$。

表示 DFA 的结束状态是包含至少一个 NFA 结束状态的状态集合。

（4）$\forall s' \in S, \delta(s', a) = \cup_{\{s | s \in Q, q \in s', s.t.((q,a) \to s) \in \Delta\}} E(s)$。

表示 DFA 状态在某个输入下的后继状态是该状态所包含的全部 NFA 状态在 NFA 中的相同输入下的后继状态集合的 ε 闭包。

自动机领域有一套标准方法可以找出这一对应关系，实现 NFA 到 DFA 的转化，该方法被称为子集构造法，或幂集构造法。

读者可能会注意到，我们已经介绍过 Thompson 和 Glushkov 这两种 NFA，而 Glushkov NFA 相对 Thompson NFA 的一个显著的不同点就是它没有空字符跳转。DFA 可能从任何一种 NFA 转化而来，因此上面的形式化描述对 Glushkov NFA 来说稍显复杂。只需要将上述涉及 ε 闭包的计算步骤删去，替换为状态或状态集合本身即可。此处给出带有 ε 闭包的定义和相关形式化描述，主要针对结构更为复杂的 Thompson NFA。在下面的子集构造法介绍中，我们仍会以 Thompson NFA 为基础进行说明。

子集构造法输入是 NFA $(Q, \Sigma, \Delta, q_0, F)$，输出是接受同样正则表达式的 DFA $(S, \Sigma, \delta, s_0, F')$。

Compilers: Principles, Techniques, and Tools 一书中以主逻辑和辅助逻辑两种逻辑介绍了子集构造法，这里将其相关参数进一步用五元组进行改写。

（1）主逻辑：以 NFA 状态的 ε 闭包为基本单位，遍历 NFA 的所有状态和输入。

```
1   #Q      : NFA state set
2   #Σ      : NFA alphabet
3   #Δ      : NFA state transition
4   #q0     : NFA start state
5   #F      : NFA accept states
```

```
6
7    function subsetConstruction(Q, ∑, Δ, q0, F)
8        # initially, E(q0) is the only state in S, and it is unmarked
9        while there is an unmarked state X in S do
10           mark X;
11           for a ∈ ∑ do
12               # move(X, a) means to find a state set containing all states that
13               # can be transferred to from any state in X via input a
14               Y := E(move(X, a));
15               if Y is not in S then
16                   add Y as an unmarked state in S;
17               end if
18               δ(X, a) := Y
19           end for
20           if X contains any accept state of NFA then
21               add X into F';
22       end while
23   end function
```

（2）辅助逻辑：计算任意 NFA 状态集合 *T* 的 ε 闭包。

```
1    #T : NFA state set
2
3    function E(T)
4        push all states of T onto stack;
5        Initialize E(T) to T;
6        while stack is not empty do
7            pop t, the top element, off stack;
8            for each state s' with an edge from s to s' labeled ε do
9                if s' is not in E(T) then
10                   add s' to E(T);
11                   push s' onto stack;
12               end if
13           end for
14       end while
15   end function
```

2. DFA 构造实例

我们仍以正则表达式 (AB|CD)*AFF* 为例，根据 2.2.3 小节介绍的 Thompson 构造法直接得到的 NFA 如图 2.10 所示，可以做出表 2.8 所示的 ε 闭包。每一个表项代表了每单个 NFA 状态

的 ε 闭包，实际上，它会在计算 NFA 状态集合的 ε 闭包中的 for 循环步骤中不断出现：s 对应第一列，s' 对应第二列。

表 2.8　NFA 各状态的 ε 闭包

NFA 状态	ε 闭包
0	{0,1,2,5,9}
1	{1,2,5}
2	{2}
3	{3}
4	{1,2,4,5,8,9}
5	{5}
6	{6}
7	{1,2,5,7,8,9}
8	{1,2,5,8,9}
9	{9}
10	{10}
11	{11,12,14}
12	{12}
13	{12,13,14}
14	{14}

NFA 的初始状态是 0，根据主逻辑，DFA 的初始状态即为 0 所对应的 ε 闭包{0,1,2,5,9}，即 s_0，NFA 的输入字母表是{A,B,C,D,F}。基于这些，我们可以开始构造 DFA 状态转移表。

因为 s_0 还未被处理，所以进入主逻辑的 while 循环，依次考察所有输入字符。

以输入 A 为例。

第一步，找到 s_0 = {0,1,2,5,9} 中的所有 NFA 状态通过 A 可以到达的下一 NFA 状态的集合。根据 Thompson NFA 图，只有状态 2 和 9 会在输入 A 时产生状态转移，对应的下一 NFA 状态分别是 3 和 10。

第二步，计算 NFA 状态集合 {3,10} 的 ε 闭包，此时可以根据表 2.8 将对应表项合并，得到闭包结果，仍然是{3,10}。该集合代表了一个新的 DFA 状态，简记为 s_1。

第三步，记录状态转移 $\delta(s_0, A) = s_1$。

此时仅得到了 DFA 状态 s_0 在输入 A 之下的状态转移情况，我们还需要考察其他所有可能的输入字符，以及由此新增加的所有新 DFA 状态。最终得到完整的 DFA 状态集合和状态转移关系，如表 2.9 所示。

表 2.9　DFA 状态转移

NFA 状态集合	DFA 状态	A	B	C	D	F
{0,1,2,5,9}	{s_0}	{s_1}		{s_2}		
{3,10}	{s_1}		{s_3}			{s_4}
{6}	{s_2}				{s_5}	
{1,2,4,5,8,9}	{s_3}	{s_1}		{s_2}		
{11,12,14}	{s_4}					{s_6}
{1,2,5,7,8,9}	{s_5}	{s_1}		{s_2}		
{12,13,14}	{s_6}					{s_6}

表 2.9 中的空白表项意味着转移到了某个无效状态，或"死"状态。该状态之所以无效，是因为该状态在所有输入符号上都转向自己，并且是一个非结束状态。在 DFA 中这样的状态可能不止一个，通常用 Ø 表示。虽然表中略去了"死"状态的转移信息，但它的存在是必要的，因为自动机运行时需要知道自己在什么时候已经不可能在未来的某个时刻到达结束状态了——通过检测到达了"死"状态，自动机就可以退出运行，提示无法识别输入串。而通常在处理状态转移表时，建议省略到达"死"状态的转换，并消除"死"状态本身。一个重要的结论是，在子集构造法得到的 DFA 中，所有"死"状态 Ø 以外的状态都可以到达某个结束状态。

最终得到的 DFA 有 7 个状态，其中 s_0 是初始状态，包含 NFA 结束状态 14 的 s_4 和 s_6 是 DFA 中的结束状态。据此可以画出正则表达式(AB|CD)*AFF*的 DFA 状态转移（这里我们没有使用 DFA 状态标号，而使用了对应的 NFA 状态集合，稍后会说明用意），如图 2.40 所示。

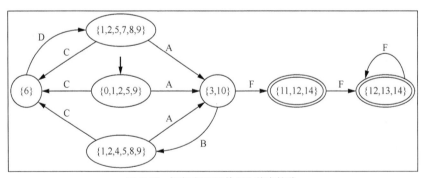

图 2.40　(AB|CD)*AFF* 的 DFA 状态转移

至此，关于 DFA 的构造都是基于 ε-NFA 的，这种带有空字符跳转的 NFA 通常是由 Thompson 构造法直接得到的 NFA 形态。而 2.2 节所介绍的 Glushkov NFA 以及关于 ε-NFA 的简化操作，都会得到不包含任何空字符跳转的 NFA。基于此类 NFA 的 DFA 构造方法仍然可以沿用子集构造法吗？

答案是肯定的，而且逻辑更加简单。上面介绍的是子集构造法的典型流程，因为要处理复杂度更大的 ε-NFA，所以涉及了 ε 闭包的计算。对非 ε-NFA 来说，这一闭包计算逻辑是无效的，只需简单忽略，并用对应的状态或者状态集合本身来代入即可。毕竟从本质上来说，从 NFA 到 DFA 的转化过程，是以某一时刻 NFA 中被激活的状态集合为立足点，针对某个具体输入，将所能触及的所有下一状态囊括为一个新的状态集合，由此建立两个状态集合相对该输入来说是一种"确定"的"由此一定及彼"的关系，而不再是"不确定"的状态跳转。这一过程是由子集构造法的主逻辑确定的，和是否存在空字符跳转无关。

这里分别给出基于 2.2 节 Glushkov NFA 和去空字符跳转的 Thompson NFA 这两种非 ε-NFA 分别运用子集构造法得到的 DFA 状态转移，如图 2.41 和图 2.42 所示。

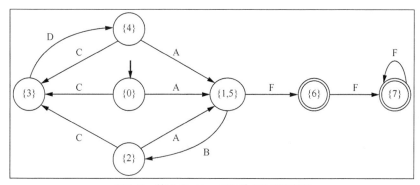

图 2.41　基于 Glushkov NFA 的 DFA 状态转移

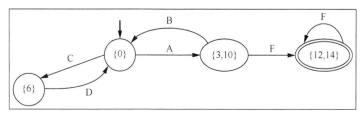

图 2.42　基于去空字符跳转的 Thompson NFA 的 DFA 状态转移

图 2.41 所示的 DFA 源于图 2.39 所示的 Glushkov NFA。对比图 2.40 所示的基于 Thompson NFA 生成的 DFA，可以发现虽然二者的 NFA 结构完全不同，且生成的 DFA 状态标号也完全不同，但是 DFA 结构却是完全相同的。它们通过统一状态标号就可以表示同一个 DFA。

图 2.42 是基于图 2.37 所示的去空字符跳转的 Thompson NFA 运用子集构造法生成的 DFA。或许读者会感到奇怪，这个 DFA 结构为何与其他两个相差很大，从而怀疑其正确性。事实上，一个正则表达式对应的 DFA 不是唯一的，一个 NFA 对应的 DFA 也不是唯一的，只是在状态数上会有所区别，但遵循子集构造法得到的 DFA 和原 NFA 一定识别同样的正则表达式。

2.3.3　DFA 的状态规模

1. DFA 状态数的理论界限

在 2.3.2 小节的 NFA 到 DFA 的转换实例中，我们可以看到转换后的 DFA 的状态数比原 NFA 的状态数要少：Thompson NFA 有 15 个状态，转换为 DFA 后有 7 个；Glushkov NFA 有 8 个状态，转换为 DFA 后有 7 个；去空字符跳转的 Thompson NFA 有 6 个状态，转换为 DFA 后有 4 个。

在一些经典的介绍自动机理论的书籍中，如 *Compilers: Principles, Techniques, and Tools*[1] 和 *Introduction to Automata Theory, Languages, and Computation*[2]，都会提及一个经验性的结论：实际应用中的 DFA 状态数和原 NFA 状态数通常相差不大。但是从理论上来说，二者的关系并非如此，甚至可以说 DFA 的状态数应该远远多于原 NFA 状态数。根据子集构造法，DFA 的状态集 S 与原 NFA 的状态集 Q 应存在下述关系：

$S \subseteq P(Q)$（$P(Q)$ 表示 Q 的幂集，即 $P(Q) = \{x|x \subseteq Q\}$）。

我们知道，任意集合 A 的幂集的元素个数是 $2^{|A|}$，即对包含 n 个状态的 NFA 来说，经过子集构造法转换得到的 DFA 状态数的理论上限应该是 2^n，因为每一个 DFA 状态都对应一个 NFA 的状态集合，当不重复的 NFA 状态集合数越来越多时，就会逐渐接近这个上限。这个结论看似合理，却可能不足以令人信服，因为它不够具象，我们在实际应用中看到的能达到指数级别状态数的 DFA 并不常见。

这里我们展示一个精心设计的实例，它生成的 DFA 的状态数接近指数级别。之所以说接近指数级别，是因为其 NFA 状态数是 $n+1$，而 DFA 状态数至少是 2^n，所以并不是严格意义上的理论值。

原 NFA 识别的正则表达式是 .*1.{n}，即全体倒数第 n 个位置为字符 1 的 01 字符串，n 是一个给定的常数。基于目标表达式的定义，我们首先画出 NFA 的状态转移，如图 2.43 所示。

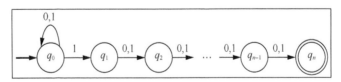

图 2.43　该 NFA 不存在状态数少于 2^n 的等价 DFA

图 2.43 是依据表达式的含义直接绘制的，有可能并不符合 Thompson 或者 Glushkov 的构造过程，不过仍不妨碍它是识别该语言的一个 NFA：除了倒数第 n 个位置上必须为 1，对其他位置的字符没有要求。我们看到它有 $n+1$ 个状态。

就最后 n 个字符而言，倘若不加任何限制的话，能组成的 01 字符串有 2^n 种可能。我们不妨先假设 DFA 的状态数小于 2^n，来具体看一下这个假设能否被推翻。

对 DFA 来说，先不考虑子集构造法的操作，而是通过它所识别的语言来感性地认识 DFA

的结构。因为要和 NFA 等价，所以该 DFA 也必须识别同一种语言。先建立两点共识。

- 当 DFA 读入某个字符串到末尾字符时，DFA 一定处于唯一一个状态，或者说只有该状态被激活。

- DFA 对语言的识别方式，其实就是读入一个字符串到末尾字符时，被激活的状态是不是结束状态，如果是，则该字符串被识别为属于目标语言，反之则不属于。

现在已知的信息是，最后 n 个字符可以组成 2^n 个字符串，而 DFA 的状态数被假设小于 2^n。因为一个输入字符串对应唯一的结束位置，所以根据抽屉原理，必然存在两个不同的字符串 $A = a_1 a_2 \cdots a_n$ 和 $B = b_1 b_2 \cdots b_n$，它们在通过 DFA 后会在同一个位置停止。

字符串 A 和字符串 B 的不相同，必然是在某个位置 i 上的字符不同，即 $a_i \neq b_i$，可令 $a_i = 1$，$b_i = 0$（交换不影响结果）。

（1）如果 $i = 1$，即字符串 A 在第 1 位是字符 1，字符串 B 在第 1 位是字符 0，那么根据目标语言定义，该 DFA 识别的语言必须满足"倒数第 n 个位置的字符是 1"这一条件，而对长度为 n 的字符串 A 和字符串 B 来说，第 1 位就是倒数第 n 位，因此，此时字符串 A 一定可以被 DFA 识别，而字符串 B 不可以被识别。这一结论等价于，DFA 读入字符串 A 后将到达某个结束状态，读入字符串 B 后将到达某个非结束状态。这与前述推论——两串结束于同一个状态，是矛盾的。

（2）如果 $i > 1$，那么可以构造两个新的字符串 $A' = a_i a_{i+1} \cdots a_n 00 \cdots 0$ 和 $B' = b_i b_{i+1} \cdots b_n 00 \cdots 0$，即以字符串 A 和字符串 B 的位置 i 为起点，在位置 n 后增加 $i - 1$ 个 0。和（1）类似，DFA 可以识别字符串 A' 而不能识别字符串 B'，因此仍然可以推出前述推论矛盾。

至此，我们通过构造两类长度为 n 的字符串（以字符 1 或字符 0 开始）推翻关于 DFA 状态数的假设，即小于 2^n。因此，对该目标语言来说，其 DFA 应该至少有 2^n 个状态。

为了使读者对这一指数级状态的 DFA 有直观上的认识，这里给出 $n = 4$ 时的例子，如图 2.44 所示。

2. DFA 状态数的实际规模

"A Hybrid Finite Automaton for Practical Deep Packet Inspection" [3] 和 "Fast and Memory-Efficient Regular Expression Matching for Deep Packet Inspection" [4] 这两篇论文基于 Snort 规则，对真实场景下生成的 DFA 中的状态可能达到的数量级进行分析。下文基于相关实例进行总结，对 DFA 状态规模进行大致分类。

（1）等量规模。

当正则表达式语法十分简单时，例如没有任何"重复"子表达式，除了一些通配符.或者字符类 $[^{\wedge}c_1 c_2 \cdots c_k]$，剩下的都是普通字符，其对应的 NFA 和 DFA 本质上和纯字符串匹配是类似的：每个非结束状态在输入成功匹配时只能转入唯一的下一状态。在这种情况下，两类有限状态自动机的数目几乎一致。

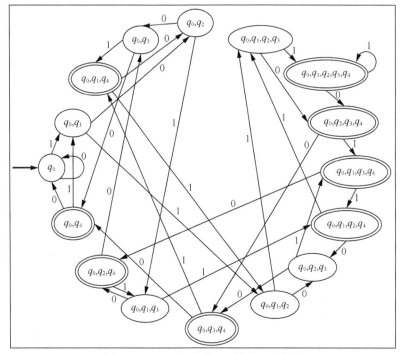

图 2.44　$n=4$ 时，等价 DFA 需要 16 个状态

如果引入若干简单的"重复"语法元素，例如.*（全集字符类的重复）或[^$c_1c_2\cdots c_k$]*（在用排除法表示的字符类中，被排除的字符数目通常比不被排除的要少，即整体仍是一个较大范围的字符类的重复），此时 NFA 和 DFA 的状态数仍然不会有显著区别，因为它们的存在只会影响不同自动机上的转移行为，而不会影响状态数。以正则表达式 abcd 和 ab.*cd 为例，对应生成的 DFA 如图 2.45 所示。

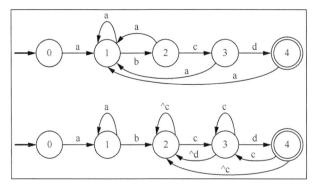

图 2.45　上方 DFA 对应 abcd，下方 DFA 对应 ab.*cd

能看到二者状态数相同，可称之为 DFA 与 NFA 在状态数上是等量规模的。但是，引入.*之后 DFA 的状态转移行为更加复杂。

例如 Snort 规则 User-Agent\x3A[^\r\n]*ZC-Bridge 即属于此类，它表明只有当子表达式 User-Agent\x3A 匹配成功，并且不出现任何回车符\r 与换行符\n 时，才有可能去匹配子表达式 ZC-Bridge。这意味着前后两个子表达式必须按先后顺序出现在同一行，中间允许任意字符隔开。

（2）线性增长规模。

虽然.*不能使单条正则表达式形成 DFA 的状态爆炸，但是当多条表达式一起生成有限状态自动机时，复杂的变化就会发生。

首先我们定义多条正则表达式同时转化的含义：为多条正则表达式 Reg1、Reg2…、Regn 同时构造统一的 DFA，等价于为单条正则表达式.*(Reg1|Reg2|...|Regn) 构造 DFA。注意，这里新增的.*意味着后续括号内的匹配过程可以从任意位置开始。

假设有两条正则表达式 Reg1 和 Reg2，其中 Reg1 本身包含.*，而 Reg2 为等量规模类的简单正则表达式。它们的统一 DFA 构造会发生什么？因为.*意味着可以匹配任意字符，所以.*对应的状态转移中有可能产生对 Reg2 的匹配，于是 Reg1 中处理.*的状态转移的部分需要扩充关于对 Reg2 进行匹配的状态转移。概括来说，这使得独立进行 Reg2 匹配的状态转移结构会被复制一份到 Reg1 的.*结构中。以正则表达式 ab.*cd 和 efgh 的同时转化为例，DFA 状态转移如图 2.46 所示。

可以观察到，对应于 efgh 的 DFA 结构被完整复制了一份到另一结构里，该结构始于状态 3，源于 ab.*cd 中的.*的扩展。

多条正则表达式同时转化为 DFA 很常见，.*语法元素也很常见。这类实例带来的 DFA 状态数相对 NFA 状态数来说是线性增长的，因为每出现一处.*，其内部就会将其他简单形式的子表达式结构复制一份。

（3）平方增长规模。

.*经常出现在正则表达式的开始位置，它意味着后续的子表达式可以在输入的任意位置开始匹配，这是正则表达式编写人员非常熟悉的书写习惯。另一种通常出现在正则规则开始位置的语法元素是^，表示必须从输入的开始位置进行匹配。和.*不意味着表达式的复杂类似，^本身也不意味着表达式的简单。一切取决于紧跟其后的子表达式。

现在开始考虑子表达式的有限重复，即 sub-reg{n,m}，n 和 m 表示重复次数的下界和上界，二者相同时可写作{n}。当字符类的无限重复和有限重复产生关联时，DFA 状态数又是另一种情形。

考虑规则^a+[^\n]{2}b，它的 DFA 中某些结构的状态数相对 NFA 来说是平方规模的。其 DFA 状态转移如图 2.47 所示。

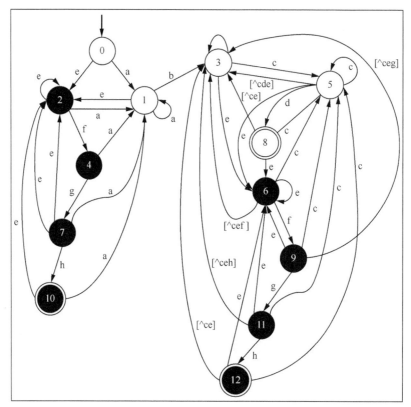

图 2.46　对应正则表达式.*(ab.*cd|efgh)的 DFA 状态转移

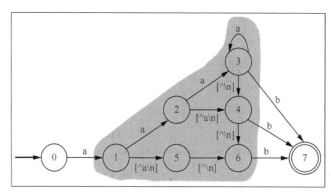

图 2.47　对应正则表达式^a+[^\n]{2}b 的 DFA 状态转移

　　平方的高复杂度源自字符集的有限重复[^\n]{2}与规则前缀中的无限重复 a+产生了重叠。正因为字符集[^\n]包含了字符 a，而 a+位于[^\n]{2}之前，所以前者的匹配过程中也有可能直接导致后者匹配。这个过程中，当输入字符连续出现 a 时，便会出现转移目标的模糊：究竟是要以匹配 a+为目标，还是[^\n]{2}呢？因此，在真正的 DFA 中，便会出现这样的结构：它需要记住已经出现的字符 a 的个数和位置，以便为下一个字符找到正确的转移目标。

如果有限重复语法元素的长度限制为 j，那么这部分特殊结构的 DFA 状态数的理论值就是 $O(j^2)$。

例如 Snort 规则^SEARCH\s+[^\n]{1024}就是符合平方增长的例子。空白字符类\s 被字符类[^\n]所包含，输入连续的空白字符会提高转移行为的模糊性。特别地，当输入中紧跟字符串 SEARCH 后出现 1024 个空白字符和 1024 个字符 a 时，规则有 1024 种方式可以成功匹配。例如，1 个空白字符匹配\s+，剩余 1023 个空白字符和 1 个 a 匹配[^\n]{1024}；或者 2 个空白字符匹配\s+，剩余 1022 个空白字符和 2 个 a 匹配[^\n]{1024}，依此类推。这就需要在 DFA 中有 1024^2 个状态来容纳这些不同长度的匹配路径。

（4）指数增长规模。

我们已经看到了有限重复和前缀重叠带来的复杂变化，这里我们进一步结合.*来观察一些更复杂的形态。

在介绍有限重复时，我们并未提及它在状态转移结构上和无限重复的区别。被无限重复的内容在状态转移结构上的子结构并不需要有多个"副本"，因为它们可以通过转移行为回到这一子结构的初始状态；而被有限重复的内容，则需要确实地在状态转移图上出现特定数量的副本，且每个副本的复杂度是等同的。这也从侧面说明了有限重复元素会引入更高的复杂度。值得一提的是，DFA 中指数级别的状态增长，常常和有限重复语法元素有关。

考虑规则.*a.{2}b，它的 DFA 中某些结构的状态数相对 NFA 来说是指数规模的。其 DFA 状态转移如图 2.48 所示。

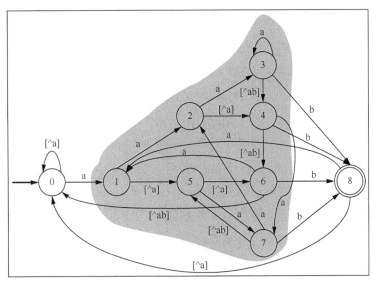

图 2.48　对应正则表达式.*a.{2}b 的 DFA 状态转移

指数的高复杂度源自字符集的有限重复.{2}与规则前缀中的字符 a 产生了重叠，同时规则前缀是以.*开始的。与平方规模的例子^a+[^\n]{2}b 不同，该例中的前缀中存在无限重复，它可以完全包含有限重复部分，因此，最终的 DFA 中存在着从无限重复中剥离一部分来处理有限重复的类似结构。而在本例中，前缀与有限重复产生重叠的部分是被有限重复部分所包含的。加上.*的语义存在，意味着有限重复的部分存在将规则前缀完全匹配的可能，也就是存在继续向前匹配和从头重新匹配两种选择。于是在 DFA 中，对有限重复结构中的许多状态，当下一输入是字符 a 时，总是要多准备一个选择，等价于从头重新匹配。因此而生成的 DFA 为多层二叉结构，层数和有限重复的长度 j 有关，该结构的 DFA 状态数的理论值就是指数级 $O(2^j)$。

例如 Snort 中的交互邮件访问协议（Internet Mail Access Protocol，IMAP）身份验证溢出检测规则.*AUTH\s[^\n]{100}就属于此类，这条规则检查包含字符串 AUTH，紧接一个空白字符，并且在后续的 100 个字符中没有换行符的输入。如果此规则直接实现为 DFA，会包含超过 10 000 个状态，因为其内部有一个有限重复结构需要记住第一个 AUTH\s 后面可能出现的其他 AUTH\s。要知道，一个后面出现的 AUTH\s 表示既可能继续匹配[^\n]{100}，也可能再次匹配到了前缀.*AUTH\s。

在上文关于 DFA 理论规模的讨论中，我们证明了正则表达式.*1.{n}对应的 DFA 的状态数相对其 NFA 来说是指数级的，其中 n 是某个指定的常数，.只表示 0 或 1。稍加辨别可发现，该表达式形式与本部分介绍的指数型规模 DFA 的正则规则是完全一致的，从而也从侧面印证了之前的结论。

2.3.4　DFA 的状态最小化

通过 2.3.3 小节的介绍，我们知道存在 DFA 状态数关于 NFA 状态数呈指数关系的理论值，这一现象被称为 DFA 的"指数状态爆炸"。它意味着 NFA 到 DFA 的转化会带来不可容忍的空间开销，需要加以优化。在前文中，我们也看到了同一个正则表达式(AB|CD)*AFF*可能有多个对应的 DFA，它们可能转移行为（如果两个不同名称的状态在任意输入下都转到同一个状态，即表明转移行为未发生改变）、状态数相同但状态名称不同（见图 2.40 和图 2.41），甚至可能转移行为、状态数和状态名称全都不相同（见图 2.40 和图 2.42），但是它们都可以识别同一种正则表达式。因此，不同状态数的 DFA 之间可能存在转化的空间，而我们希望的是实现从多状态 DFA 到少状态 DFA 的转化。

有一个结论：识别任何正则表达式的状态数最少的 DFA 是唯一确定的（这里不考虑因为更换状态名称而导致的不同，如果仅仅更换状态名称，而转移行为和状态数没有任何改变，这样的变化前后的结构是相同的），其他与该最小 DFA 非同构的识别同样正则表达式的 DFA 可以通过状态最小化过程转化为最小 DFA。

在 DFA 中有这样两类状态，对它们的移除或者合并，都不会影响 DFA 所识别的正则表达式，它们构成了状态最小化过程的重要内容。

- 不可达状态：从 DFA 初始状态经过任意长度输入都不可能达到的状态。这类状态可能在 NFA 到 DFA 的转化过程中出现。

- 不可区分状态：如果从某个 DFA 状态出发，经某个输入串到达了结束状态，而另一个 DFA 状态在相同输入下也能到达结束状态，它们就是不可区分的。

DFA 状态最小化通常包括如下步骤：对不可达状态的移除，和对不可区分状态的合并。经典算法是 John Hopcroft 在 1971 年基于分区细化技术提出的算法。

Hopcroft 算法：输入是 DFA $(S, \sum, \delta, s_0, F')$，输出是状态数最小的等价 DFA。

```
1   #P : partition result, initialized as {F', S \ F'}
2   #W : work queue, initialized as {F'}
3
4   function hopcroft(S, ∑, δ, s0, F')
5      while W is not empty do
6         choose and remove a set A from W;
7         for c ∈ ∑ do
8            X := set of states for which a transition on c leads to a state in A;
9            for each set Y in P for which X ∩ Y ≠ ∅ and Y \ X ≠ ∅ do
10              replace Y in P by the two sets X ∩ Y and Y \ X;
11              if Y is in W then
12                 replace Y in W by the same two sets;
13              else
14                 if |X ∩ Y| <= |Y \ X| then
15                    add X ∩ Y to W;
16                 else
17                    add Y \ X to W;
18                 end if
19              end if
20           end for
21        end for
22     end while
23  end function
```

算法开始于一个最粗粒度的划分：结束状态集 F' 和非结束状态集 $S\backslash F'$。同时 F' 作为工作队列 W 的初值，设置工作集合的目的是存储当前可以帮助进行新的划分检测的辅助集合。算法的目的是不断地检查当前的划分，如果存在某个集合 Y，其内部的状态在相同输入 c 下转移到的下一状态不属于当前划分中的同一个状态集 A，那么集合 Y 就需要通过 c 是否到达 A 进行集合分裂。

以第一步取 F 为划分原则为例,对于某个字符 c,集合 $S\backslash F$ 可以通过 c 是否到达 F 来进行分裂。对于一般情况仍然类似,取某一工作集合 W 中的某个集合 A 为划分原则对当前划分中的其他集合进行划分,这也是符合前述介绍的关于状态的"可区分性"定义的,因为如果某个集合 Y 分裂后的两部分,一部分能通过 c 到达 X,另一部分不能,那么必然存在一个以 c 开头的输入串,前者经过该串可到达结束状态而后者不能。如此一直进行到当前划分中所有集合都不能使任意集合再被分裂,算法终止。*Compilers: Principles, Techniques, and Tools* 提供了状态最小化算法的正确性证明。

让我们重新考虑正则表达式(AB|CD)*AFF*,它的状态转移如表 2.9 和图 2.40 所示。初始划分 P 包括两个集合 $\{s_4, s_6\}$ 和 $\{s_0, s_1, s_2, s_3, s_5\}$,它们分别是结束状态集合和非结束状态集合。我们要考虑的输入符号集合是 {A,B,C,D,F}。集合 $\{s_4, s_6\}$ 首先作为工作队列的初值,被用来检查其他集合是否可以分裂。

第一轮(用 $\{s_4, s_6\}$ 来辅助划分)如下。

对于输入 A、B、C 和 D,集合 $\{s_0, s_1, s_2, s_3, s_5\}$ 的状态都无法转移到 $\{s_4, s_6\}$,不能分裂。集合 $\{s_4, s_6\}$ 的状态也无法转移到 $\{s_4, s_6\}$,不能分裂。

对于输入 F,集合 $\{s_0, s_1, s_2, s_3, s_5\}$ 中的 s_1 可以到达 $\{s_4, s_6\}$,此时集合分裂为 $\{s_1\}$ 和 $\{s_0, s_2, s_3, s_5\}$。同时集合 $\{s_1\}$ 加入工作集合。此时的划分状态为:$\{s_4, s_6\}$、$\{s_1\}$ 和 $\{s_0, s_2, s_3, s_5\}$。

第二轮(用 $\{s_1\}$ 来辅助划分)如下。

对于输入 A,集合 $\{s_0, s_2, s_3, s_5\}$ 中的 s_0、s_3 和 s_5 可以到达 $\{s_1\}$,此时集合进一步分裂为 $\{s_0, s_3, s_5\}$ 和 $\{s_2\}$。同时集合 $\{s_2\}$ 加入工作集合。此时的划分状态为:$\{s_4, s_6\}$、$\{s_1\}$、$\{s_0, s_3, s_5\}$ 和 $\{s_2\}$。

对于输入 B、C、D 和 F,$\{s_4, s_6\}$、$\{s_1\}$、$\{s_0, s_3, s_5\}$ 和 $\{s_2\}$ 都不能根据是否到达 $\{s_1\}$ 进行进一步划分。

第三轮(用 $\{s_2\}$ 来辅助划分)如下。

对于输入 A、B、C、D 和 F,$\{s_4, s_6\}$、$\{s_1\}$、$\{s_0, s_3, s_5\}$ 和 $\{s_2\}$ 都不能根据是否到达 $\{s_2\}$ 进行进一步划分。算法运行结束。

DFA 最小化后的状态转移如表 2.10 所示。

表 2.10 DFA 最小化后的状态转移

NFA 状态	DFA 状态划分	A	B	C	D	F
{0,1,2,4,5,7,8,9}	$\{s_0, s_3, s_5\}$	$\{s_1\}$		$\{s_2\}$		
{3,10}	$\{s_1\}$		$\{s_0, s_3, s_5\}$			$\{s_4, s_6\}$
{6}	$\{s_2\}$				$\{s_0, s_3, s_5\}$	
{11,12,13,14}	$\{s_4, s_6\}$					$\{s_4, s_6\}$

当前划分中的每一个状态集合在最终 DFA 中都代表一个状态，因此可以用别名的方式来表示。于是最终得到的最小化后的 DFA 只包含 4 个状态，其中包含 NFA 初始状态 0 的 DFA 状态 S_a 是最小 DFA 的初始状态，包含 NFA 结束状态 14 的 DFA 状态 S_d 是最小 DFA 的结束状态。其状态转移如图 2.49 所示。

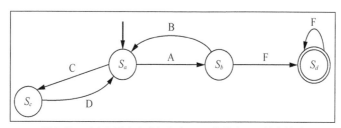

图 2.49　对应正则表达式(AB|CD)*AFF*的最小 DFA 状态转移

与图 2.42 相比可知，该 DFA 和基于去空字符跳转的 Thompson NFA 直接生成的 DFA 是完全同构的。

值得注意的是，DFA 中的"死"状态在最小化之前可能有多个，实际上这个时候识别且消除所有"死"状态并没有很高效。而在最小化过程结束后，这些"死"状态会合并成一个，此时"死"状态的消除会相对容易。这里为了排除"死"状态处理对其他正常状态处理表达上的干扰，隐去了其合并过程。

此外，*Compilers: Principles, Techniques, and Tools* 还分析了正则表达式转换为 NFA 和 DFA 后，分别进行正则表达式识别的时间复杂度和空间复杂度，二者分别在空间和时间上各有优势。

2.4 本章参考

[1]　Aho A V , Lam M S , Sethi R , et al. Compilers: Principles, Techniques, and Tools [M]. 2nd Edition. Addison-Wesley Longman Publishing Co. Inc. 2006.

[2]　Hopcroft J E, Ullman J D, Hopcroft J E. Introduction to Automata Theory, Languages, and Computation [M]// Introduction to Automata Theory, Languages, and Computation. Addison-Wesley, 2001.

[3]　Becchi M, Crowley P . A Hybrid Finite Automaton for Practical Deep Packet Inspection[C]// Acm Conference on Emerging Network Experiment & Technology. DBLP, 2007.

[4]　Yu F , Chen Z , Diao Y , et al. Fast and Memory-Efficient Regular Expression Matching for Deep Packet Inspection[C]// IEEE Symposium on Architecture for Networking & Communications Systems. IEEE, 2006.

第3章 正则表达式匹配库

由于正则表达式强大的表示能力和便捷的使用方式,其应用领域从最初的 UNIX 编辑器逐步延伸到其他场景,如数据分析、网络安全等。继而,其相对应的软件匹配库也应运而生,方便用户直接调用 API 来实现高效正则匹配。这些软件匹配库主要分为两大类。一类直接集成在编程语言中,如 Perl、Python、PHP、C++和 Java 等都包含内置模块用于正则匹配;另外一类则为独立的软件匹配库,如 PCRE、RE2 和 Hyperscan 等,用户需要通过静态或动态的方式将其链接到自己开发的代码中。后一类支持的语法更全面,功能更强大,性能也更为出色,因此被广泛集成在各种解决方案中。本章我们主要对几款独立的软件正则表达式匹配库进行介绍。

3.1 PCRE

PCRE 是一个软件正则表达式匹配库,兼容 Perl 5 正则表达式的语法定义。Philip Hazel 在 1997 年开始了 PCRE 的开发工作。经过二十多年的更新迭代,现该库主要有两个版本:PCRE 和 PCRE2。PCRE 是旧版本,已经不再继续开发,但它的代码仍在维护中,并用于大量的应用方案。PCRE2 是正在开发的新版本,做了 API 修改、少量语法调整,以及大量性能优化。

PCRE 是目前得到广泛应用的正则表达式匹配解决方案,被集成在编程语言(PHP)、网络浏览器、电子邮件系统、网络安全系统等多种应用场景。

3.1.1 语法支持

PCRE 支持大量语法,可总结成几种不同的类别,包括字符类、有界重复、分支结构、反向引用等。PCRE2 提供了与 PCRE 类似的语法支持,但做了少量调整,例如增加了一些 Python、.NET 和 Oniguruma 语法。因为 PCRE 得到了广泛的应用,所以在后来的开发中,其他正则表达式匹配库几乎将 PCRE 支持的语法视作标准。PCRE 支持的语法如表 3.1 所示。表中为每种语法都展示了实际例子以帮助读者更好地理解。

表 3.1　PCRE 支持的语法

语法	示例及含义	
引用	\Q...\E	封闭字符为文字
字符	\n	换行
字符类型	.	任何字符
\p 和\P 的一般类别属性	Lu	大写字母
\p 和\P 的特殊类别属性	Xan	含有字母和数字
用于\p 和\P 的脚本名称	Han	Han 语言编码
字符类	[...]	正字符类
量词	{n,m}	在 n 和 m 之间，贪婪
锚点和简单断言	\A	匹配开始
匹配点重置	\K	重置匹配点
分支结构	expr|expr|expr	分支表达式
捕获	(...)	捕获组
原子组	(?>...)	非捕获原子组
注释	(?#....)	注释
选项设置	(?i)	无大小写
换行规范	(*CR)	仅回车
\R 可匹配的	(*BSR_ANYCRLF)	匹配 CR、LF 或 CRLF
先行断言与后行断言	(?=...)	正向先行断言
反向引用	\1	以数字引用
子程序引用（可能为递归）	(?R)	递归整个模式
条件模式	(?(condition)yes-pattern)	基于条件匹配
回溯控制	(*ACCEPT)	强制匹配成功
标注	(?C)	匹配触发标注函数

3.1.2　设计概述

PCRE 和 PCRE2 基于相同的设计原则，共有两种不同的匹配机制，分别为"NFA"和"DFA"。

"NFA"的实现遵循 Jeffrey E.F. Friedl 的《精通正则表达式》[1]一书中"NFA"的定义，不同于自动机理论中经典的"NFA"定义。其执行功能的操作如下：它会在单个路径上执行深度优先搜索（Depth First Search，DFS），直到找到"NFA"图上的不匹配节点；然后它会根据当前最后匹配节点搜索其他可选路径，如果搜索失败，它会回到前一节点再寻找其他可能的替代方案。匹配过程同时包含了"NFA"图和输入字符序列的反向遍历。规则中定义的贪婪特性会决定不同路径的遍历顺序，一旦到达一个叶子节点，就表示有一个匹配并直接停止运行。所以在基于"NFA"的匹配过程中只会返回一个匹配。这种基于深度优先寻找匹配的设计，极大地简化了对当前遍历路径的跟踪标记，进而使得支持捕获、反向引用和其他与回溯相关的语法都变得可行。

基于"DFA"的匹配算法也与自动机理论中经典的"DFA"不同，允许同时存在多个活跃状态。它执行广度优先搜索（Breadth First Search，BFS）算法，该算法在图上搜索针对输入字符序列所有可能的匹配。它保留所有活跃状态，并基于当前字符对每个活跃状态进行状态遍历。因此，此算法返回所有可能的匹配，而不是像基于"NFA"的算法一样，只返回单一匹配。但它的缺点就在于让跟踪所有匹配路径变得十分困难，所以它不能支持捕获和反向引用，也不能与 Perl 语法完全兼容。

此外，PCRE 和 PCRE2 包含一个即时（Just In Time，JIT）编译优化选项[2]，可在编译期执行大量优化，并可显著提高运行期的匹配性能。但 JIT 编译优化需要额外的编译流程，而且只能应用于基于"NFA"的匹配方式。相较于基于"DFA"的匹配方式，JIT 进一步增加了基于"NFA"的匹配方式的性能优势。

3.1.3　基本 API 和示例代码

PCRE 和 PCRE2 的基本用法如下。它们都需要单独的编译 API 对提供的规则进行编译，也需要使用运行期匹配 API 来匹配输入字符序列。启用 JIT 支持时需要进行额外的规则分析和堆栈分配。

PCRE 代码段如下：

```
1   int ret;
2   int ovector30;
3   pcre * re;
4   pcre_extra * extra;
5   const char * error;
6   int errorOffset;
7   // PCRE compile
8   re = pcre_compile(pattern, 0, &error, &errorOffset, NULL);
9   if (!re) {
10    printf("Compile error for pattern%s: %s\n", pattern, error);
11  }
12  // PCRE runtime
13  ret = pcre_exec(re, extra, buf, buf_len, 0, 0, &ovector[0], 30);
14  if ret >= 0
15    Report pattern matches
```

PCRE JIT 代码段如下：

```
1   int ret;
2   int ovector[30];
3   pcre *re;
4   pcre_extra *extra;
```

```
5    pcre_jit_stack *jit_stack;
6    const char *error;
7    int errorOffset;
8
9    re = pcre_compile(pattern, 0, &error, &errorOffset, NULL);
10   /* Check for errors */
11   if (!re) {
12       printf("Compile error for pattern%s: %s\n", pattern, error);
13   }
14
15   extra = pcre_study(re, PCRE_STUDY_JIT_COMPILE, &error);
16   jit_stack = pcre_jit_stack_alloc(32*1024, 512*1024);
17   /* Check for error (NULL) */
18   pcre_assign_jit_stack(extra, NULL, jit_stack);
19
20   // PCRE runtime
21   ret = pcre_jit_exec(re, extra, buf, buf_len, 0, 0, &ovector[0],
22                       30, jit_stack);
23   if ret >= 0
24       Report pattern matchs
```

PCRE2 代码段如下：

```
1    int ret;
2    pcre2_code *re;
3    int error;
4    PCRE2_SIZE errorOffset;
5    PCRE2_SIZE *ovector;
6    pcre2_match_data *match_data;
7
8    // PCRE2 compile
9    re = pcre2_compile(pattern, PCRE2_ZERO_TERMINATED, &error,
10                      &errorOffset, NULL);
11   if (!re) {
12       PCRE2_UCHAR buffer[256];
13       pcre2_get_error_message(error, buffer, sizeof(buffer));
14       printf("PCRE2 compilation failed at offset %d: %s\n",
15               (int)errorOffset, buffer);
16   }
17   match_data = pcre2_match_data_create_from_pattern(re, NULL);
18
19   // PCRE2 runtime
20   ret = pcre2_match(re, buf, buf_len, 0, 0, match_data, NULL);
```

```
21  ovector = pcre2_get_ovector_pointer(match_data);
22  if ret >= 0
23      Report pattern matches
```

3.2 　RE2

RE2 是 Google 公司提供的基于软件的正则表达式匹配库,由曾在贝尔实验室任职的 Russ Cox 于 2009 年推出。RE2 是一个广受欢迎的开源库,这得益于其适用范围、简洁程度和性能,还得益于 Cox 发表了一系列有影响力的文章,来解释正则表达式匹配的设计和实现。他的文章为读者普及了更快的、基于自动机的正则表达式匹配方案。RE2 的设计借鉴了 Rob Pike 在文本编辑器 sam[3]中的正则表达式实现和 Ken Thompson 从 20 世纪 60 年代开始的正则表达式工作[4]。

3.2.1　语法支持

一般来说,RE2 实现的是 POSIX 语法和 Perl 语法,但它对 Perl 语法支持有所约束——不支持任何需要基于回溯的匹配语法,例如反向引用和零宽断言。与 PCRE 支持语法的详细比较请参见 3.4.2 小节。

3.2.2　设计概述

RE2 的操作非常直接。它解析正则表达式并构造 Thompson NFA。然后,在编译时,从 NFA "懒惰"地构造 DFA,仅构造与 Thompson NFA 的实际访问状态集相对应的 DFA 状态。因此 RE2 经常可以避免由于试图提前构造所有 DFA 状态而导致的指数状态爆炸。

RE2 使用一系列启发式方法来检测"懒惰"的状态构造机制何时变得低效。值得注意的是,如果正则表达式或一组正则表达式的完整 DFA 非常大,则这种"懒惰"机制在某些输入下可能导致生成众多只被访问一次的 DFA 状态。RE2 仅用有限的存储空间(默认为 8 MB)来缓存这些构造的 DFA 状态。如果创建了太多状态而没有被重新访问,则 RE2 会退回,直接执行 Thompson NFA。虽然这样做比在已构造的 DFA 中进行状态转移的速度要慢,但是这比在大多数访问状态中执行 DFA 编译更快。根据编写 RE2 源码时的性能评估,如果状态构造以每秒 0.2 兆字节的速度运行,而 Thompson NFA 代码以每秒 2 兆字节的速度运行,则 RE2 尝试确保每个 DFA 状态的构造至少间隔 10 字节,否则退回到 NFA。

RE2 还具有一些简单的优化功能,可以快速匹配在规则开始处的特定字符。

3.2.3　基本 API 和示例代码

RE2 提供了一组非常简单的 C ++ API,支持完全匹配和部分匹配。完全匹配需要规则匹配整个输入，而部分匹配只检查输入的子串匹配。它们的基本用法见如下代码段。这些 API 将同时返回匹配的位移量和匹配的子字符串。

```
1   int i;
2   string s;
3
4   RE2 re("(\\w+):(\\d+)");
5
6   RE2::PartialMatch("test:123hello", "re"));
7
8   RE2::FullMatch("test:123", re, &s, &i));
9   RE2::FullMatch("test:123", re, &s));
10  RE2::FullMatch("test:123", re, (void*)NULL, &i));
```

3.3 Hyperscan

Hyperscan 是来自 Intel 的正则表达式匹配库。它是基于 BSD3 许可的开源软件。它支持大规模多正则匹配，并利用 Intel 单指令多数据（Single Instruction Multiple Data，SIMD）技术加速匹配性能。Hyperscan 广泛应用于网络应用中，包括 IDS/IPS（Snort 和 Suricata）、网络应用防火墙、垃圾邮件过滤系统（Rspamd）、协议/应用识别系统（nDPI）等。它还能够提高数据分析应用的性能，包括日志分析系统、代码版本控制系统（GitHub）和数据库（ClickHouse）等。

3.3.1 语法支持

Hyperscan 兼容 PCRE（8.41 及以上的版本）语法，然而，Hyperscan 并不能支持所有的 PCRE 语法结构，使用了 Hyperscan 不支持的语法结构的规则会在编译时报错。下面列出了常见的 Hyperscan 支持和不支持的正则表达式语法。

1. Hyperscan 支持的语法

（1）普通字符和字符串。

（2）字符表示法。

（3）字符组。

（4）量词。

● 标准匹配量词的*、+和?在限制前面子表达式的重复次数时，子表达式本身是 Hyperscan 能够支持的。注意，标准匹配量词在 Hyperscan 中的语义不再是贪婪的，因为 Hyperscan 机制会报告所有的匹配命中。例如，当正则表达式 ab+去匹配字符串

abbbb 时，Hyperscan 会在 ab、abb、abbb、abbbb 处共报告 4 次匹配命中。

- 标准匹配量词中的有界重复量词{n}、{n,}和{n,m}在以下条件满足时能够被 Hyperscan 有限支持。
  - 在限制前面任意的子表达式时，m 和 n 的值或者是一个比较小的正整数，或者是无限的。例如(a|b){3}、(a?b?c?d){4,9}、(ab(cd)*){6,}。
  - 在限制前面一个字符宽的子表达式时，m 和 n 的值不能超过 32 767。例如 [^\\a]{2000}、a.{3000,9999}b、x{5000}。在流模式下当 m 和 n 的值比较大时，有界重复量词会占用相当多的内存来保存匹配状态。
- 忽略优先量词能够被 Hyperscan 支持，但其作用与标准匹配量词相同。原因如上所述，Hyperscan 会报告所有的匹配。

（5）锚点。

（6）捕获型分组和非捕获型分组，但是 Hyperscan 忽略捕获，所以无法支持反向引用。

（7）多选结构。

（8）注释和模式修饰符。

（9）Unicode 字符属性。

（10）POSIX 字符组。

2．Hyperscan 不支持的语法

（1）反向引用。

（2）零宽断言。

（3）嵌入条件。

（4）原子分组和占有优先量词。

3.3.2　匹配模式

Hyperscan 支持 3 种不同的匹配模式：块模式、流模式和向量模式。在不同的场合下选择合适的模式可以达到事半功倍的效果。

1．块模式

块模式（block mode）匹配的目标数据是单个连续数据块，可以在一次调用中匹配数据块中的所有内容，不需要保留状态。块模式是最常见的和使用最广泛的匹配模式之一，常见的使用场景有文本内容匹配、统一资源定位符（Uniform Resource Locator，URL）过滤等。

2. 流模式

流模式（stream mode）匹配的目标数据是一条连续的数据流，并非所有待匹配数据都可以一次获得，而是需要按顺序匹配数据流中的数据块，匹配可以跨越数据流中的多个数据块。在流模式下，每条数据流都需要分配一定的内存来保存这条数据流之前匹配的状态以实现数据流的跨数据块匹配。流模式特别适用于网络报文处理的场景。当需要进行跨包查询，在一条网络报文流中匹配某些特定的规则时，流模式就可以充分发挥其强大的能力。

流模式下，Hyperscan 可以保存当前数据块的匹配状态，并在新数据块到达时将保存的状态用作初始匹配状态。如图 3.1 所示，不管按时间顺序 xxxxabcxxxxxxxdefxx 数据如何被分成多个数据包，流模式保证了最终匹配的一致性。此外，Hyperscan 能够压缩保存的匹配状态以减少应用程序使用流模式时的内存占用。流模式提供了一种简单的方法来匹配一段时间内到达的数据，不需要用户缓存和重新匹配数据包或将匹配限制到固定的历史数据窗口。

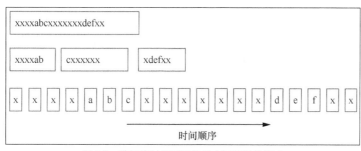

图 3.1　数据按时间顺序分散在不同的单元中

3. 向量模式

向量模式（vector mode）匹配的目标数据由一组离散的数据块组成，可以在一次调用中匹配所有离散的数据块的内容。向量模式适合在某些特定的场合使用，例如需要匹配一组不连续的数据块是否匹配某个规则，如果通过内存复制的方式将这些不连续的数据块复制成一整个连续数据块再使用块模式匹配，会对性能影响非常大。这时候使用向量模式就是一个非常好的选择，不会因为内存复制而造成额外的性能下降。

3.3.3　设计概述

总的来说，Hyperscan 基于混合有限自动机的设计，会使用 NFA 和 DFA 进行匹配。了解了这点，让我们一起熟悉一下 Hyperscan 编译期的主要内部设计。它可分为以下几个阶段。

（1）图的生成：应用经典的 NFA 生成算法，将原始正则表达式转换为 Glushkov NFA 图。

（2）图的分解：因为字符串匹配通常比正则表达式匹配快几个数量级，Hyperscan 会将生成的 NFA 图分解为字符串部分和正则部分，并依赖字符串匹配的预过滤来尽可能避免运行性能更慢的正则部分。

（3）图的优化：可以对原始的 NFA 图和正则部分的图进行进一步优化，包括消除顶点和边的冗余、合并图和优化图的结构等。

（4）匹配引擎的生成：为所有字符串部分生成一个统一的字符串匹配引擎。透彻地分析每个正则部分的结构特点，并依此确定这些部分被转换为 NFA、DFA 还是其他的专用匹配引擎。

Hyperscan 运行期以字符串匹配为起点，并由运行期调度系统触发正则引擎。它利用高效的 Intel SIMD 指令集（如 SSSE3、AVX 和 AVX2 等）来加速匹配引擎的性能。

这里我们只是简单介绍了内部的设计思想，有兴趣的读者可以参考第 5 章，阅读更多关于编译期和运行期设计的详细内容。

3.3.4　基本 API 和示例代码

块模式下对多规则进行匹配的 Hyperscan 示例代码如下。用户需要先调用 Hyperscan 编译函数来生成一个数据库；然后为运行期的匹配分配一个 scratch 内存。以数据库、scratch 内存和提供的用户回调函数作为输入触发 hs_scan()进行匹配。每次在输入数据中发现匹配，Hyperscan 都会调用用户定义的回调函数。

```
1    // User callback function
2    static int on_match(unsigned int id, unsigned long long from,
3                        unsigned long long to, unsigned int flags,
4                        void *ctx) {
5        printf("Match for pattern \"%s\" at offset %llu\n", (char *)ctx, to);
6        return 0;
7    }
8
9    // hs compile time
10   hs_compile_multi(hs_pats, hs_flags, hs_ids, n_hs,
11                    HS_MODE_BLOCK, …, &hs, …);
12   hs_alloc_scratch(hs, &scratch);
13
14   // hs runtime
15   hs_scan(hs, buf, buf_len, 0, scratch, on_match, ctx);
16
17   // Clean up
18   hs_free_scratch(scratch);
19   hs_free_database(hs_db);
```

3.4　正则表达式匹配库的比较

本节将对前文介绍的 3 个正则表达式匹配库进行不同维度的比较，包括支持的语法、支持的功能和性能。

3.4.1　概述

4 个指标下各库的比较如表 3.2 所示。首先，PCRE 和 PCRE2 支持的语法最丰富，而 RE2 和 Hyperscan 支持的语法只能算是 PCRE 语法的一个子集。其次，PCRE 和 PCRE2 不支持多规则匹配，一次只能匹配一个规则，所以当要匹配的规则数量增加时，其性能的可扩展性就大大受限。RE2 和 Hyperscan 都可以支持多规则匹配。然后，从性能的角度看，PCRE 为了提供强大的语法支持牺牲掉了性能。PCRE2 中大量的优化可以有效缓解 PCRE 性能低下的问题。RE2 采用相对简单的设计，与 PCRE2 相比，其性能极具竞争力。Hyperscan 依赖于字符串过滤和混合自动机，两者都可以通过先进的 Intel SIMD 加速，总体上可提供最佳性能。最后，Hyperscan 具有独特的流模式支持，可以在多个数据块之间进行匹配。此功能对网络场景中的跨包查询尤其有用。

表 3.2　各正则表达式匹配库 4 个指标的比较

匹配库	支持的语法	是否支持多规则匹配	性能	是否支持流模式
PCRE	丰富	否	低	否
PCRE2	丰富	否	中等	否
RE2	适中	是	中等	否
Hyperscan	适中	是	高	是

3.4.2　语法支持

如表 3.3 所示，PCRE 支持的语法最丰富。RE2 和 Hyperscan 在设计时与 PCRE 有着不同的考量，虽然可以支持 PCRE 语法中较大的一个子集，而且这些语法的匹配行为也几乎与 PCRE 支持的相同，但缺少如反向引用、原子组等复杂的语法。

表 3.3　各正则表达式匹配库语法支持的比较

语法	PCRE	RE2	Hyperscan
引用	是	是	是
字符	是	是	是
字符类型	是	是	是
\p 和 \P 的一般类别属性	是	是	是

续表

语法	PCRE	RE2	Hyperscan
\p 和\P 的 PCRE 特殊类别属性	是	否	是
\p 和\P 的脚本名称	是	是	是
字符类	是	是	是
量词	是	是	是
锚点与简单断言	是	是	是
匹配点重置	是	是	否
分支结构	是	是	是
捕获	是	是	否
原子组	是	否	否
注释	是	否	是
选项设置	是	是	是
换行规范	是	是	是
\R 可匹配的	是	否	否
先行和后行断言	是	否	否
反向引用	是	否	否
子程序（可能为递归）	是	否	否
条件模式	是	否	否
回溯控制	是	否	否
标注	是	否	否

注：是——支持，否——不支持

3.4.3　设计原理

1. PCRE 与 Hyperscan 和 RE2 的区别

由于 PCRE 基于回溯的设计方式，所以其支持的语法类型最丰富。但与此同时，这是一把双刃剑，在复杂规则中容易造成性能的极大下降，在网络场景下增加了遭受正则表达式拒绝服务攻击（Regular Expression Denial of Service，ReDoS）的风险，RE2 和 Hyperscan 则不会发生这样的问题。

与 PCRE 不同的是，RE2 和 Hyperscan 都使用了经典自动机原理的 NFA 和 DFA，不支持依赖回溯实现的语法，例如反向引用、递归子模式或零宽断言等。

2. RE2 和 Hyperscan 的区别

（1）方法的根本差异。

Hyperscan 设计的主要出发点针对以下情况：正则表达式编译相对不频繁，并且生成的数据库可用于匹配大量数据，无论是对单个巨大数据块的匹配还是大量较小数据块的匹配。因此，在 Hyperscan 中，充分利用优化是非常值得的，例如 NFA 和 DFA 执行的 SIMD 加速以及字符串的发掘。利用基于字符串的切割可以将较大的规则分解为子规则并可以使用高效字符串匹配算法进行匹配。

此外，Hyperscan 的一大重要设计目标是支持大规模规则匹配。RE2 则主要为单规则匹配而设计；尽管它包含一个附带接口（RE2 :: Set），允许多规则匹配，但是 RE2::Set 对大规模匹配的性能扩展性不高，并且不支持 Hyperscan 提供的许多功能。特别是 RE2:: Set 只能找到哪些规则产生了匹配，但不提供它们在数据中匹配的具体偏移量。

这些差异意味着 Hyperscan 的典型应用场景是大规模规则匹配，且编译好的数据库可以被重复使用。而 RE2 的理想场景是对单条规则在相对较小的数据量中（例如数万字节或更少）进行快速匹配。在后一种场景下，在 Hyperscan 仍在编译和优化数据库过程时，RE2 可能已经完成了对所有数据的匹配。

针对 NFA 的实现，RE2 选择了 Thompson 自动机，而 Hyperscan 则选择了 Glushkov 自动机。这其中有不同的权衡。Thompson 自动机的边数与正则表达式的大小呈线性关系，但允许 ε 转移。这些 ε 转移可能与其他 ε 转移相连，需要在运行时进行处理。相反，Hyperscan 使用的 Glushkov 自动机是无 ε 转移的。这简化了运行期的流程，但在最坏情况下必须处理 $O(N^2)$ 条边。基于匹配性能优先的原则，在 Hyperscan 编译期进行大量的边处理是可以接受的。实际上，在 Hyperscan 基于位向量的 Glushkov NFA 实现中（LimEx NFA），从节点引出的较大边数会使最终的位向量表示变小。

Glushkov 自动机无 ε 转移的特性保证了运行期更简单的处理，但同时增加了编译时的复杂度。这体现了 Hyperscan 和 RE2 之间的区别：Hyperscan 期望用更大编译开销，来换取更好的匹配性能。

（2）次要差异。

在代码数量方面，Hyperscan 比 RE2 复杂得多。Hyperscan 在构造的 Glushkov NFA 图上有大量的图优化，然后构造了一个复杂的流程编排层以运行各种不同类型的匹配引擎。这导致了比 RE2 更大的复杂度。这也源于 Hyperscan 的设计目标，即能同时处理大量规则，且匹配峰值性能比编译时间更为重要。

由于 RE2 基于动态编译的策略，因此它必须在运行时更新其数据库。RE2 通常比 Hyperscan 更简单，仅具有几种用于正则表达式评估的策略（NFA 和 DFA）。但它具有复杂得多的并发问题，多个线程可能同时使用相同的 RE2 数据库，因此必须同步其写入过程，避免出现并发问题。Hyperscan 通过预先计算不可变的数据库来实现多个线程对该数据库进行只读访问。

Hyperscan 提供了自定义匹配引擎和特殊机制来处理单字符有界重复问题，而 RE2 只是扩展了此类重复。因此，[^\n]{500,1000}之类的模式会以明显的方式扩展为 1000 个状态。由于此类规则在网络安全中非常普遍（此类规则通常用于检测缓冲区溢出攻击），因此 Hyperscan 以这种方式处理有界重复问题是不可行的。但是更复杂的有界重复（大于单个字符，包括 Unicode 字符类）问题在两者中都需要扩展。

（3）微小差异。

以下差异相对较小；可以认为是一些实现调整以更接近于其他正则表达式匹配库的语法。

尽管在语义上 RE2 和 PCRE 有些不同，但它支持子规则捕获并对起始位移匹配提供了更全面的支持。

RE2 只能通过向后运行 DFA 来找到匹配的起始位置；此方法对 Hyperscan 不可行，因为流模式意味着支持此向前匹配所需的数据可能不再存在。因此，Hyperscan 在流模式和块模式下必须依赖更复杂的实现。该实现不支持所有 Hyperscan 正常使用时支持的规则。

RE2 还支持通过调整其 NFA 算法来捕获子规则。目前 Hyperscan 不支持捕获功能，但是曾经存在一个基于 Hyperscan 的"捕获分支"，仅支持在块模式下进行捕获。为了支持兼容 PCRE 的捕获语法，可以混合使用 Hyperscan 和 PCRE，让 Hyperscan 实现预过滤功能。

Hyperscan 的运行期仅用 C 语言编写，没有额外的动态内存管理，而 RE2 的运行期是用 C++编写的。由于 RE2 的设计不针对操作系统或低级嵌入式系统的场景，因此这不会产生太大影响。

Hyperscan 具有流模式和向量模式，这是 RE2 设计所不具有的。依赖于反向匹配的任何功能都需要在流模式下被禁用。

RE2 实现了一些新的正则表达式语法时，Hyperscan 紧紧遵循 PCRE 语法和语义（除匹配所有、非回溯操作）。鉴于 RE2 在 Google 公司的普遍使用，很明显 RE2 的语法创新不会对目标受众造成影响。Hyperscan 试图规定新正则表达式语法的尝试可能会使希望兼容 PCRE 语法的用户感到惊讶。此外，如果 Hyperscan 更改 PCRE 语法，Hyperscann 就难以在 Chimera 中与 PCRE 进行混合运用。

3.4.4　性能

下面是我们在 48GB 内存的 Intel 至强 8180 CPU@2.50GHz 上进行的性能对比[5]，使用了 GCC 5.4 编译代码。为了排除网络 I/O 的影响，我们直接从内存中获取提前捕获的数据包来评估 CPU 的单核性能。测试中使用的是由一个云服务提供商提供的真实网络流量。我们使用 Hyperscan（v5.0）、RE2（v2018-09-01）、PCRE（v8.41）和 PCRE2（v10.32）进行所有的评估。

我们为 PCRE 和 PCRE2 启用了 JIT 选项。要注意的是,PCRE 和 PCRE2 仅支持单规则匹配,为了更客观地对比 PCRE 和 PCRE2,我们测量以串行方式匹配所有正则表达式的总时间(即一次匹配一个正则表达式),这就要求每个正则表达式都要完全匹配一遍输入。对于 Hyperscan 和 RE2 的评估,我们测量两个数据:一个是串行匹配所有正则表达式的时间(RE2-s、Hyperscan-s),另一个是一次性匹配所有正则表达式的时间(RE2-m、Hyperscan-m)。测试使用的正则表达式中有 1300 条来自 Snort Talos 规则集,2800 条来自 Suricata ET-Open 规则集。

总匹配时间对比如表 3.4 所示。Hyperscan 在单规则匹配和多规则匹配中能带来的具体性能提升如图 3.2 和图 3.3 所示。对 Snort Talos 规则集的匹配中,Hyperscan-s 的性能分别约为 PCRE、RE2-s 和 PCRE2 的 40.1 倍、10.3 倍和 2.3 倍,Hyperscan-m 的性能分别约为 RE2-m 和 PCRE2 的 13.5 倍和 183.3 倍!对 Suricata ET-Open 规则集的匹配中,Hyperscan-s 分别约为 PCRE、RE2-s 和 PCRE2 的 24.8 倍、9.1 倍和 1.8 倍,Hyperscan-m 分别约为 RE2-m 和 PCRE2 的 8.4 倍和 6.9 倍。这里没有展示基于 DFA 的 PCRE 性能,因为我们发现它比基于 NFA 的性能方式慢很多。

表 3.4 在 Snort Talos (1300 条规则)和 Suricata ET-Open (2800 条规则)下,
各正则表达式匹配库匹配真实网络流量的性能比较 单位:s

规则集	PCRE	PCRE2	RE2-s	Hyperscan-s	RE2-m	Hyperscan-m
Talos	6942	394	1777	173	29	2.15
ET-Open	12 800	913	4696	516	1116	133

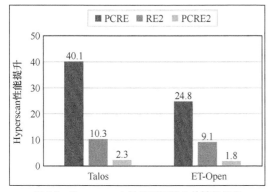

图 3.2 Hyperscan 在单规则匹配中的性能提升

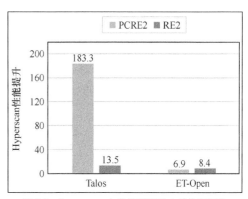

图 3.3 Hyperscan 在多规则匹配中的性能提升

从结果可以看出,因为其有效的内部优化,PCRE2 明显优于 PCRE。RE2 的设计基于经典的自动机原理,性能上比基于回溯的 PCRE 更快。Hyperscan 则将正则表达式分解成字符串和正则部分,使其性能受益于 SIMD 加速的字符串匹配和有限自动机匹配。

3.5 本章参考

[1]　Jeffrey J E F Friedl. 精通正则表达式[M]. 余晟，译. 3 版. 北京：电子工业出版社，2012.

[2]　Herczeg Z. Extending the PCRE Library with Static Backtracking Based Just-in-Time Compilation Support[C]// In Proceedings of Annual IEEE/ACM International Symposium on Code Generation and Optimization, February 2014.

[3]　Pike R. The Text Editor Sam[J]. Software: Practice and Experience, 1987, 17:813-845.

[4]　Thompson K. Programming Techniques: Regular Expression Search Algorithm[J]. Communications of ACM, 1968, 11(6):419-422.

[5]　Wang X, Hong Y, Chang H, et al. Hyperscan: A Fast Multi-pattern Regex Matcher for Modern CPUs[C]// In 16th USENIX Symposium on Networked Systems Design and Implementation (NSDI 19), USENIX Association, Boston, MA (2019), pp. 631-648.

第4章　Hyperscan 特性

我们在第 3 章已经简单介绍了 Hyperscan，下面我们来详细了解一下 Hyperscan 的语义、工作流程高级特性及相关工具。

4.1　Hyperscan 的语义

虽然 Hyperscan 遵循 PCRE 语法，但它提供了不同的语义。Hyperscan 与 PCRE 语义的主要差异是 Hyperscan 的流模式和多规则匹配功能导致的，如下。

（1）支持多规则匹配：Hyperscan 支持同时进行多个规则的匹配，并按命中的位置顺序报告每个匹配。这不等同于 PCRE 中的多选结构...|...，因为多选结构的匹配通常是按从左到右的顺序依次尝试进行匹配，并且只会报告命中多选结构中的一个子表达式。

（2）报告匹配命中结束位置：Hyperscan 默认只报告匹配命中的结束位置。如果某条正则表达式命中时想报告起始位置，需要在编译规则的时候设置相应的 HS_FLAG_SOM_LEFTMOST 标识。

（3）报告所有匹配：使用正则表达式 foo.*bar 去匹配字符串 fooxyzbarbar 时，Hyperscan 会在匹配到 fooxyzbar 和 fooxyzbarbar 时报告两次命中。相比之下，PCRE 默认只会在匹配到 fooxyzbarbar 时报告一次命中（贪婪模式）。如果使用了非贪婪模式，则 PCRE 会在匹配到 fooxyzbar 时报告一次命中。这也意味着 Hyperscan 中的匹配量词在语义上不存在贪婪与非贪婪的模式。

4.2　编译期和运行期

Hyperscan 的工作流程有两个主要的时期：编译期和运行期。编译期将一条或者一组规则编译成一个只读数据库。整个编译过程和编译出来的数据库会根据特定 Intel 平台的特性进行相应的优化，例如使用 AVX2 指令等。运行期不需要读入规则，而是借助编译好的数据库进行匹配。

4.2.1　编译期

编译期会执行大量的分析和优化的工作以确保编译出来的数据库可以进行高效的匹配。如果由于某种原因导致编译失败（例如规则使用了不支持的语法结构，或者由于资源限制导致的溢出），编译过程会返回一个错误。图 4.1 展示了编译期的整个过程。

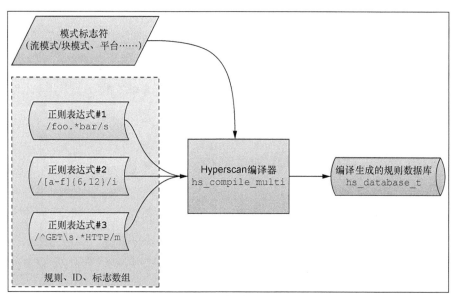

图 4.1　编译期的整个过程

1.　编译期 API

Hyperscan 提供了 3 个 API 函数将正则表达式规则编译成数据库。

（1）hs_compile()：将单个规则编译成数据库。

（2）hs_compile_multi()：将一组规则编译成数据库。

（3）hs_compile_ext_multi()：将一组规则编译成数据库，并支持扩展参数。

在编译期，如果要把规则中的正则表达式元字符解释成对应字符本身的含义，需要在写规则时用\进行转义，例如*、\?、\\等。

在某些情况下，用户希望规则是完全由普通字符组成的，规则中所有的字符都对应其本身的含义。在这种场景下，为了方便用户使用，避免对规则中的元字符进行转义，Hyperscan 从 v5.2.0 开始提供了两个新的 API。

（1）hs_compile_lit()：将单个普通字符规则编译成数据库，规则中所有的字符都会按照本身的含义来解释，无需用\进行转义。

（2）hs_compile_multi_lit()：将一组普通字符规则编译成数据库，规则中所有的字符都会按照本身的含义来解释，无需用\进行转义。

2. 编译标志

规则编译标志影响 Hyperscan 匹配的行为。这里列举了 Hyperscan 中常用的一些编译标志，多个标志可以叠加同时使用。

- HS_FLAG_CASELESS：规则匹配忽略大小写。
- HS_FLAG_DOTALL：使用点号通配模式，规则中的点号可以匹配换行符。
- HS_FLAG_MULTILINE：多行匹配模式，规则中锚点^和$会匹配换行符。
- HS_FLAG_SINGLEMATCH：规则如果有多次匹配命中，只会报告第一次。
- HS_FLAG_ALLOWEMPTY：允许规则匹配空字符串，例如该条规则是.*。
- HS_FLAG_UTF8：规则使用 UTF-8 编码。
- HS_FLAG_UCP：支持 Unicode 字符属性。
- HS_FLAG_SOM_LEFTMOST：规则匹配命中时报告最左侧的匹配开始位置。

3. 扩展参数

在某些情况下，需要通过 hs_compile_ext_multi()的扩展参数对规则的匹配行为进行更多控制，主要扩展参数如下。

- min_offset：规则匹配命中时最小允许结束位置，即规则在数据块或数据流中匹配命中的结束位置必须大于或等于 min_offset，Hyperscan 才会匹配成功。
- max_offset：规则匹配命中时最大允许结束位置，即规则在数据块或数据流中匹配命中的结束位置必须小于或等于 max_offset，Hyperscan 才会匹配成功。max_offset 和 min_offset 可以结合使用，例如规则 foo.*bar，当设置扩展参数 min_offset 为 10 且 max_offset 为 15 时，在对 foobar 或 foo0123456789bar 扫描时不会产生匹配，在对 foo0123bar 或 foo0123456bar 扫描时会报告匹配命中。
- min_length：规则匹配命中的数据的最小允许长度（从开始位置到结束位置）。
- edit_distance：在给定的 Levenshtein 距离内匹配此规则，详细说明参见 4.3.2 小节近似匹配。
- hamming_distance：在给定的 Hamming 距离内匹配此规则，详细说明参见 4.3.2 小节近似匹配。

4. 预过滤模式

Hyperscan 提供了一个特别的编译标志 HS_FLAG_PREFILTER，表示 Hyperscan 为不支持的规则尝试编译一个"近似"版本以实现预过滤。

规则中 Hyperscan 不支持的语法结构（例如零宽断言、反向引用或条件引用等）会在 Hyperscan 内部被更通用的语法结构替换。例如，正则表达式(\w+)\1，在预过滤模式下，反向引用\1 会被替换成\w+，规则变成(\w+)\w+。

使用预过滤模式时返回的匹配结果集一定是原匹配结果的超集。

最后要注意的是，预过滤模式不支持匹配起始位置，如果同时设置了 HS_FLAG_PREFILTER 和 HS_FLAG_SOM_LEFTMOST，则在编译期会报错。

5. 数据库序列化

编译出来的数据库可以通过 hs_serialize_database()序列化和 hs_deserialize_database()反序列化，以便将数据库存储到磁盘或者在不同的主机之间迁移，节省重复编译的时间。

4.2.2　运行期

运行期使用编译期生成的数据库对目标数据进行扫描并报告匹配命中。扫描时块模式、流模式和向量模式需要分别调用相应的以 hs_scan 开头的 API 函数。此外，流模式还有许多管理流状态的其他 API 函数。图 4.2 和图 4.3 分别展示了块模式运行期和流模式运行期的整个过程。

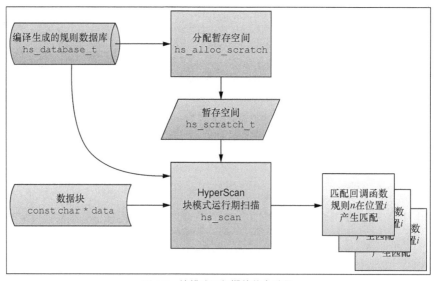

图 4.2　块模式运行期的整个过程

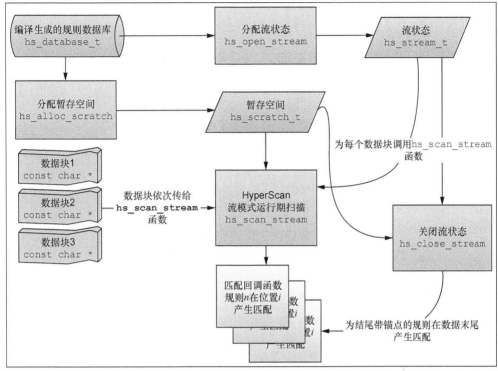

图 4.3 流模式运行期的整个过程

1. 运行期 API

（1）块模式。

块模式运行期 API 由单个函数组成：hs_scan()。 该函数使用编译好的数据库来匹配目标数据，并在匹配命中时调用用户定义的回调函数。

（2）流模式。

Hyperscan 流模式运行期 API 的核心功能包括打开流状态、执行扫描和关闭流状态。

- hs_open_stream()：分配并初始化一个新的流状态。
- hs_scan_stream()：使用编译好的数据库匹配给定流中的数据块，并在匹配命中时调用用户定义的回调函数。同时它会在匹配完一个数据块后将当前状态保存在流状态中。
- hs_close_stream()：完成对给定流的扫描（触发流末尾发生的任何匹配，例如结束锚点$）并释放流状态。在调用 hs_close_stream()之后，流状态无效，将不能被使用。

Hyperscan 流模式可以跨多个目标数据块维护匹配状态，然而，这需要为每个流分配一定的内存（需要的内存大小在编译期固定），并且在某些情况下管理这些流状态会略微降低匹配性能。

Hyperscan 提供了许多用于管理流功能的 API。

- hs_reset_stream()：将流重置为其初始状态，这相当于调用 hs_close_stream()但不会释放用于维护流状态的内存。

- hs_copy_stream()：分配一个新的流状态并复制当前流状态。

- hs_reset_and_copy_stream()：将当前流状态复制给另一个流状态，在复制前会先重置目标流状态。

（3）向量模式。

向量模式运行期 API 由单个函数组成：hs_scan_vector()。该函数接受一组数据指针和长度，并按顺序扫描一组在内存中不连续的数据块。

从调用者的角度来看，使用向量模式的匹配结果与使用以下两种方式的匹配结果相同。

- 以流模式的方式按顺序扫描相应的不连续的数据块。

- 将不连续的数据块复制成连续的数据块并使用块模式扫描。

2. 回调函数

一旦在扫描过程中有规则发生匹配，Hyperscan 就将调用用户提供的回调函数返回给上层应用程序。该回调函数中会报告匹配命中的规则的 id 和匹配命中结束位置。如果这条规则编译期设置了标志 HS_FLAG_SOM_LEFTMOST，回调函数还可以报告匹配的起始位置。用户可以在回调函数中实现相应的针对匹配命中的处理。

值得注意的是，回调函数和扫描函数在同一个上下文中，回调函数中过于复杂的处理会阻塞后续数据的扫描，所以用户需要尽量优化回调函数。此外，回调函数返回零时将继续扫描。一旦回调函数返回一个非零值，整个扫描过程就会停止。

3. scratch 内存

运行期扫描数据时，Hyperscan 需要少量临时内存来存储匹配中间状态。但是，相对栈来说这个临时内存太大，特别是相对嵌入式应用程序，而动态分配内存开销太大，不适合使用堆分配的内存。因此需要为扫描功能预分配 scratch 内存。

Hyperscan 的 API 函数 hs_alloc_scratch()分配了足够大的 scratch 内存来支持给定的数据库。即使有多个不同的数据库，也只需要一个 scratch 内存。但是在这种情况下，需要为每个数据库都调用一次 hs_alloc_scratch()（使用相同的 scratch 指针）来确保 scratch 内存足够大以支持扫描任何一个给定的数据库。

scratch 内存是不可重入的，如果想实现递归或者嵌套扫描（在回调函数中扫描），则需要分配额外的 scratch 内存。在没有递归的情况下，每个扫描线程只需在扫描开始之前分配一个

scratch 内存即可。

如果是一个主线程进行编译，多个工作线程使用主线程编译的数据库进行扫描的场景，可以用更便捷的 hs_clone_scratch()为每个工作线程通过复制的方式来分配 scratch 内存，而不必让每个工作线程都去调用 hs_alloc_scratch()。

4. 自定义内存分配器

默认情况下，Hyperscan 运行期的内存（scratch 内存、流状态等）使用默认的系统分配器（通常是 malloc()和 free()）进行分配。

Hyperscan 提供了以下 API 以支持应用程序自定义的内存分配器。

- hs_set_database_allocator()：设置编译过程中数据库的分配和释放函数。
- hs_set_scratch_allocator()：设置用于 scratch 内存的分配和释放函数。
- hs_set_stream_allocator()：设置流模式下流状态的分配和释放函数。
- hs_set_misc_allocator()：设置杂项数据的分配和释放函数，例如编译错误结构和错误信息字符串。
- hs_set_allocator()：将上述所有的自定义分配器设置成同样的分配和释放函数。

4.3 Hyperscan 高级特性

Hyperscan 最近的版本中加入了一些新的高级特性，这些高级特性丰富和优化了 Hyperscan 的功能。

4.3.1 流状态压缩

如前所述，Hyperscan 流模式为了维护跨多个目标数据块的匹配状态，需要为每条流分配一定的内存（需要的内存大小在编译期固定）。当系统内存压力较大时，减少一些短时间内不会立即使用的流状态的内存占用会带来一定的帮助。Hyperscan 提供了 API 函数来支持流状态的压缩与解压，流程如图 4.4 所示。Hyperscan 提供的与流状态压缩相关的 API 如下。

- hs_compress_stream()：为指定的流创建压缩的流状态并返回压缩后的流状态的字节数。如果传入缓冲区不足以容纳流压缩状态，则返回 HS_INSUFFICIENT_SPACE 和所需内存大小。
- hs_expand_stream()：解压由 hs_compress_stream()压缩的流状态。
- hs_reset_and_expand_stream()：解压由 hs_compress_stream()压缩的流状态，解压前会重置当前流。

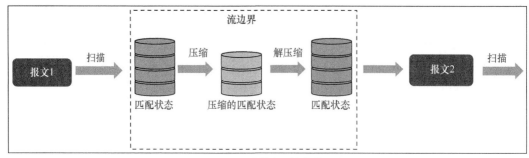

图 4.4　流状态压缩流程

注意，由于性能要求，不建议在扫描调用之间使用流压缩。因为在压缩流状态和标准流状态之间进行转换需要时间。

4.3.2　近似匹配

Hyperscan 提供实验性的近似匹配模式，该模式可以匹配规则在给定的编辑距离内的任意数据。编辑距离可以定义为 Levenshtein 距离或者 Hamming 距离。Levenshtein 距离考虑了 3 种可能的编辑操作（插入、删除和替换）。它定义了将一个字符串转化为另外一个字符串所需的最少操作数。Hamming 距离指两条相等长度的字符串不同的位置数。也就是说，它是将一个字符串转换为另一个字符串所需的替换次数。

给定一个规则，近似匹配将匹配任何可以通过插入、删除或者替换的编辑操作以达到与原始规则完全匹配的目标数据。举例如下。

当规则 foobar 设置 Levenshtein 距离为 2 时，对 foobar、f00bar、fooba、fobr、fo_baz、foooobar，以及 Levenshtein 距离为 2 以内的任何其他内容进行扫描时都会成功匹配。更多操作如图 4.5 所示。

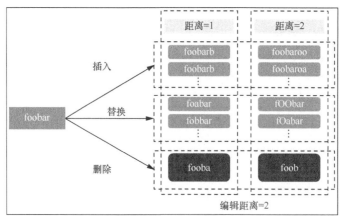

图 4.5　Levenshtein 距离

当相同的规则 foobar 设置 Hamming 距离为 2 时，它会在对 foobar、boofar、f00bar，以及

与 foobar 存在 Hamming 距离为 2 以内的任何其他内容进行扫描时都会成功匹配。

目前，近似匹配的功能仍然有如下限制。

（1）无法支持所有的 Hyperscan 语法规则。

● 对于很多规则，近似匹配实现起来太复杂，所需自动机状态数过大，可能导致 Hyperscan 编译失败。

● Levenshtein 距离不能任意设置，否则会产生无意义的近似匹配。例如，规则 foo，Levenshtein 距离为 3，这可能会导致匹配零长度的数据。这样的规则会导致编译失败。Hamming 距离近似匹配不会删除符号，因此没有此类问题。

● 近似匹配不支持 UTF-8 和字符边界（即\b、\B 等），包含这些语法的规则会导致编译失败。

（2）使用近似匹配编译后数据库的大小和流模式中流状态的数目会增加。

（3）使用近似匹配之后会产生额外的性能开销。

默认情况下，近似匹配始终处于禁用状态，可以通过 4.2.1 小节中描述的扩展参数来启用。

4.3.3 逻辑组合

在某些情况下，用户的匹配依赖于多个规则能否分别满足特定的条件（命中或者不命中）。Hyperscan 支持给定规则集中的规则逻辑组合，具有 3 个运算符：NOT、AND 和 OR。具体示例如图 4.6 所示。

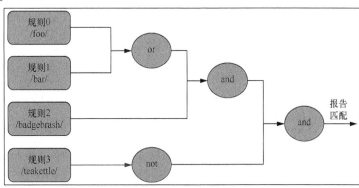

图 4.6　逻辑组合

这种组合的逻辑值基于特定偏移处的每个子表达式的匹配状态。每个子表达式的匹配状态都有一个布尔值：如果尚未匹配，则为 false；如果已经匹配，则为 true。如果在此偏移处子表达式尚未匹配，则其 NOT 运算的结果为 true。

逻辑组合在编译期作为一个单独表达式。每当其中一个子表达式在某个偏移处匹配，且整个组合式的逻辑值为 true 时，都会触发该组合式在该偏移处的匹配。

以逻辑组合表达式((301 OR 302) AND 303) AND (304 OR NOT 305)为例。

- 如果表达式 301 在偏移 10 处匹配，则 301 的逻辑值为 true，其他表达式的值为 false，则整个组合的逻辑值是 false，在偏移 10 处 Hyperscan 不会报告匹配。

- 然后表达式 303 在偏移 20 处匹配。现在 301 和 303 的值为 true，而其他表达式的值仍为 false。在这种情况下，整个组合的逻辑值为 true，因此在偏移 20 处 Hyperscan 将报告匹配。

- 最后，表达式 305 在偏移 30 处匹配。现在 301、303 和 305 的值为 true，而其他表达式的值仍为 false。在这种情况下，整个组合的逻辑值为 false，在偏移 30 处 Hyperscan 不会报告匹配。

在 Hyperscan 的逻辑组合语法中，表达式被写为中缀表示法，它由操作数、运算符和括号组成。操作数是表达式 id，运算符是!(NOT)、&(AND)、|(OR)。前面描述的逻辑组合将写为：((301 | 302) & 303) & (304 | !305)。

- 在逻辑组合语法中，操作数的优先级是!>&>|，举例如下。
  - A&B|C 被视为(A&B)|C。
  - A|B&C 被视为 A|(B&C)。
  - A&!B 被视为 A&(!B)。
- 允许使用冗余的括号。如下。
  - (A)&!(B)与 A&!B 相同。
  - (A&B)|C 与 A&B|C 相同。
- 忽略空格。

要使用逻辑组合表达式，必须使用 hs_compile_multi()或者 hs_compile_ext_multi()进行编译并且设置相应的 HS_FLAG_COMBINATION 标志。注意，一旦设置了 HS_FLAG_COMBINATION 标志，编译函数会忽略除了 HS_FLAG_SINGLEMATCH 和 HS_FLAG_QUIET 之外的所有其他编译标志。如果同时设置 HS_FLAG_COMBINATION 和 HS_FLAG_QUIET 标志，Hyperscan 将不会报告逻辑组合的任何匹配。

当没有任何子表达式匹配且其组合逻辑值为 true 时，例如!101、!101|102、!101&!102、!(101&102)，Hyperscan 会在输入末尾报告该组合的匹配。

4.3.4　Chimera

在 3.3.1 小节提到，Hyperscan 不能支持所有的 PCRE 语法。如果用户既希望利用 Hyperscan 的高性能，又想完全兼容 PCRE 语法，Chimera 是一个很好的选择。

Chimera 是一个由 Hyperscan 和 PCRE 混合组成的软件正则表达式匹配引擎。Chimera 的设计目标就是完全支持 PCRE 语法并利用 Hyperscan 的高性能特性。

Chimera 同样有编译期和运行期两个时期。

（1）Chimera 编译期。

Chimera 编译期首先将规则库所有的规则由 Hyperscan 预过滤模式编译，生成 Hyperscan 数据库。然后 Chimera 识别其中 Hyperscan 不能支持的规则，再调用 PCRE 对这部分规则进行编译，生成 PCRE 数据库。Hyperscan 数据库和 PCRE 数据库共同组成了 Chimera 数据库。和 Hyperscan 类似，Chimera 编译期 API 函数是 ch_compile()、ch_compile_multi()和 ch_compile_ext_multi()。图 4.7 展示了 Chimera 编译期的整个过程。

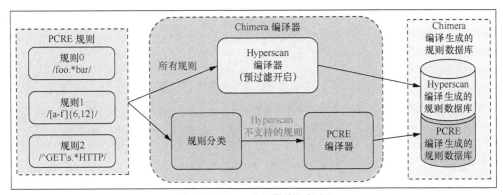

图 4.7　Chimera 编译期的整个过程

（2）Chimera 运行期。

Chimera 运行期使用 Chimera 数据库对目标数据进行扫描。首先由 Hyperscan 进行扫描并返回匹配结果，然后对 Hyperscan 不支持的规则会再次调用 PCRE 进行扫描并返回相应的匹配结果，以确保对 PCRE 语法的完全兼容。Chimera 运行期的主要 API 函数是 ch_scan()。图 4.8 展示了 Chimera 运行期的整个过程。

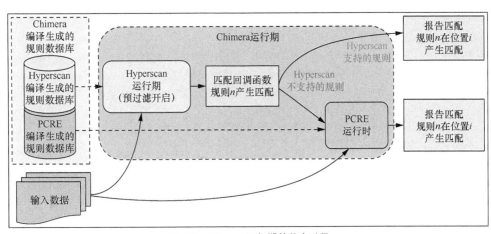

图 4.8　Chimera 运行期的整个过程

Chimera 实现了对 PCRE 语法的完全兼容,但是 Chimera 在编译期和运行期都需要分别使用 Hyperscan 和 PCRE 来处理,会带来比较大的额外资源和性能开销,这一点在使用的时候需要注意。

4.4　Hyperscan 工具

Hyperscan 包含多种工具,这些工具可应用于不同的场景。这些工具的源码文件位于 Hyperscan 源目录下的 tools 目录下。配置和安装 Hyperscan 后,可以在安装目录下找到这些工具的可执行文件。

4.4.1　hsbench

hsbench 是一个性能测试工具,它提供了一种便捷的方式来衡量性能。它需要一组遵循给定语法的规则和一个需要扫描的语料。

hsbench 对规则进行编译,对语料进行扫描,计算并输出编译和运行的时间和空间消耗等性能指标。

1. 命令行选项

hsbench 的命令行选项如下:

```
Usage: ./bin/hsbench [OPTIONS...]

Options:
  -h                    Display help and exit.
  -G OVERRIDES          Overrides for the grey box.
  -e PATH               Path to expression directory.
  -s FILE               Signature file to use.
  -z NUM                Signature ID to use.
  -c FILE               File to use as corpus.
  -n NUMBER             Repeat scan NUMBER times (default 20).
  -N                    Benchmark in block mode (default: streaming).
  -V                    Benchmark in vectored mode (default: streaming).
  -T CPU,CPU,...        Benchmark with threads on these CPUs.
  -i DIR                Don't compile, load from files in DIR instead.
  -w DIR                After compiling, save to files in DIR.
  -d NUMBER             Set SOM precision mode (default: 8 (large)).
  -E DISTANCE           Match all patterns within edit distance DISTANCE.
```

```
 --per-scan              Display per-scan Mbit/sec results.
 --echo-matches          Display all matches that occur during scan.
 --sql-out FILE          Output sqlite db.
 -S NAME                 Signature set name (for sqlite db).

Example:
$ ./bin/hsbench -e pattern.file -s sigfile -c corpusfile
```

2. 规则格式和语料库

使用者提供的规则需要遵循给定的语法。所有Hyperscan工具都接受相同格式的规则文件。文件每行描述一个规则，包含规则 id、正则表达式和规则标志：<id>:/<regex>/<flags>。

例：

1:/foo.*bar/s；

2:/(foo|bar)/iH；

3:/^.{10,20}foobar/m。

语料库必须以 SQLite 数据库的形式提供。Hyperscan 源码文件的 tools/hsbench/scripts 目录下提供了将 PCAP 文件和文本文件转化为 SQLite 数据库的脚本文件（pcapCorpus.py 和 linebasedCorpus.py）。

3. 示例和输出

hsbench 示例输出结果如下：

```
$hsbench -T 2 -e snort_literals -c alexa200.db -N
Output:
*** Snort literals against HTTP traffic, block mode.

Signatures:         pcre/snort_literals
Hyperscan info:     Version: 5.1.1 Features: AVX2 Mode: BLOCK
Expression count:   3,116
Bytecode size:      923,448 bytes
Database CRC:       0x3505d64
Scratch size:       5,545 bytes
Compile time:       0.120 seconds
Peak heap usage:    196,014,080 bytes

Time spent scanning:       7.662 seconds
Corpus size:               177,087,567 bytes (130,957 blocks)
```

```
Matches per iteration:        637,380 (3.686 matches/kilobyte)
Overall block rate:           341,844.98 blocks/sec
Mean throughput (overall):    3,698.10 Mbit/sec
Max throughput (per core):    3,699.77 Mbit/sec
```

4.4.2　hscheck

用户可以使用 hscheck 工具快速检查 Hyperscan 是否支持一组规则。如果 Hyperscan 的编译器拒绝了某个规则，则在标准输出中会提示编译错误。

1.　命令行选项

hscheck 的命令行选项如下：

```
  Usage: ./bin/hscheck [OPTIONS...]

  Options:
-e PATH      Path to expression directory.
-s FILE      Signature file to use.
-z NUM       Signature ID to use.
-E DISTANCE  Force edit distance to DISTANCE for all patterns.
-V           Operate in vectored mode.
-N           Operate in block mode (default: streaming).
-L           Pass HS_FLAG_SOM_LEFTMOST for all expressions (default: off).
-8           Force UTF8 mode on all patterns.
-T NUM       Run with NUM threads.
-h           Display this help.
-B           Build signature set.
-C           Check logical combinations (default: off).

  Example:
  $ ./bin/hscheck -e pattern.file -s sigfile
```

2.　示例和输出

例如，给定一个名为/tmp/test 的文件中的以下 3 个规则（最后一个规则包含语法错误）：

```
1：/foo.*bar/
2：/ abc | def | ghi /
3：/ ((( foo | bar ) /lit_table_floating.txt
```

该示例将输出以下结果：

```
$ bin/hscheck -e /tmp/test
OK: 1:/foo.*bar/
OK: 2:/abc|def|ghi/
FAIL (compile): 3:/((foo|bar)/: Missing close parenthesis for group started at index 0.
SUMMARY: 1 of 3 failed.
```

4.4.3 hscollider

hscollider 的语料包含 id 和输入数据<id>:<corpus>。hscollider 工具通过编译规则（单个或成组）和扫描语料库将 Hyperscan 的匹配结果与可靠的参照进行比较。它为用户提供了验证 Hyperscan 匹配行为的方法。其中主要有两个可供比较的参照来源。

- PCRE。
- NFA。在 Hyperscan 编译生成的 NFA 图上模拟运行。如果 PCRE 不支持该规则或者运行失败，则使用此方法。

1. 命令行选项

Hyperscan 的大部分正确性测试都是基于 hscollider 构建的。该工具旨在利用多核优势，提供强大的灵活度以测试不同场景，这些选项如下。

- 以流、块或向量模式进行测试。
- 以不同的内存对齐方式测试语料库。
- 将规则分为不同大小的组。
- 数据库的交叉编译和序列化/反序列化。
- 为给定规则集随机生成语料库。

hscollider 的命令行选项如下：

```
Usage: ./bin/hscollider [OPTIONS...]

Options:

  -h              Display help and exit.
  -G OVERRIDES    Overrides for the grey box.
  -e PATH         Path to expression directory or file.
  -s FILE         Signature file to use.
  -z NUM          Signature ID to use.
  -c FILE         Load corpora from FILE rather than using generator.
  -w FILE         After running, save corpora (with matches) to FILE.
  -a [BAND]       Compile all expressions in UE2 (but still match singly).
```

```
                          If BAND, compile patterns in groups of size BAND.
  -t NUM                  Use streaming mode, split data into ~NUM blocks.
  -V NUM                  Use vectored mode, split data into ~NUM blocks.
  -H                      Use hybrid mode.
  -Z {R or 0-63}          Only test one alignment, either as given or 'R' for random.
  -q                      Quiet; display only match differences, no other failures.
  -v                      Verbose; display successes as well as failures.


Pattern flags:

  -8                      Force UTF8 mode on all patterns.
  -L                      Apply HS_FLAG_SOM_LEFTMOST to all patterns.
  -E DISTANCE             Match all patterns within edit distance DISTANCE.
  --prefilter             Apply HS_FLAG_PREFILTER to all patterns.
  --no-groups             Disable capturing in Hybrid mode.


Testing mode options:

  -d NUM                  Set SOM precision mode (default: 8 (large)).
  -O NUM                  In streaming mode, set initial offset to NUM.
  -k NUM                  Terminate callback after NUM matches per pattern.
  --copy-scratch          Copy scratch after each scan call.
  --copy-stream           Copy stream state after each scan call.
  --compress-expand       Compress and expand stream state after each scan call.
  --compress-reset-expand Compress, reset and expand stream state after each scan call.
  --mangle-scratch        Mangle scratch space after each scan call.
  --no-nfa                Disable NFA graph execution engine.
  --no-pcre               Disable PCRE engine.
  --test-nfa              Disable UE2 engine (test NFA against PCRE).
  --abort-on-fail         Abort, rather than exit, on failure.
  --no-signal-handler     Do not handle handle signals (to generate backtraces).


Memory and resource control options:

  -T NUM                  Run with NUM threads.
  -M NUM                  Set maximum memory allocated to NUM megabytes per thread.
                          (0 means no limit, default is 1000 MB).
  -m NUM                  Set PCRE_MATCH_LIMIT (default: 10000000).
  -r NUM                  Set PCRE_MATCH_LIMIT_RECURSION (default: 10000).


Cross-compiling:
```

```
  -x NAME            Cross-compile for arch NAME.
  -i DIR             Don't compile, load from files in DIR instead.
  -o DIR             After compiling, save to files in DIR.


Corpus generation options:

  -n NUM             Max corpora to generate for a given signature (default: 500000).
  -R NUM             Random seed to use (default: seeded from time()).
  -p NUM,NUM,NUM     Percentage probabilities of (match,unmatch,random) char.
  -C NUM,NUM         Follow cycles (min,max) times.
  -P NUM,NUM         Add a random prefix of length between (min,max).
  -S NUM,NUM         Add a random suffix of length between (min,max).
  -D NUM             Apply an edit distance (default: 0) to each corpus.
  -b NUM             Limit alphabet to NUM characters, starting at lower-case 'a'.

Example:
$ ./bin/hscollider -e pattern.file -s sigfile
```

2. 示例和输出

下面是一个示例，假设我们有如下规则文件 pat：

```
1：/hatstand.*badgerbrush/
```

我们将要扫描的语料库放在另一个文件 corpus 中，并以相同的 id 开头，以指示它对应的规则：

```
1： __ hatstand__hatstand__badgerbrush_badgerbrush
```

在以下 hscollider 示例中，-Z 0 指示我们将语料以 0 字节边界对齐进行测试，-T 1 指示我们仅使用一个线程。我们使用-vv 输出所有匹配产生的位置等信息：

```
$ bin/ue2collider -e /tmp/pat -c /tmp/corpus -Z 0 -T 1 -vv
ue2collider: The Pattern Collider Mark II

Number of threads:  1 (1 scanner, 1 generator)
Expression path:    /tmp/pat
Signature files:    none
Mode of operation:  block mode
UE2 scan alignment: 0
Corpora read from file: /tmp/corpus


Running single-pattern/single-compile test for 1 expressions.
```

```
PCRE Match @ (2,45)
PCRE Match @ (2,33)
PCRE Match @ (12,45)
PCRE Match @ (12,33)
UE2 Match @ (0,33) for 1
UE2 Match @ (0,45) for 1
Scan call returned 0
PASSED: id 1, alignment 0, corpus 0 (matched pcre:2, ue2:2)
Thread 0 processed 1 units.


Summary:
Mode:                      Single/Block
=========
Expressions processed:           1
Corpora processed:               1
Expressions with failures:       0
  Corpora generation failures:   0
  Compilation failures:          pcre:0, ng:0, ue2:0
  Matching failures:             pcre:0, ng:0, ue2:0
  Match differences:             0
  No ground truth:               0
Total match differences:         0

Total elapsed time: 0.00522815 secs..
```

从上述信息中我们可以看到 PCRE 和 Hyperscan 都找到以偏移量为 33 和 45 结尾的匹配项。因此 hscollider 认为此测试用例已经通过。

4.4.4　hsdump

hsdump 是为 Hyperscan 开发者设计的编译期调试工具。它可将在编译期生成的各个部分和中间状态的信息输出至多个文件。据此开发者可以得知 Hyperscan 编译结果总览、规则的分解和优化信息、提取的纯字符串集合、选用的纯字符串匹配器类型、纯字符串与子正则表达式之间的关系、子正则表达式选用的匹配引擎信息等。

1. 命令行选项

hsdump 的命令行选项如下：

```
Usage: ./bin/hsdump [OPTIONS...]

Options:
```

```
  -h                  Display help and exit.
  -G OVERRIDES        Overrides for the grey box.
  -e PATH             Path to expression directory or file.
  -s FILE             Signature file to use.
  -z NUM              Signature ID to use.
  -N, --block         Compile in block mode (default: streaming).
  -V, --vectored      Compile in vectored mode (default: streaming).
  -o, --output PATH
                      Use data dump directory PATH (default: dump).
                      WARNING: existing files in output directory are deleted.
  -x NAME             Cross-compile for arch NAME
  -D, --dump_db       Dump the final database.
  -P, --print         Echo signature set to stdout.
  -X, --no_intermediate
                      Do not dump intermediate data.

Pattern flags:
  -d NUMBER           Set SOM precision mode (default: 8 (large)).
  -E DISTANCE         Match all patterns within edit distance DISTANCE.
  -8                  Force UTF8 mode on all patterns.
  -L                  Apply HS_FLAG_SOM_LEFTMOST to all patterns.
 --prefilter          Apply HS_FLAG_PREFILTER to all patterns.

Example:
$ ./bin/hsdump -e pattern.file -s sigfile
```

其中，最常见的用法就是只带-e 选项，传入规则文件。hsdump 使用 hs_compile_ext_multi
接口对所有规则进行共同编译。默认使用流模式进行编译，当传入-N 选项时则使用块模式
进行编译，当传入-V 选项时使用向量模式进行编译。当-e 选项传入的文件中包含大量规则
时，若需要对某个规则子集做编译，可使用-s 选项传入包含该子集所有规则 id 的签名文件
进行规则筛选。特别地，当只需对某一条规则进行编译时，可通过-z 选项传入该规则 id 来
筛选。

编译期的所有信息默认保存在 dump 目录下，也可通过传入-o 选项进行自定义。编译信息
文件包括规则集和 scratch 信息、图论分析阶段的所有中间状态图文件、纯字符串集合即纯字
符串匹配器信息、子正则表达式的匹配引擎信息和各引擎之间的关系等。

2. 示例和输出

我们选取包含如下正则表达式规则集的文件 e1001 进行编译：

```
101:/abc/
102:/defed/
103:/foobar.*gh/
104:/teakettle{4,10}/
105:/ijkl[mMn]/
201:/cba/
#202:/fed$/
202:/fed/
203:/google.*cn/
204:/haystacks{4,8}/
205:/ijkl[oOp]/
301:/cab/
302:/fee/
303:/goobar.*jp/
304:/shockwave{4,6}/
305:/ijkl[rRs]/
1001:/(101 & 102 & 103) | (!104 & !105)/C
1002:/(!201 | 202 & 203) & (!204 | 205)/C
1003:/((301 | 302) & 303) & (304 | 305)/C
```

运行如下命令行进行块模式编译：

```
./bin/hsdump -e e1001 -N
```

dump 目录下会生成大量的文件，描述编译期的中间分析过程和结果：

```
# ls dump/
Comp_...
db_info.txt
Expr_...
internal_reports.txt
lit_table_floating.txt
patterns.txt
post_...
pre_...
rose_...
scratch.txt
smallwrite...
som_rev_components.txt
ssm.txt
```

其中大量的 Comp_....、Expr_....、post_....和 pre_...文件是图论分析各阶段的中间结果，可帮助开发者分析和调试对图的处理，其余文件则为编译生成的结果。

我们可通过传入-X 选项屏蔽上述中间结果，即运行如下命令行：

```
./bin/hsdump -e e1001 -N -X
```

这样在 dump 目录下只会生成与编译结果相关的文件：

```
# ls dump/
db_info.txt
internal_reports.txt
lit_table_floating.txt
patterns.txt
rose_...
scratch.txt
smallwrite...
som_rev_components.txt
ssm.txt
```

如 lit_table_floating.txt 是纯字符串匹配器信息，rose_...为子正则表达式引擎和引擎间关系的信息等。

第 5 章　Hyperscan 设计原理

本章主要介绍 Hyperscan 设计原则、规则分解方法以及基于规则分解的运行期匹配机制。

5.1　设计原则

Hyperscan 是一种正则表达式匹配库，从一开始就被定位为商用产品。Hyperscan 首个版本的研发从通过第一个单元测试到首次吸引商业客户仅相隔 4 个月，这使得 Hyperscan 的设计决策不同于研究或业余项目，也不同于研发周期较长的商业项目。

5.1.1　实用性优先

Hyperscan 目前没有实现 PCRE 支持的整套语法。由于并非所有正则表达式语法对实际应用都是绝对必要又能高效实现的，因此从 PCRE 支持的集合中删除一些语法或 API 也无可厚非。这样的例子很多，并且都有不同的假设。

由于某些功能与基于自动机的基本原理不兼容且在流模式下难以实现，它们不一定得到 Hyperscan 支持，例如反向引用。

对于某些特性，开发者最初没有计划支持，但后来他们逐步改进了工作，增加了对其的支持。例如，他们开始并不支持无法被分解的大型规则，这只是出于使 Hyperscan 能够更快地进入市场的考虑，而如今 Hyperscan 已补充了对大型规则的支持。

简单起见，且基于缺乏用户的需求，有些不重要的 PCRE 功能不被支持。PCRE 除了支持简单的\n 换行符之外，还支持各种内置的行结束符约定，并扩展到一些相当复杂的约定，这些约定可以使其他结构（例如 DOTALL 模式下的.）的匹配变得更加复杂。例如，当行结束符的约定是回车符\r 后跟着换行符\n 时，.结构的"匹配除换行符以外的任何字符"约定允许匹配单独的回车符或换行符，但不能同时匹配这些字符。这是一个由简单构造引起的复杂度的显著增加。此功能不是必需的，但不支持它同样是为了能够更快地开发 Hyperscan。

因此，Hyperscan 被设计为更好地实现尽可能多的正则表达式，并且始终不支持某些正则表达式。随着时间的推移，被支持的表达式集合增长缓慢，这尤其体现在表达式的大小方面。

5.1.2　极端情况可用

尽管 Hyperscan 内置了一些限制以防止在编译时耗尽空间资源，但对于规则集，我们尽量有意识地去避免设置某种限制。这意味着用户可以为 Hyperscan 配置海量规则、在匹配率极高的情况下运行 Hyperscan，或者编译无法从任何 Hyperscan 优化中受益的规则（例如完全没有字符串部分的规则）。这里的关键点是，我们并不清楚如果 Hyperscan 不对这些"困难情况"进行支持的话，真正对这种规则集有使用需求的用户应该做什么。

不过，这个原则并不意味着我们总是要构建运行缓慢的子系统。例如，我们没有将 Glushkov NFA 的"LimEx"实现扩展到 512 位以上。虽然该原则与"实用性优先"原则看起来有点矛盾，但依然可以在某种程度上相契合：我们避免构建仅在极大规模和困难情况下才会使用的子系统。

5.1.3　流模式支持

Hyperscan 中的流模式会带来一些挑战。在流模式下，我们失去了在数据中任意回看的能力，这意味着我们必须频繁地在流边界处解析规则的匹配状态，尽管这样做很不方便。例如，如果我们在正则表达式 {R}foobar 中包含复杂的子表达式 R，则在块模式的所有情况下都能够在处理子表达式 R 之前查找字符串 foobar。但在流模式下，如果 R 为任意宽度，即使我们没有看到字符串 foobar，我们也可能需要解析 R 的部分或全部匹配状态，否则是有风险的。因为当新的流与字符串 foobar 匹配时，我们已经丢失了一些旧的流，而这些流原本或许能告诉我们 R 的匹配状态。

尽管有很多困难，Hyperscan 中的流模式对许多客户而言仍然极为重要。网络客户需要能够检测跨越多个数据包威胁的能力。如果没有这种能力，就必须拆分规则并建立特定机制来检测散布在多个数据包中的威胁（例如 Snort 中的"flowbits"机制）。其他没有真正采用流模式实现的方案被迫在最近数据包历史的"窗口"上重新扫描数据，因此只能检测给定窗口的威胁。简单地编写在单个流上触发的规则可以带来便利和可伸缩性。

Hyperscan 的设计原则是向最艰巨的任务看齐。流模式就是践行这种原则的代表，而相对简单的块模式具有一些在流模式中不可用的优化机会。

5.1.4　大规模可扩展

Hyperscan 区别于大多数正则表达式匹配库的另一个主要特性是能够一次匹配大规模的规则集。回溯匹配系统本质上是单模式匹配的。而单一自动机实现的正则表达式算法无法扩展到非常多的规则数量，原因可能是要维护的状态太多（在 NFA 实现的情况下），也可能是待生成的状态数发生组合爆炸（在 DFA 实现的情况下）。

扩展到大型规则集这一要求在设计层面（应构造什么样的引擎）和构造这些引擎的算法选择层面决定了系统的许多属性。如果规则集可以具有非常多的规则，那么我们就需要避免所有规则上都是平方复杂度（或更差）的算法——因此，我们需要避免去匹配算法与每对规则间的相似性。

5.1.5　小规模高性能

尽管大型规则集很重要，但是 Hyperscan 的使用也会涉及小型规则集甚至单个规则。在这些情况下实现高性能很重要，原因是多方面的。首先，使这些小型规则集快速运行所需的机制可能同时也被要求能使大型规则集以可接受的速度运行：如果字符串匹配分解技术允许我们快速过滤包含 1000 个规则的集合中 95% 的规则，那么其实我们仍然希望剩余的 50 个规则也能快速运行。其次，用户可能在数据的不同分块上运行多个小型规则集，或者可能要扫描的数据量很大，因此在这种情况下的高性能特性将成为差异化因素。

这个原则说明我们应该使用 SIMD 来加速优化 NFA 和 DFA 引擎的执行。其实完全地依赖这些引擎并不是我们想要的，我们更希望的是避免这种情况。但如果这些引擎不得不运行，那么我们希望它们可以快速运行。

单个规则上的高性能对于 Snort 等的实现也是必不可少的。在 Snort 中，正则表达式扫描是在对字符串和端口等属性进行初始的"批量"检查之后，才对相应的规则进行逐条扫描。

5.1.6　性能优先

我们可以构建这样一个系统，在大多数规则下它的性能与 Hyperscan 相当，却具有更低的代码复杂度。但 Hyperscan 内部却有一些以增加代码复杂度来提升性能的机制。Hyperscan 中的环视机制就是其中一个例子：在字符串匹配之后，可以使用环视机制检查是否需要运行完整的 NFA 或 DFA 引擎。其实鉴于自动机的快速实现，这项检查并不是必需的，它反而会增加代码的大小和复杂度。然而，考虑到此检查所能提供的更高性能（当检查失败时，我们可以节省完整 NFA 或 DFA 引擎运行的成本），代码复杂度提高的成本是可以接受的。

研究性质的系统或作为业余项目构建的系统可能会从另一个方向进行权衡：旨在使核心代码最少以易于理解和维护。

5.1.7　平衡开销

除了运行性能外，在 Hyperscan 这样的系统中还存在其他潜在开销值得注意。

- 数据库的大小。
- 产生数据库所花费的时间（也叫"编译时间"）。

- 编译过程中使用的内存大小。

- 流模式下流状态的大小。

- 暂存空间的大小。

Hyperscan 设计中的某些原则就源于对这些开销的考虑。例如，虽然 DFA 引擎通常比等价的 NFA 引擎快，但即便是生成 DFA 引擎的尝试，其开销都是相当昂贵的。这种开销一方面体现在编译时间（通常确认 DFA 是否会遇到组合爆炸，只能通过尝试构造它来完成），另一方面，如果构造成功，Bytecode 的空间占用也十分巨大。因此，除非有充分的理由，否则我们会为大多数规则构造 NFA 引擎。

即使对只关注扫描性能的算法库用户而言，他们也可能会从多个角度来关注结果。

- 平均情况下的性能。

- 最坏情况下的性能。

- 在异常情况下的性能，例如，极大量或极小量的数据写入，或者是极高的匹配率（每扫描 1 个输入字节产生多于 1 个匹配，这种情形很容易在大量存在重叠内容的规则中出现）。

Hyperscan 经常尝试去平衡这些结果。例如，Hyperscan 中的字符串匹配算法的设计通常依赖于先找到字符串的某个部分，然后再验证字符串的剩余部分是否存在。字符串匹配算法中常见的一个权衡就是前端的精度和速度，牺牲精度可以使过滤速度很快（但也更容易产生误报，不过在理想情况下性能非常高）。这种折中方案可能会使得字符串匹配算法的峰值性能更高，但在平均情况下其性能会大大降低。

一个简单的实例是在扫描字符串时使用 SIMD 做单字符并行查找，例如，查找 foobar 中的 f。这将始终比使用 SIMD 做双字符并行查找（需要做更多的工作）fo 更快，当然前提是字符 f 在输入中并不常见。然而，如果前提假设是错误的，即字符 f 是频繁出现的，扫描性能将急剧下降。Hyperscan 中的设计决策常常试图平衡峰值和平均情况下的性能，即便它们并不总能解决最坏情况下的结果。

5.1.8 渐进主义

Hyperscan 最初是一个商用正则表达式匹配产品，然后逐步变成一个广泛使用的开源项目。在这漫长而连续的历史中，项目本身经常需要修改和完善——其中新的优化或特性只在有限的情况下可用。

例如，最初的 Hyperscan 设计没有为规则定义任何类型的对匹配结束位置的排序。当第一次构建一个子系统来支持按顺序报告某些规则的匹配时，它其实并不支持原始系统所支持的所有规则。若要将按顺序报告的能力扩展到所有规则上可能要耗时数月，开发者采用了一种替代办法以快速推出特性，该办法就是为每个规则添加一个标志，使得具有相同标志的所有规则按照顺序匹配结果报告，如果对某条规则并不能保证这种排序，则系统会报告编译失败。

这种折中方案虽然不那么优雅,但却可以使那些视结果有序为重要特性的用户自主选择需要按顺序报告的规则，同时仍然能够以无序的方式满足先前的规则支持程度。随着后续版本的开发，新的有序子系统的覆盖面已经增长到几乎 100%的规则类型了。

这样开发者就可以迭代地开发新子系统，并通过更长的时间逐渐发布给用户。而这种不遵循渐进主义原则的更"一致性"的方法，则可能会将有序子系统进行一年以上的独立开发，然后一次性引入新系统——这可能会令已经习惯了旧系统中权衡考量与行为模式的用户感到意外。

这种渐进主义很可能会在 Hyperscan 中继续下去以支持新的机制。即便是传统上很难实现的一些机制，例如反向引用和任意环视断言，都可以通过渐进原则得到部分支持。未来 Hyperscan 对这些特性进行支持的尝试，几乎可以肯定会首先引入这些机制的最简单情形，然后再慢慢扩展支持范围。

5.1.9　可测试性设计和自动可测试性设计

这里讨论的其他一些设计原则至少部分来自确保 Hyperscan 可严格测试的需求。除了常规的单元测试和回归测试，Hyperscan 还具有完善的"随机生成器"，可以生成有意义的正则表达式规则和体现这些规则集匹配行为复杂性的输入。许多设计决定都是为了确保满足一个核心原则，即应该简便清晰地保证算法库的正确性。

对流的严格定义（与折中定义相反，例如重新扫描固定大小窗口）的重视使得对流实现的正确性定义非常简单：它应产生与在块模式下完全相同的匹配项——将所有流写入串联到一个数据块中，然后以块模式进行扫描。

同样，Hyperscan 模拟 PCRE 语法的事实恰好使 Hyperscan 可以针对 PCRE 所支持的规则子集进行严格测试。开发者可以通过用 PCRE 模拟 Hyperscan 的匹配方式来验证后者的正确性。虽然强制 PCRE 像 Hyperscan 一样生成"所有匹配"的性能并不高，但它有完好的定义，允许 Hyperscan 基于 PCRE 匹配结果来构建一些不需要人工筛选匹配结果的测试用例。

Hyperscan 的核心原则是仅添加可自动化测试的功能：应该有一种编程方式来确保库的所有功能都在给定的规则和输入下产生所需的语义,而不需要程序员检查每个功能和每个测试用例的结果才能确定该库行为的正确性。

5.2　运行原理

Hyperscan 设计思想的核心目标是从复杂的正则表达式中挖掘更小规模或者更易操作的匹配对象，这些对象包括纯字符串和规模更小的状态转移子图。Hyperscan 的设计是通过对这些更轻量级的匹配对象进行有效组织和协作，来还原出原始正则表达式的匹配过程。与传统 IPS/IDS 中通过提取字符串来辅助正则匹配的简易过滤机制相比，Hyperscan 用字符串来引导匹配的设计角度更为新颖，当然实现也更为复杂。

本节首先给出观察正则表达式的一种新的分解视角和展示基于表达式分解的子结构，然后介绍其在运行期的作用，以及 Hyperscan 如何从宏观上设计算法来调度和管理这些子结构在运行期的行为，以确保匹配结果的正确性。

5.2.1 匹配组件

下面的递归定义极好地反映了 Hyperscan 看待正则表达式的视角：

regex → regex str FA | FA | str

这里的 str 是指可以表示为构成普通字符串的连续字符序列，FA（有限自动机）是表达式中被 str 部分所隔开的部分。FA 里一定存在一个或多个带有正则语法含义的元字符，例如^、$、*、? 等。从实现的角度看，str 对应字符串匹配，FA 对应自动机匹配。二者功能、属性相同，因此也可以抽象出另一层定义。

匹配组件：str 和 FA 的统称，本质上是对分解后的状态转换子图的各种实现。一个正则表达式等价于一个或多个匹配组件的有序整合。每个匹配组件的功能是面向一段特定范围的连续输入数据执行匹配，这里的"特定范围"可以指匹配起始位置是确定的、匹配结束位置是确定的、二者都是确定的。一个正则表达式成功匹配到一段数据，等价于其内部各个匹配组件分别匹配到其中互不重叠的一部分数据，且没有遗漏。

从实现角度看，匹配组件有两种类型，即字符串组件 str 和自动机组件 FA。若从组件在原正则表达式中的位置来看，组件类型可以进行更深入的划分。

（1）字符串组件。

字符串组件是保留了原始正则表达式中某段字符序列的组件，对应原始状态转移图的子图。它们有基于多字符串匹配算法的实现，且基本的算法框架是传统的 SHIFT-OR 算法，但加入了非常多的字符串预处理、平台相关指令集等优化手段。根据字符串组件在匹配过程中的位置自由程度，可以进一步将其分为三类。

- 浮动字符串：该类组件在原始表达式中对应的部分不受始端锚定符号^和末端锚定符号$的影响，即这类字符串组件发生匹配行为的起始位置和结束位置都不受限制，匹配自由程度最高。
- 始端锚定字符串：该类组件在原始表达式中对应的部分受到始端锚定符号^的影响，即这类字符串组件每次发生匹配行为的起始位置都必须和输入数据的第一个字符对齐。

- 末端锚定字符串：该类组件在原始表达式中对应的部分受到末端锚定符号$的影响，即这类字符串组件每次发生匹配行为的终止位置都必须和输入数据的最后一个字符对齐。

（2）自动机组件。

自动机组件是从原始正则表达式对应的状态转移图中剔除所有字符串组件对应的状态转移子图之后，所得到的剩余部分子图。一个重要的事实是：自动机组件和字符串组件是交替出现的。这部分子图所对应的原始正则表达式的字符序列中必然包含具有正则语法的元字符。这类组件在实现上表现为有限状态自动机，包括 NFA 和 DFA，以及其他特殊结构，统称为 Hyperscan 的"引擎"。根据自动机组件对应子图和字符串组件对应子图的相对位置，引擎可以进一步分为四类。

- 前缀引擎：该类组件在原始转移图中的对应区域在最前端，即没有任何字符串组件在其前面。
- 后缀引擎：该类组件在原始转移图中的对应区域在最末端，即没有任何字符串组件在其后面。
- 中缀引擎：该类组件在原始转移图中的对应区域前后都至少存在一个字符串组件。
- 外缀引擎：当字符串组件为空时，整个原始转移图被视为唯一的自动机组件，也叫外缀引擎。

在编译期，Hyperscan 通过切割算法将字符串组件从原始状态转移图上剥离出来，留下自动机组件。到运行期时，Hyperscan 利用编译期得到的所有组件按照既定顺序执行匹配过程。宏观上分两步：第一步执行字符串组件匹配，第二步执行"关联的"自动机匹配。这里给出一个表达式示例来简单介绍匹配的运行过程，5.2.2 小节给出 Hyperscan 设计的详细匹配原则。

表达式实例：\W.+foo([a-z]*badgerbrush|[0-9]*teakettle)bar\s.+。

在编译期，有 3 个字符串会被提取出来：foo、badgerbrushbar、teakettlebar，属于字符串组件，而且都属于浮动字符串。完成字符串提取后，剩余的部分是互不直接关联的自动机组件，分别对应：\W.+、[a-z]*、[0-9]*、\s.+这 4 个子表达式。其中\W.+处于表达式最左端，属于前缀；\s.+处于表达式最右端，属于后缀；[a-z]*和[0-9]*位于表达式中间，属于中缀。可以从组件的视角来看待原始正则表达式，如图 5.1 所示。

原始正则表达式在经过状态转移图生成、字符串提取后得到的每个组件都依据各自的相对关系进行了关联，如图 5.1 所示。浮动字符串 foo 的前面是前缀引擎\W.+，后面由于分支的存在分别关联了中缀引擎[a-z]*和[0-9]*。浮动字符串 badgerbrushbar 和 teakettlebar 分别在前面关

联了一个中缀引擎，同时还共同关联了一个后缀引擎\s.+。这就是原始正则表达式\W.+foo([a-z]* badgerbrush|[0-9]*teakettle)bar\s.+的匹配组件视角。Hyperscan 在运行期的匹配过程充分利用了这一关联结构。

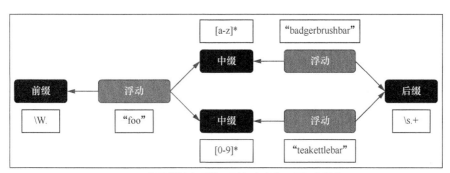

图 5.1　编译期结束后的正则表达式的匹配组件视角

图 5.2 展示了在某个输入流下，该表达式在运行期的匹配过程。假设所显示的这段输入流中，先后存在一处 foo、两处 badgerbrushbar，以及一处 teakettlebar。Hyperscan 运行期的第一步是执行多字符串匹配算法，所以在上述 4 个位置都会产生成功的字符串匹配，接下来就会触发引擎的匹配任务，不同类型的引擎匹配方式不同。图 5.2 中列出了 3 种可能的执行路径（注意，空心小三角形表示输入流中匹配到的字符串的起始和结束位置，以明确不同的输入数据段），它们的共同点是首先都匹配到了输入流中的 foo 字符串，然后 Hyperscan 会调用与之关联的前缀引擎对 foo 前面的数据段进行匹配。而根据下一个匹配字符串结果的不同，会有不同的后续操作。

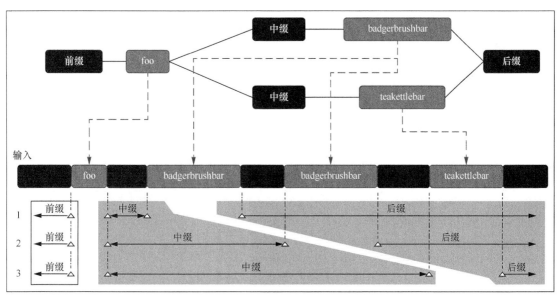

图 5.2　匹配组件运行期的配合示例

1）当第一处 badgerbrushbar 成功匹配时。

先在 foo 的结束字符和第一处 badgerbrushbar 的首字符之间的数据段执行 1 号中缀引擎的匹配；然后在第一处 badgerbrushbar 的结束字符之后的数据段中执行后缀引擎的匹配。

2）当第二处 badgerbrushbar 成功匹配时。

先在 foo 的结束字符和第二处 badgerbrushbar 的首字符之间的数据段执行 1 号中缀引擎的匹配；然后在第二处 badgerbrushbar 的结束字符之后的数据段中执行后缀引擎的匹配。

3）当 teakettlebar 成功匹配时。

先在 foo 的结束字符和 teakettlebar 的首字符之间的数据段执行 2 号中缀引擎的匹配；然后在 teakettlebar 的结束字符之后的数据段中执行后缀引擎的匹配。

5.2.2　匹配原则

当采用两种匹配组件对传统正则表达式进行全新解构时，我们不仅对正则表达式的构造进行了分解，同时也对相应的正则匹配过程进行了拆解。如何利用分解出来的字符串组件和自动机组件来合作完成原始正则表达式的完整匹配过程，是必须解决的问题。

1. 块模式匹配

根据正则表达式内部是否包含多选结构...|...，我们将包含它的正则表达式称为非线性结构正则表达式，不包含它的正则表达式称为线性结构正则表达式。为了更清晰地描述经过分解的正则表达式的匹配过程，可以先从线性结构正则表达式入手，因为多选结构...|...会引入更多的复杂性。

一般而言，一个线性结构正则表达式在分解后可以形式化地表示为 FA_n str_n FA_{n-1} … str_2 FA_1 str_1 FA_0。首先明确一个事实，原始正则表达式从左往右的匹配过程，必然包含了对分解后得到的所有字符串进行匹配的过程。基于这一事实，Hyperscan 正则匹配的运行期设计基于如下 3 个原则。

（1）字符串匹配过程是匹配的起始点和主进程。

编译期算法将分解后的正则表达式中的所有字符串组件 str 收集起来，构造"多字符串匹配器"（即 Hyperscan 的多字符串匹配算法实现，此处不展开介绍）。运行期开始时，该多字符串匹配器在一段可访问的输入区间上运行，记录所有的成功匹配某个字符串组件 str 的始末位置。每成功匹配到一个字符串组件，都会立刻触发与该组件相邻的自动机组件 FA 的匹配过程，顺序是先触发左侧自动机组件，根据左侧自动机组件的匹配结果决定是否触发右侧自动机组件。自动机组件的触发过程对主进程来说是阻塞式的。

（2）每个自动机组件 FA 都有使能开关。

自动机组件本质是 Hyperscan 对常规正则表达式的特定实现，可能是常规的 NFA 或 DFA，也可能是其他结构，统称为"自动机匹配引擎"。该开关表示当自动机组件被触发时，匹配引擎能否直接在一段输入区间上立刻运行。除了前缀引擎，使能开关对所有其他位置的引擎默认都是关闭的。这表示前缀引擎一旦被触发，就可以立刻执行。非前缀引擎的使能开关是否打开，取决于其左侧相邻的自动机匹配引擎是否成功匹配对应输入区间，这是一个运行期动态决定的过程。

（3）局部组件的匹配成功串联起整个表达式的匹配成功。

left FA_L str FA_R right 是对线性结构正则表达式分解结果的简化表示，便于着重观察局部匹配过程。str 为某个字符串组件，FA_L 和 FA_R 分别表示与 str 直接关联的左、右侧自动机组件。left 和 right 分别表示分解结果的剩余部分，可以为空。根据原则（1）和（2）可得到两个结论：其一，字符串组件 str 的成功匹配首先会触发相邻左侧自动机组件 FA_L 的匹配，然后根据 FA_L 的匹配结果决定是否使能相邻右侧自动机组件 FA_R；其二，自动机组件 FA_L 被触发时，会立刻检查自己的使能开关，若打开则进入执行过程，若关闭则直接返回匹配失败。上述两个结论有一些细节需要补充：其一，当且仅当 FA_L 被使能且运行成功时，FA_R 才被使能；其二，一般情况下，每次能够执行的只会是左侧自动机组件，所有的右侧自动机组件即使被使能，也不会立刻执行（除了后缀作为最后一个引擎必须立刻执行），而是等待其右侧字符串组件成功匹配后再来触发它，那时它将成为新的左侧自动机组件；其三，FA_L 被使能的实质，是 left 部分整体都得到成功匹配。归纳可知，根据原则（1）和（2），分解出来的组件合作完成的匹配等价于原始正则表达式的完整匹配。

参考一个线性正则表达式的匹配实例：.*foo[^X]barY+。表达式的分解结果为 FA_2 str_2 FA_1 str_1 FA_0，FA_2 表示.*，str_2 表示 foo，FA_1 表示[^X]，str_1 表示 bar，FA_0 表示 Y+。

- 考虑输入 XfooZbarY（这是一个成功匹配）。

  首先，多字符串匹配器在输入中成功匹配字符串组件 str_2（foo），立刻触发左侧自动机组件 FA_2（.*）。由于 FA_2 是前缀引擎，使能开关默认打开，因此直接执行，它可以成功匹配输入 foo 前面的 X。紧接着，右侧自动机组件 FA_1（[^X]）被使能，并回到多字符串匹配主进程。

  然后，多字符串匹配器在输入中成功匹配字符串组件 str1（bar），立刻触发其左侧自动机组件 FA_1（[^X]），此时已被使能，且可以成功匹配输入中 foo 和 bar 之间的 Z，这使得右侧自动机组件 FA_0（Y+）被使能。由于 FA_0 是后缀，即后面不再有字符串匹配的空间，因此可以立刻执行，成功匹配输入 bar 之后的 Y，于是整个表达式匹配成功。

- 考虑输入 XfoZbarY（这是一个失败匹配）。

    多字符串匹配器首先在输入中成功匹配字符串组件 str_1（bar），立刻触发左侧自动机组件 FA_1（[^X]）。因为字符串组件 str_2（foo）并没有成功匹配，所以前缀引擎 FA_2（.*）并没有机会执行，因此 FA_1 也没有被使能。这等价于 FA_1 匹配失败，整个匹配过程立刻终止。

另一个值得一提的要点在于自动机组件真正在输入数据中进行匹配时的开始和结束位置，这两个偏移量是通过之前匹配成功的字符串组件在输入中的偏移量来间接确定的，这一过程由运行期算法保证。

在充分了解 Hyperscan 对线性结构正则表达式匹配过程的设计后，就不难理解带有多选结构...|...的非线性结构正则表达式的匹配了。对于这类表达式，仍有两种视角。不妨以 A|B 表示一个一般的"非线性结构"正则表达式，其中 A 和 B 内部都不再含有多选结构。

此时 A 和 B 各自都是"线性结构"正则表达式，若两者都是可分解的（即可以分解出至少一个字符串组件），那么 A|B 整体就是可分解的；若两者至少有一个是不可分解的（即无法分解出任何字符串组件，本身表示一个外缀引擎），那么/A|B/整体就是不可分解的。对于可分解情形，Hyperscan 将其视为两个独立的"线性结构"正则表达式，按照之前提过的线性匹配原则运行，只是在匹配成功后报告同样的表达式编号；对于不可分解情形则不能这样操作，Hyperscan 选择将其整体视为一个外缀，实现为一个单独的自动机组件。

若 A 或 B 内部仍然包含多选结构，那么上述结论可进行推广：对于有多个分支的"非线性结构"正则表达式，只要有一个分支是不可分解的，那么整体就是不可分解的，整体将作为外缀实现为一个单独的自动机组件；只有当每一个分支都是可分解的，整体才是可分解的，整体被看作若干个线性表达式的集合，根据线性匹配原则来运行。

根据 Hyperscan 对可分解正则表达式匹配过程的设计，与传统的基于人工抽取字符串的传统过滤型正则匹配过程相比，不难看出 Hyperscan 有如下优势。

- 尽可能最小化了 CPU 计算资源在不必要的匹配过程中的浪费，让比较耗时的自动机组件匹配过程只在有必要的时候运行。而在传统过滤型匹配算法中，当字符串匹配成功后，仍然需要采用正则表达式整体匹配的方法（结合上面的匹配失败案例，如果挑选/bar/来过滤，那么整个表达式仍要完整地匹配一遍才知道结果是匹配失败的）而 Hyperscan 通过自动机组件的使能机制提早就发现了会匹配失败这一事实。

- 提高了用高速 DFA 来实现自动机匹配的概率，因为在 Hyperscan 中，生成自动机组件的对象都是分解后的结果，相对原始正则表达式来说规模更小，更有可能最终实现为性能高效的 DFA，而非 NFA。而在传统过滤型匹配算法中，大多数情况下原始表达式都比较复杂，常常实现为性能低下的 NFA 来避免 DFA 发生状态爆炸。

- 通过实现正则表达式分解和基于分解的运行算法，一定程度上可以提升匹配复杂正则表达式的能力。这种复杂性可以指单个表达式的规模，或者表达式的数量。当我们讨论正则表达式被分解成相对更小结构的同时，也蕴含着其表达式的复杂性被解构的事实。与传统正则匹配方法相比，在同等计算、存储资源的条件下，Hyperscan 使得复杂表达式被充分分解，分解后的结构更容易实现。

2. 流模式匹配

在流模式下，待匹配的数据是分块依次出现的，相邻数据块的边界叫作流边界。因为流边界只是整个目标数据内部的某个偏移位置，所以当使用表达式分解后得到的匹配组件进行匹配时，能匹配的数据范围可能是跨越流边界的。如何处理这一边界过渡问题，就是流模式匹配区别于块模式匹配的关键，下面仅作简要解释。

流模式的一个数据块上发生的匹配，在大部分情况下和块模式是完全一样的。只是因为后面还有数据块，必须进行跨边界匹配，因此流模式匹配在边界处有一些特殊操作。

- 跨越边界的匹配组件可能是自动机组件。试想在块模式中，假设某个自动机引擎一直运行至数据块最后一个字符，如果期间都没有到达结束状态，则认为匹配失败。这一场景变为流模式后，就不能简单认为匹配失败，因为下一个数据块开头的若干数据仍有可能继续保持匹配。所以流模式在流边界处必须做的第一件事是，保存自动机匹配的中间状态，便于在下一个数据块到来时从中间状态继续执行。
- 跨越边界的匹配组件可能是字符串组件。对于每个数据块，匹配算法都会缓存其末尾的一部分数据，这个过程称为"历史缓存"。在新的数据块到来后，将历史缓存拼接在新数据开头，重新开始由字符串匹配驱动的整个匹配过程，以确保不会丢失跨越边界的目标字符串。

5.2.3　运行期实现

本小节基于块模式下 Hyperscan 的匹配原则，进一步展开介绍运行期算法和实现这一算法的支撑性结构。

1. 调度算法

Hyperscan 的运行期采用的是被称为 Rose 的调度算法，负责调用编译期生成的多字符串匹配器并调度所有的自动机组件完成正则匹配过程，伪代码如下：

```
1   #litSet    : universal set of literal componets
2   #regSet    : universal set of FA components
3   #dataBuf   : current pointer position in input buffer
```

```
 4   #lit        : some literal in litSet
 5   #litOff     : end offset of a successfully matched literal
 6
 7   function RoseRuntime(litSet, regSet, dataBuf)
 8      while dataBuf is valid do
 9          # Improved-Shift-OR is the particular multi-literal matching algorithm
10          # used in Hyperscan, based on traditional Shift-OR, but optimized with
11          # plenty of SIMD acceleration techniques. Its returning value is a pair
12          # of matched literal with the corresponding matching offset.
13          (lit, litOff) := Improved-Shift-OR(dataBuf, litSet);
14          ret := RunLeft(lit, litOff, dataBuf,regSet);
15          if ret is false then
16              continue;
17          else
18              if lit is not the rightmost literal component then
19                  TriggerRight(lit, litOff, regSet);
20              else
21                  # Which means lit is the rightmost literal component
22                  ret := RunSuffix(lit, litOff, dataBuf, regSet);
23                  if ret is false then
24                      continue;
25                  else
26                      report a successful match with its offset;
27                  end if
28              end if
29          end if
30      end while
31   end function
32
33   function RunLeft(lit, litOff, dataBuf, regSet)
34      choose left FA componet L of lit from regSet, L is either prefix or infix;
35      if L is prefix then
36          # Compute the starting ending position of the region to be scanned by L,
37          # length(lit) means the length of literal lit.
38          # maxLength(L) means the max possible length of finite automation L.
39          L.end := litOff - length(lit);
40          L.start := L.end - maxLength(L);
41      else
42          # Which means L is infix.
43          # If L.start has been assigned valid value by some TriggerRight call
44          # before, we only need to compute L.end. If not, return failure.
45          if L.start is valid then
46              L.end := litOff - length(lit);
```

```
47        else
48            report matching failure;
49        end if
50    end if
51    # Engine-Matching is a matching procedure based on NFA/DAF, will depends on
52    # L's particular implementation at compile time.
53    return Engine-Matching(dataBuf, L.start, L.end, L);
54 end function
55
56 function TriggerRight(lit, litOff, regSet)
57    choose right FA componet R of lit from regSet, R is either infix or suffix;
58    R.start := litOff;
59 end function
60
61 function RunSuffix(lit, litOff, dataBuf, regSet)
62    choose the right FA componet R of lit from regSet, R is always suffix;
63    # R.start should have been assigned a valid value by some TriggerRight
64    # invocation before. And setting R.end is not a must for suffix execution.
65    return Engine-Matching(dataBuf, R.start, null, R);
66 end function
```

概括来说，Rose 的工作有两个层次。

（1）从表面看，Rose 统一管理着字符串组件的运行，以及自动机组件的执行顺序和扫描边界。

Rose 首先通过多字符串匹配器在整个输入数据中不断查找字符串组件的匹配位置，目的是将这些匹配位置作为一个个参考点。不同字符串参考点之间，剔除与字符串本身重合的部分，剩下的区域就是自动机组件需要去完整扫描的输入数据区域。对中缀引擎来说，起始位置和结束位置都是可以确定的。而对前缀或者后缀引擎来说，可能存在起始位置或者结束位置都不确定的情况。需要明确的是，多字符串匹配器并不是一次性找出所有成功匹配的字符串，而是每成功匹配一处字符串，就在该处执行与字符串直接关联的自动机引擎的扫描或初始化。结合伪代码可以看出，对于字符串左邻引擎，在确定扫描范围后，总是执行真正运行过程；而对于字符串右邻引擎，通常只是做扫描范围的初始化，并不真正运行。若引擎的扫描范围没有初始化则不能真正运行，这就是自动机引擎"使能开关"的实现。

（2）从本质看，Rose 实现了局部匹配结果到整体匹配结果的信息传递与整合。

Engine-Matching 是自动机组件的真正执行，它告诉上层函数某个自动机组件在某段输入范围上是否能成功匹配。Improved-Shift-OR 是字符串组件的真正执行，它持续运行并告诉上层函数某个字符串是否出现在输入数据的某个位置上。而原始的正则表达式在被分解成若干字符串和自动机组件后，它的匹配过程也被拆解了，从而也需要整合。表面上看，RoseRuntime 完成了局部匹配原则的安排，即每匹配到一个字符串，就去执行左邻自动机的匹配，同时尝试初始化右邻自动机。当结合 while 循环后，局部行为就具备了全局意义。因为从某个已成功匹配的字符串的视角来看，Rose 通过 while 循环向后面的多字符串匹配过程传递了两个信息：一是右邻自动机扫描范围被初始化；二是将该字符串已经成功匹配这一信息传递了出去，因为当任何字符串成功匹配时，它通过执行自己的左邻自动机所获得的有用信息不仅是该自动机是否能成功匹配，还包括了该字符串的左邻字符串必然已经成功匹配这一事实。综合这两点，当 Rose 匹配到最后一个字符串时，只需要执行其左邻自动机和右邻自动机（即后缀引擎），就可以判断整个正则表达式有没有成功匹配。

2. 实现细节

让我们进一步审视 Hyperscan 的运行期伪代码，其实它离真正实现仍有不小的距离。细心观察可以注意到，无论是 RoseRuntime 的写法，还是 RunLeft 的写法，都是经过通用化的。

在 RoseRuntime 中，无论匹配到什么样的字符串，都要经过一个通用的检查框架来决定最后执行的下层函数。试想对最开始的字符串来说，它需要触发的是对前缀的直接运行和对右邻自动机的初始化；对最末尾的字符串来说，它需要触发的则是对左邻自动机的运行和对后缀的直接运行。在 RunLeft 中，伪代码还进一步分成对前缀还是中缀的分类，这是一种通用化的处理，但实际实现中不必如此，完全可以进一步划分为两个函数，例如 RunPrefix 和 RunInfix，只需要在上层函数的调用中写清楚即可。

Hyperscan 对 Rose 的真正实现完全摆脱了伪代码中的通用化叙述，而且尽可能地对下层的匹配和相关函数进行分类细化，试图在编译期完成正则表达式分解后，就对每个字符串匹配所应该触发的一系列步骤整合为一个"步骤包"，从而当运行期有某个字符串成功匹配后，可以将"步骤包"就地展开，按序执行。图 5.3 即依托本章的正则表达式实例\W.+foo([a-z]*badgerbrush|[0-9]*teakettle)bar\s.+，展示了 Hyperscan 的运行期的实现机制。

图 5.3 给出了 Rose 运行逻辑。Rose 的工作流类似于树形结构，它的每一个节点（包括根节点和内部节点）都对应某些操作，每条虚线边则对应不同操作的先后发生顺序，实线边的含义暂且不标，整棵树其实等价于一个操作流图。具体来看，根节点上执行的操作是多字符串匹配，这是位于 Hyperscan 主进程上的一个循环处理过程，也是 Hyperscan 的运行入口，目标是不断地检测输入数据中是否出现事先预存的多字符串集合中的某个字符串，直至输入数据耗尽。一旦某个字符串被成功匹配，主进程就沿着对应的虚线切换到某个内部节点，执行这些内部节点对应的操作，即特定字符串匹配之后应该触发的围绕匹配引擎的若干预定义动作。待主进程完成内

部节点操作后，会重新回到根节点继续多字符串匹配，也就是图中沿虚线返回根节点这一过程。

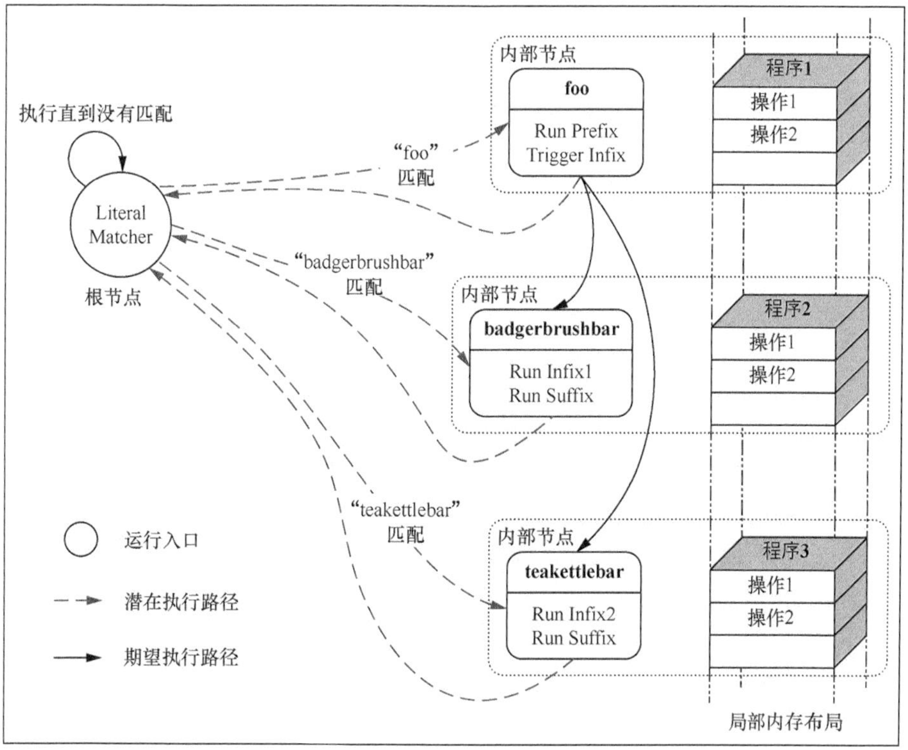

图 5.3　Rose 运行期的实现机制

　　虚线所代表的执行路径，代表了 Hyperscan 运行期可能遇到的所有执行情况，叫作"潜在执行路径"。主进程可能沿着任意一条虚线进入某个内部节点——因为实际运行期匹配到哪一个字符串是完全未知且随机的。而对一个成功匹配的正则表达式来说，它所包含的字符串被检测到的顺序必须是某个确定的顺序，否则这个正则表达式本身不会被匹配。在本例中，为了匹配表达式\W.+foo([a-z]*badgerbrush|[0-9]*teakettle)bar\s.+，字符串 foo 必须在 badgerbrushbar 或者 teakettlebar 前面出现。换句话说，字符串 foo 被期望着更早被检测到，而字符串 badgerbrushbar 和 teakettlebar 出现的相对位置则没有严格要求。在表达式的 Glushkov NFA 图中，这样的顺序实际反应的就是字符串子结构之间的拓扑排序。图 5.3 中画出了这样的实线路径，也叫作"期望执行路径"，该路径是对期望出现匹配成功的正则表达式这一前提给出的，有助于读者更清晰地理解 Rose 的运行逻辑，即 Rose 实际运行所遵循的是虚线的执行顺序，是完全随机的过程，但是成功的匹配需要字符串按照特定顺序被检测到，也就是实线表示的先后顺序。

　　图 5.3 还有一个重要部分是最右侧的"局部内存布局"，它展示的是内存空间，该空间的某些连续存储区域会被用来存放对应内部节点的操作集合，这些对应不同字符串的操作集合被

打包成一个个"包裹"遍布在内存区域，打包后的包裹也叫作"程序"。这些"程序"的出现都是在编译期做完正则表达式分解后，对不同的字符串进行深度分析的结果。在对正则表达式进行解构拆分后，就可以明确安排不同的字符串匹配后应该触发的后续操作内容，并在编译期将它们存储在内存中。当 Hyperscan 在运行期匹配到某个字符串后，就可以直接跳到对应的内存地址，执行相应的后续操作了。

简言之，Rose 机制对编译期得到的字符串匹配组件和正则匹配组件进行了统筹管理，以一种完备的预定义方式在输入数据上持续运行，保证了 Hyperscan 运行的稳定性和匹配结果的正确性。

5.2.4　运行期优化

1. 环视机制

与字符串匹配相比，前缀、中缀和后缀的匹配性能更低（甚至是数量级的差别）。如果我们能够在运行有限自动机之前预测其对现有输入数据不可能产生匹配，则可以避免进行匹配而节省计算时间。环视机制实现了这样的功能，其基本思想为对已匹配字符串左右相邻的 FA 进行特定偏移量上的字符集匹配，对于只有左邻或右邻 FA 的字符串，则只需检查一边，如图 5.4 所示。在图 5.4 中，字符串 literal 左右分别相邻 FA_1 和 FA_2。FA_1 与字符串开头相距 $offset_1$ 的位置上必须匹配字符集 cr_1，且 FA_2 与字符串末尾相距 $offset_2$ 的位置上必须匹配字符集 cr_2。若运行期字符串匹配的起止区间为[start, end]。正常运行期流程需运行 FA_1 直至 $start-1$ 以判断其是否包含激活的结束状态。若包含则需以 end+1 为起点触发 FA_2。而环视机制直接检查输入中 $start-offset_1$ 偏移量上字符是否匹配 cr_1，若匹配失败则意味着 FA_1 不可能在偏移量 $start-1$ 上出现激活的结束状态，从而避免运行 FA_1；反之进一步检查输入中 $start+offset_2$ 偏移量上字符是否匹配 cr_2，若匹配失败则意味着 FA_2 不可能由此字符串触发而最终激活结束状态，从而避免触发 FA_2。因此，环视机制通过预先检查特定偏移量上的字符来判断运行相邻 FA 的必要性，在特定情况下可以省去运行 FA 的开销以提升总体匹配性能。

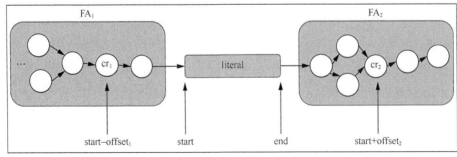

图 5.4　环视机制原理

我们在图 5.5 给出一个简单的示例，其中的规则\wfoobar\w{7}\d 由前缀\w、后缀\w{7}\d 和字符串 foobar 组成。在匹配输入 9foobarTestfoo=bar 时，字符串匹配将首先在输入中找到 foobar，然后分别检查前缀和后缀是否匹配。在没有环视的情况下，由于前缀\w 匹配 9，后缀会被触发以验证是否存在有效的匹配。一旦应用了环视机制，就完全避免了后缀匹配。它可以发现后缀末尾的\d 并不匹配输入数据中对应位置的字符=，因此后缀将不可能产生匹配。

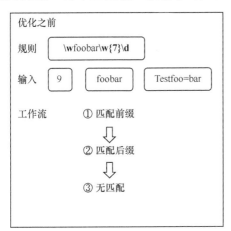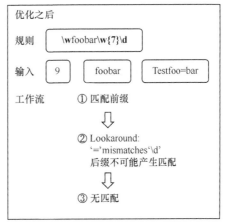

图 5.5 环视机制示例

2. 僵尸状态

僵尸状态为 NFA 中能被任意字符激活且带有自环的接受节点。僵尸状态一旦被激活便会一直处于成功匹配的状态，这保证了在其激活后我们不必再次检查整个 NFA 是否匹配输入字符。这将免去匹配 NFA 和保存 NFA 匹配状态的开销。

如图 5.6 所示，对于规则\d.*foobar，一旦我们看到前缀\d.*匹配到一个数字字符，则后续的输入字符都将使前缀的结束状态保持激活。我们在优化之后就不需要做进一步的前缀检查了，这不仅节省了运行引擎的时间，而且还避免了在流边界处保存前缀匹配状态的过程。

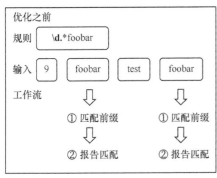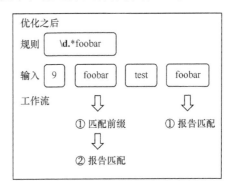

图 5.6 僵尸状态示例

3. 中缀触发优化

我们已知中缀由左邻字符串触发。由于每当中缀被触发时其自身可能包含激活的接受状态，Hyperscan 使用队列来存储所有触发偏移量（Hyperscan 内部称为 top）。只有当右邻字符串匹配时，中缀才会逐个读取队列中存储的偏移量，激活初始状态并对输入数据进行匹配，直到匹配到右邻字符串匹配的起始偏移量，来判断中缀是否包含激活的结束状态。若包含则意味着左邻字符串、中缀及右邻字符串在对应输入数据中形成了一段连续的匹配区间。当右邻字符串未出现在输入数据中时，这种运行方式将可以完全避免运行中缀而节省时间开销。

由于实际输入数据中存在的触发字符串数量事先未知，我们无法预知需要分配的队列大小。分配队列太大，浪费空间；分配队列太小则很可能需要频繁运行中缀，以在每次队列被占满时处理存储的偏移量，从而影响性能。因此，我们设计了中缀触发优化来计算出所需队列大小上限。如图 5.7 所示，中缀 FA 中包含 n 个线性状态序列（$literal_0$, $literal_1$, $literal_2$, $\cdots$, $literal_{n-1}$），每个序列刚好匹配触发字符串 literal 且不存在序列以外的状态（除初始状态）在触发时处于激活状态。我们将为中缀至多同时存储 $n+1$ 个触发偏移量。第 $n+2$ 个触发偏移量的出现将使第 1 个触发偏移量失效，即因首个触发偏移量而激活的状态此时都已经被"杀死"。

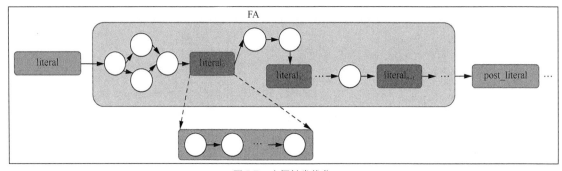

图 5.7　中缀触发优化

如图 5.8 所示，我们以规则 baz\d\d\w\w\w\d\w\w\w\d\dfoobar 为例，此规则将分为左邻字符串 baz，中缀\d\d\w\w\w\d\d\w\w\w\d\d 和右邻字符串 foobar。根据我们的触发工作流程，每个触发的偏移量都必须被加入中缀的触发队列。一旦 foobar 匹配后，中缀将从保存的偏移量开始匹配。我们只需要在队列中保留 3 个触发偏移量。因为在中缀中只有两个\w\w\w 子序列匹配 baz。如果输入数据为 baz12baz34baz56baz，则将第 1 个 baz 到第 3 个 baz 的触发偏移量加入队列。在匹配第 4 个 baz 之前，第 1 个 baz 触发的中缀已完全匹配，且后续输入字符不可能使中缀因首个 baz 被触发而再次匹配。因此，当第 4 个 baz 到达并将偏移量加入队列时，它意识到队列中的第 1 个偏移量已过期并且需要删除。在此情况下，最多需要在优先队列里保留 3 个偏移量，每当添加的偏移量超过此阈值时，我们可以删除最早的偏移量，从而节省维护队列的开销。

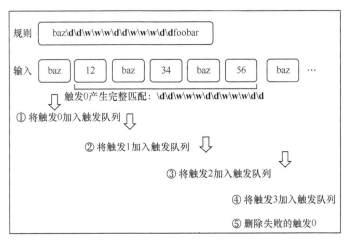

图 5.8　中缀触发优化示例

4. 流模式优化

在流模式下的流数据边界处，我们通常需要强制匹配前缀和触发的中缀至数据块末尾，以便可以保存基于当前数据块的匹配状态。下一个数据块的匹配应基于保存的状态继续进行。对于需要匹配的数据量较多的情况，此强制匹配过程时间开销较大。Hyperscan 通过以下机制来尽量避免此过程。

（1）重置字符。

与环视机制类似，通过检查数据块末尾字符是否与前缀或中缀产生匹配可以提前判断是否需要进行强制匹配。一旦找到了不可能产生匹配的字符，就可以在不运行的情况下简单地重置对应前缀（即清除前缀中除初始状态以外的所有其他激活状态）或"杀死"中缀（即清除中缀中任何激活的状态）。通过这种方式可以避免部分不必要的强制匹配，从而减轻运行负担。以 \s[^\d]*foobar 为例，它将被分解为前缀\s[^\d]*和字符串 foobar 两部分。如图 5.9 所示，对于当前未出现 foobar 的数据块，优化前需要匹配前缀至数据块结尾。优化后，由于数据块末尾的数字字符将重置前缀\s[^\d]*，我们将可以完全避免前缀的强制匹配。

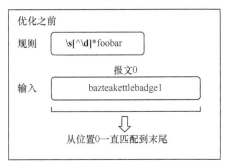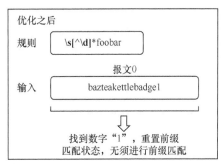

图 5.9　重置字符优化示例

（2）短前缀。

在流模式下，Hyperscan 会维护历史缓存以保存当前数据块末尾特定长度的数据供后续数据块匹配使用。对于短前缀，即最大宽度与右邻字符串长度之和小于历史缓存大小的前缀，Hyperscan 能避免强制匹配，从而不需要在流内存中存储匹配状态。对于下一个数据块，假如出现右邻字符串，则前缀从历史缓存开始匹配，否则将不需要对前缀进行任何匹配，从而减少开销。

以图 5.10 为例，规则\d{4,5}foobar 会生成一个长度不超过 5 字节的短前缀。优化前前缀必须匹配完数据块中所有数据并保存匹配状态，以防 foobar 出现在下一个数据块中。优化后我们可以将第一个数据块中的尾部字段保存在历史缓存中，该缓存的大小大于前缀的最大宽度与右邻字符串长度之和，这不仅保证在下一个数据块中不会丢失任何匹配项，也避免了为前缀从头到尾匹配整个数据块。这种情况避免了强制匹配，可能会带来较大的性能提升。

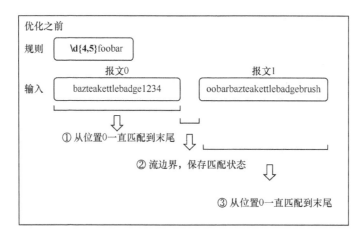

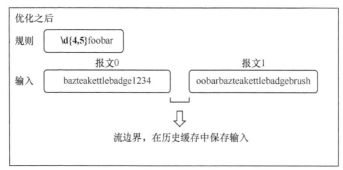

图 5.10　短前缀优化示例

5.3　图分解

Hyperscan 可以将正则表达式分解为纯字符串和子正则表达式部分，依靠字符串匹配快速过滤掉不能产生匹配的输入。5.2 节的内容只是基于理论上的匹配算法探讨，并没有深究那些子结构是如何分解得到的。面对真实的正则表达式，我们应该如何设计有效实用的表达式分解算法呢？

最直接的答案是从文本规则中直接提取字符串。以.*foobar[^b]{1, 1000}为例，在此规则下好像很容易找到纯字符串 foobar。但随着规则的复杂化，从文本直接提取纯字符串变得越来越棘手，某些纯字符串可能隐藏在特殊的正则表达式语法中，下面提供一些这样的示例。

- 字符类。b[il1]l\s{0,10}包含一个可以扩展为 3 个字符串（bil、bll 和 b11）的字符类，而单纯的文本提取只能找到 b 和 l。
- 多选结构。(.*\x2d(h|H)(t|T)(t|T)(p|P))中的多选结构序列使从文本提取 http 变得更加困难。
- 有界重复。从文本的角度来看，最小长度为 32 字节的纯字符串隐藏在[\x40\x90]{32,}的有界重复中。

因此，基于文本的分解不容易识别隐藏的纯字符串。为了有效地找到这些纯字符串，我们在 Glushkov NFA 图上执行分解。采用的图分析算法不仅应有效地找到纯字符串，还要考虑分解后的纯字符串和子正则表达式部分如何影响正则表达式的匹配性能。

我们提出了一些基本的准则，用于挑选能提高正则匹配性能的字符串。

（1）避免过多字符串。字符串匹配充当第一层过滤的功能来决定是否触发子正则表达式匹配。在大多数情况下，字符串匹配的性能是影响整体匹配性能的一个主要因素。字符串过多会降低整体匹配性能。有效的分解方案可以提高正则表达式的匹配性能，但并不一定意味着要在正则表达式中对所有可能的字符串进行彻底的搜索。因此，选择对正则表达式匹配有利的、数量适中的字符串集合非常重要。

（2）挑选将图分成两个子图的字符串，初始状态和结束状态分别位于两个不同的子图中。这样的字符串好在哪里？匹配这样的字符串是在整个正则表达式上成功进行匹配的必要条件，因为若这样的字符串不匹配，整个表达式也不会匹配。如果初始状态和结束状态恰好在同一子图中，即使字符串没有匹配，也不能保证整个正则表达式不会匹配。如图 5.11 所示，挑选出的字符串 abc 并未将初始状态（节点 0）和结束状态（节点 10）分离到不同子图中。即使 abc 不匹配，这个表达式也有可能产生匹配。而图 5.12 挑选出的 abc 满足了其匹配成功是整个表达式匹配成功的先决条件。

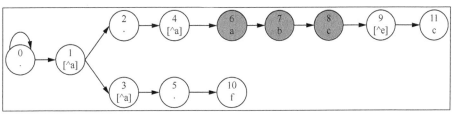

图 5.11　初始状态与结束状态出现在同一子图

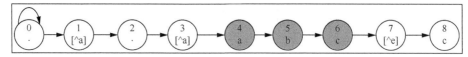

图 5.12　初始状态与结束状态出现在不同子图

（3）避免短字符串。短字符串更容易频繁匹配，并可能触发相对更慢的子表达式匹配。

（4）将小字符集展开为多个字符串，以方便分解。这不仅增加了成功分解的机会，而且如果一个字符集分割了一个字符串序列（如 document[\x22\x27]object），将会生成更长的字符串。

我们提出了 3 种图分析算法来选择字符串。接下来描述每种算法的关键思想。

5.3.1　支配路径分析

定义：如果从初始状态到节点 v 的每条路径都必须经过节点 u，则将节点 u 称为节点 v 的支配节点。节点 v 的支配路径被定义为图中的一组节点 W，其中 W 中的每个节点为节点 v 的支配节点，并且形成一条路径。

支配路径分析会找到所有结束状态的所有支配路径中的最长公共字符串。例如，图 5.13 显示了结束状态（节点 11）的支配路径上的字符串。所选择的字符串清楚地将初始状态和结束状态分到两个独立的子图中，满足了第二条准则。该算法计算每个结束状态的支配路径，并找到所有支配路径的最长公共前缀，然后提取该公共前缀上的字符串，如果路径上的节点的激活字符集为小字符集，则将其展开为多个字符串。

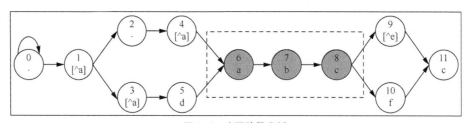

图 5.13　支配路径分析

```
1    #G : Graph G=(E,V)
2
3    function DominantPathAnalysis(G)
4       d path := {};
5       for v ∈ accepts do
6          calculate dominant path p[v] for v;
7          if d path = {} then
8             d path := p[v];
9          else
10            d path := common_prefix(d path, p[v]);
```

```
11              if d path = {} then
12                  return null_string;
13              end if
14          end if
15          strings := expand_and_extract(d path);
16      end for
17      return strings;
18  end function
```

5.3.2 支配区域分析

如果支配路径分析未能提取到字符串，我们将执行支配区域分析，它能找到将初始状态划分到一个子图并将所有结束状态划分到另一个子图的节点区域。

定义：支配区域为图中节点的子集，且满足（a）进入和离开该区域的所有边的集合构成图的割集；（b）若该区域存在入边(u,v)，则所有w都存在边(u,w){w:w 在该区域中，并且w具有来自区域外的入边}，其中(u,v)表示图中从节点u到节点v的一条边；（c）若该区域存在出边(u,v)，则所有w都存在边(w,v){w:w 在该区域中,并且w 具有到区域外的出边}。

如果发现的区域仅包含单字符或较小的激活字符集的节点，则将区域转化为一组字符串。由于这些字符串连接了原始图中两个不相交的子图，整个正则表达式的任何匹配必须以匹配其中一个字符串为前提。图 5.14 显示了一个具有 9 个节点的示例。节点 6、7 和 8 是具有相同前驱节点的入口节点，而节点 12、13 和 14 是具有相同后继节点的出口节点。支配区域分析可以提取字符串 foo、bar 和 abc。算法首先为原始图创建对应的有向无环图（Directed Acyclic Graph，DAG），以避免来自反向边的任何干扰。然后，对 DAG 进行拓扑排序，并迭代每个节点，将其添加到当前候选区域中，直到其形成有效的割集，重复此步骤以发现图中的所有区域。因为我们仅分析了 DAG，原始图的反向边可能会影响正确性，所以，对于每条反向边，如果其源节点和目标节点位于不同的区域，则将它们（以及所有中间区域）合并到一个区域中。最后，我们从支配区域中提取字符串。

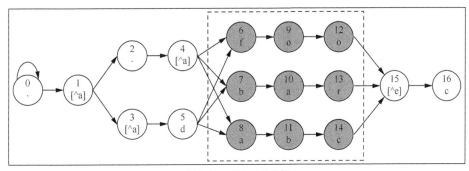

图 5.14 支配区域分析

```
1   #G : Graph G=(E,V)
2
3   function DominantRegionAnalysis(G)
4       acyclic_g := build_acyclic(G);
5       Gt := build_topology_order(acyclic_g);
6       candidate := q0;
7       it = begin(Gt);
8       while it != end(Gt) do
9           if isValidCut(candidate) then
10              setRegion(candidate);
11              initializeCandidate(candidate);
12          else
13              addToCandidate(it);
14              it := it +1;
15          end if
16      end while
17      setRegion(candidate);
18      Merge regions connected with back edge;
19      strings := expand_and_extract(regions);
20      return strings;
21  end function
```

5.3.3 网络流分析

由于支配路径分析和支配区域分析依赖于特殊的图结构，因此它们不会总是成功的。对于普通的图结构，我们需要对其进行网络流分析。通过分析会为每条边找到以此边的源节点为终点的字符串（或多个字符串）。然后，为边分配一个分数，该分数与该字符串的长度成反比。字符串越长，分数越小。该分析通过使用每条边的分数运行"最大流最小割"算法[1]，以找到一个最小割集。该最小割集将图分为两部分，以将初始状态与所有结束状态分隔开。从割集中可以提取出字符串集合。图 5.15 显示了网络流分析的结果，提取了一个字符串集合 foo、efgh和 abc，该集合将把整个图分割为两部分。

```
1   #G : Graph G=(E,V)
2
3   function NetworkflowAnalysis(G)
4       for edge ∈ E do
5           strings := find_strings(edge);
6           scoreEdge(edge,strings);
7       end for
8       cuts := MinCut(G);
```

```
9        strings := extract and expand strings from cuts;
10       return strings;
11  end function
```

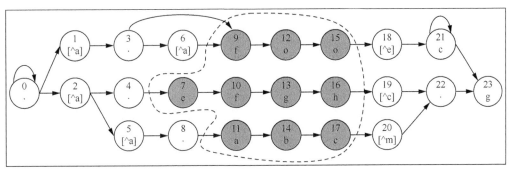

图 5.15 网络流分析

5.3.4 图分解流程

在了解了 3 种图分解算法后，我们需要确立使用这些算法的策略，包括在何种情况下进行图分解以及如何选择分解算法。所有策略都基于以下定义。

（1）正则表达式由字符串和子正则表达式 FA 组成。

（2）根据在正则表达式中的位置，FA 具有不同的类型。

● 前缀：正则表达式开头的 FA，如 **FA**foobar。

● 中缀：在左侧和右侧均带有字符串的 FA，如 badgerbrush**FA**teakettle。

● 后缀：正则表达式末尾的 FA，如 hamster**FA**。

● 外缀：无法选出合适字符串时，整个正则表达式称为外缀，如 **FA**。

图分解原则如下。

● 尽最大努力避免生成外缀。外缀不借助字符串匹配进行预过滤，需要在所有情况下运行性能较低的有限自动机。

● 根据图结构特征，进一步分解前缀、中缀和后缀。

● 避免生成过多的字符串。过于激进的图分解会带来大量字符串，从而影响字符串匹配性能。由于支配路径分析和支配区域分析是针对更特殊的图结构进行的，从中选取的字符串数量比通过网络流分析选取的数量更少。因此，我们更倾向于通过支配路径分析和支配区域分析来提取字符串，并且仅在没有从中发现字符串的情况下才会使用网络流分析。具体算法如下：

```
1   #G : Graph G=(E,V)
2
```

```
3   function extractAndCut(G)
4       str1 := dominatePathAnalysis(G);
5       str2 := dominateRegionAnalysis(G);
6       if str1 || str2 then
7           str := pick better one from str1 and str2;
8       else
9           str := netFlowAnalysis(G);
10      end if
11      subGraphs := decompose G based on str;
12      return subGraphs;
13  end function
```

下面按时间顺序展示了图分解的主要工作流程。其中大多数步骤共享以上图分解算法。

1. 避免外缀

```
1   #G : Graph G=(E,V)
2
3   function avoidOutfixes(G)
4       extractAndCut(G);
5       save literals and subgraphs;
6   end function
```

由于外缀不能从字符串匹配中受益，在所有情况下都必须对所有输入数据进行匹配，这会产生较大的时间开销。将外缀分解为字符串和 FA 部分可以尽量避免运行性能较低的自动机。我们应该在第一步就尽最大努力避免外缀。此次图分解可能会生成字符串和 FA 的不同组合。

（1）前缀 + 字符串 + 后缀，如图 5.16 所示。

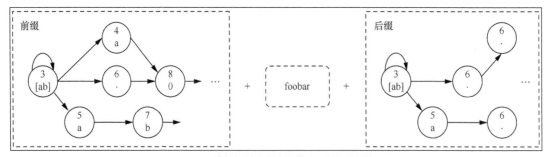

图 5.16　外缀切割分离出字符串、前缀和后缀

（2）前缀 + 字符串，如图 5.17 所示。

（3）字符串 + 后缀，如图 5.18 所示。

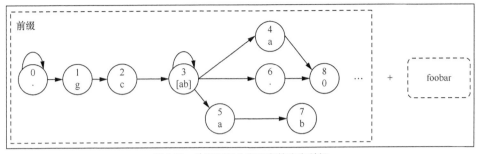

图 5.17 外缀切割分离出字符串和前缀

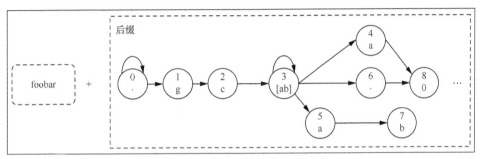

图 5.18 外缀切割分离出字符串和后缀

2. 查找短前缀

如图 5.16～图 5.18 所示，外缀分解很可能会引入前缀。在流模式下，我们必须保存流边界的匹配状态。这意味着要运行前缀对应的自动机匹配当前数据块的剩余数据，所得结果作为下一个数据块的起始匹配状态。为了减少时间开销，我们保存了包含尾部数据的历史缓冲区，以便在下一个数据块进行匹配时使用。我们可以使用短前缀来进行优化。短前缀为最大匹配长度与右邻字符串长度之和短于历史缓冲区的长度的特殊前缀，当右邻字符串未匹配时不需要运行短前缀匹配当前数据块剩余数据。因此我们通过进一步分解前缀来增大生成短前缀的可能性。

```
1   #G : Graph G=(E,V)
2
3   function findBetterPrefix
4       for G ∈ prefix do
5           if maxWidth(G) is short then
6               continue;
7           end if
8           extractAndCut(G);
9           save literals and subgraphs;
10      end for
11  end function
```

3. 提取强字符串

强字符串为长度大于特定阈值（在代码实现中为 20）的字符串。强字符串往往难以匹配，可为相邻 FA 起到有效过滤作用。如算法所示，我们使用支配路径分析和支配区域分析进一步进行图分解以找到强字符串。此处跳过了网络流分析，因为相较于其他两种算法，它一般会生成更多的字符串，从而可能会影响字符串匹配性能。

```
1    #G : Graph G=(E,V)
2
3    function extractAndCutStrong(G)
4        str1 := dominatePathAnalysis(G);
5        str2 := regionAnalysis(G);
6        if isStrong(str1) || isStrong(str2) then
7            str := pick better one from str1 and str2;
8            subGraphs := decompose G based on str;
9        end if
10       return subGraphs;
11   end function
12
13   function extractStrongLiteral(G)
14       for G in subgraphs do
15           extractAndCutStrong(G);
16           save literals and subgraphs;
17       end for
18   end function
```

4. 改善弱中缀

```
1    function findWeakInfix
2        for start lit do
3            if len(lit) > threshold then
4                continue;
5            end if
6            for G follow lit do
7                extractAndCut(G);
8                save literals and subgraphs;
9            end for
10       end for
11   end function
```

对于以字符串和中缀开头的规则，一般来说中缀可能有多个，我们比较关心最左中缀，若该中缀的左邻字符串长度较短（即过滤效果较差），则可以像前缀一样在大多数情况下保持被触发的状态。如算法所示，我们将左邻字符串长度小于特定阈值（在代码实现中为 8）的最左中缀视为弱中缀，可以进一步对其进行分解。这样可以在匹配时加强字符串的过滤功能以减少触发中缀的可能性。

5. 避免后缀

Hyperscan 是多正则表达式匹配解决方案，需要尽最大努力维护匹配的报告顺序。虽然每条单一规则匹配偏移量的产生是有序的，但内部系统的设计（5.2 节）决定了不同规则产生的匹配偏移量之间无顺序保证。我们使用了优先队列来解决这个问题。由于匹配的报告基本上由后缀触发，我们在优先队列中存储了所有后缀的当前匹配偏移量，再报告其中最小偏移量。这种机制包含了对偏移量的缓存和排序操作，带来了额外的性能影响。为了解决这些问题，我们进一步分解后缀生成中缀和右邻字符串。分解出的中缀相对原始的后缀多了一层触发条件，即仅在右邻字符串匹配时才被运行。具体算法如下，包括对所有后缀的遍历及其尾部字符串长度的检查，只有当尾部字符串超过定义的阈值（在代码实现中为 6）时才会做进一步切分。

```
1   function avoidSuffix
2      for G ∈ suffix do
3         lits := find trailing literals in G;
4         if all literals in lits are longer than threshold then
5            split G into literal and infix subgraph;
6            save literals and subgraphs;
7         end if
8      end for
9   end function
```

6. 寻找双重切割

如以下算法显示，我们将遍历包含左邻字符串的子图（即中缀和后缀），确认其前面带有.* 和字符串，通过两次切割将图切分成.*、字符串和非字符串三部分。额外生成的字符串将减少触发该中缀或后缀的机会，从而可能提升总体性能。如图 5.19 所示，两次切割将得到.*、foob 和非字符串部分，foob 的生成将减小触发非字符串部分的可能性。

```
1   function lookForDoubleCut
2      for G in subgraphs do
3         if G has leading lit then
```

```
 4              if find leading .* followed by literal in G then
 5                  split .* and literal off G;
 6                  save literals and subgraphs;
 7              end if
 8          end if
 9      end for
10  end function
```

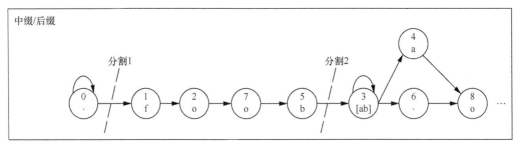

图 5.19　双重切割示例

5.4　图优化

本节基于正则表达式的图实现，进一步挖掘潜在的减少表达式复杂度的优化空间。

正则表达式通常为了匹配特定输入而由用户手写而成。手写的规则可能会包含冗余的结构。我们将正则表达式转换成 Glushkov NFA 进行图结构分析时，可以发现并消除其中的冗余结构，从而减少运行期需处理的状态或转移的数量，从而提升性能。Hyperscan 中的图优化针对节点冗余和边冗余两种情况。

为了便于读者理解，我们总结了有关图的定义。接下来的所有图优化分析都将遵循以下定义。

- REACH(v)：节点 v 的激活字符范围。
- PRED(v)：节点 v 的前驱节点。
- PROPER_PRED(v)：节点 v 除自身外的前驱节点。
- SUCC(v)：节点 v 的后继节点。
- INTERSECTION(a,b)：集合 a 和集合 b 之间的元素交集（节点、边或激活字符范围）。
- UNION(a,b)：集合 a 和集合 b 中的元素的并集（节点、边或激活字符范围）。
- Floating Start：图中的自环起始节点。
- Anchored Start：图中的非自环起始节点。
- 图 G_1 等价于图 G_2：即除节点序号以外，G_1 中的所有节点和边均与 G_2 中的相同。

5.4.1 节点冗余

1. 等价子图

（1）等价左子图。

定义如下。

- G_1 为与节点 w 相连的最大左侧子图。
- G_2 为与节点 u 相连的最大左侧子图。
- G_1 等价于 G_2。

如果两个子图 G_1 和 G_2 满足上述定义，则可以将它们合并为连接到其所有前驱节点和后继节点的单个图。如图 5.20 所示，我们在节点 8 和节点 17 的左侧发现了两个相同的子图并将这些子图进一步合并在一起以减少冗余。

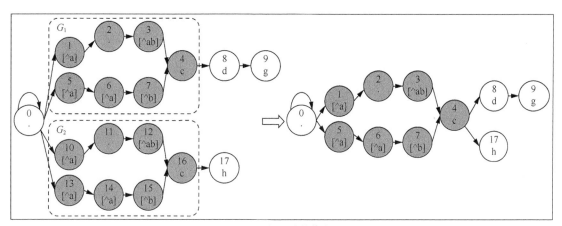

图 5.20 G_1 与 G_2 为等价左子图

（2）等价右子图。

定义如下。

- G_1 为与节点 w 相连的最大右侧子图。
- G_2 为与节点 u 相连的最大右侧子图。
- G_1 等价于 G_2。

与等价左子图相似，我们可以将以上要求应用于等价右子图。两个节点右边的相同子图 G_1 和 G_2 可以合并为一个子图。在图 5.21 中我们在节点 2 和节点 10 右边发现两张相同子图，并将它们合并在一起。

等价左子图与等价右子图的查找和合并基于同样的算法，如下所示。在等价左子图的情况下，算法先基于节点激活字符集和与起始节点的距离对所有节点进行分类；再对每一类中的节点进行进一步检查。若同一类中节点的前驱节点所属类别集合不同，则需根据前驱节点类别集合相同性对当前类中的节点进行进一步分类，即具有相同前驱节点类别集合的节点被分为一类。假如出现进一步分类的情况，则要以相同方式重新检验当前类中节点的所有后继节点是否需要调整分类。重复此操作直至对所有类别都完成检查。此操作保证了具有相同类别的节点的左子图上节点类别都是一一对应相等的。等价右子图操作类似，这里不赘述。

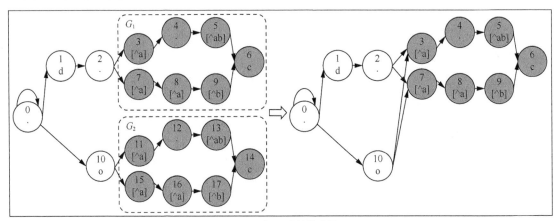

图 5.21　G_1 与 G_2 为等价右子图

```
1    #G  : Graph G =(E,V)
2    #eq : left equivalence or right equivalence
3
4    function reduceEquivalentGraph(G, eq)
5        # vertexInfo contains depth and reachability info for a vertex.
6        vector<vertexInfo> vi;
7        for vertex V in G do
8            if eq = left_equivalence then
9                dp := calculate depth from start;
10               for predecessor U of V do
11                   cr1 := cr1 | reach(U);
12               end for
13           else
14               dp := calculate depth from end;
15               for successor W of V do
16                   cr1 := cr1 | reach(W);
17               end for
18           end if
19           cr = reach(V);
20           vi.insert(vertexInfo(V, dp, cr, cr1));
21       end for
22
```

```
23        assign class ids to vertices, vertices in vi with same depth and
24        reach properties belong to the same class;
25
26        class_map := map of class id to vertices;
27        add class ids to stack;
28
29      while stack is not empty do
30          class_id := stack.pop();
31          class_top := class_map[class_id];
32          if class_top.size() < 2 then
33              continue;
34          end if
35          tentative_map.clear();
36          for V in class_top do
37              if eq = left_equivalence then
38                  for predecessor U of V do
39                      cur_classes.insert(U.classId);
40                  end for
41                  for successor W of V do
42                      reval.insert(W.classId);
43                  end for
44              end if
45              if eq = right_equivalence then
46                  for successor W of V do
47                      cur_classes.insert(W.classId);
48                  end for
49                  for predecessor U of V do
50                      reval.insert(U.classId);
51                  end for
52              end if
53              tentative_map[cur_classes].insert(V);
54          end for
55          # if we found more than one class, split and revalidate.
56          if tentative_map.size() > 1 then
57              split class_top into multiple classes based on value part in
58              tentative_map and update class_map;
59
60              for classId in reval do
61                  stack.push(classId);
62              end for
63          end if
64      end while
65      merge vertices from the same class in G;
66  end function
```

2. 循环节点冗余

```
1    #G : Graph G =(E,V)
2
3    function reduceCyclicGraph(G)
4       for cyclic vertex V in G do
5          for proper predecessor U of V do
6             let S be the set of successors of V (including V itself);
7             for successor W of U not in S do
8                perform a depth first search (DFS) forward from W and
9                stop exploration when a vertex in S is encountered;
10               if a vertex with reach not in reach(V) or an accept is
11                  encountered then
12                  fail and continue to the next W;
13               else
14                  remove edge(U, W);
15               end if
16            end for
17         end for
18      end for
19   end function
```

循环节点在从正则表达式生成的图中很常见。特殊的自循环边意味着可以在字符范围内匹配对应节点任意次。此属性为删除与循环节点后继连接的，且激活字符范围较小的节点组成的路径提供了潜在的机会。

我们定义以上算法来发现因循环节点而产生的冗余路径。更具体地说，如果循环节点的前驱节点和后继节点之间存在路径，并且该路径内每个节点的激活字符范围是循环节点激活字符范围的子集，则认为该路径为冗余路径。该算法首先将候选前驱节点和后继节点分别作为潜在路径的起点和终点，然后进行 DFS 并进行激活字符范围检查，以发现冗余路径。如图 5.22 所示，循环节点冗余算法可以基于循环节点 3 而发现由节点 9、节点 10 和节点 11 组成的冗余路径。因此可以在此图中删除整条冗余路径。

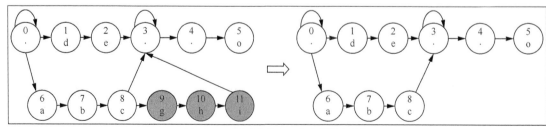

图 5.22　因循环节点 3 而产生的冗余路径

3. 子集冗余

定义：对于两个节点 u 和 v，若满足以下要求，则存在子集冗余。

● INTERSECTION(SUCC(v), SUCC(u)) = SUCC(v)。

● INTERSECTION(PRED(v), PRED(u)) = PRED(v)。

● INTERSECTION(REACH(v), REACH(u)) = REACH(v)。

　　子集冗余可以解释为一个节点的所有属性是另外一个节点属性的子集。也就是说，SUCC(v) 是 SUCC(u)的子集，PRED(v)是 PRED(u)的子集，而 REACH(v)也是 REACH(u)的子集。在这种情况下，对于节点 u，节点 v 是多余的。图 5.23 是一个很好的例子，可以说明这种情况。

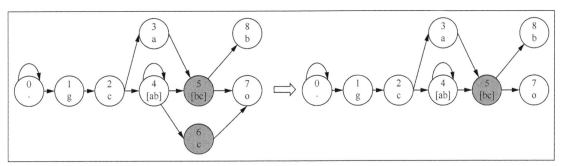

图 5.23　子集冗余

　　对每个节点的搜索算法很简单：首先，寻找该节点的所有前驱节点共享的后继节点 predSucc 和该节点的所有后继节点共享的前驱节点 succPred；其次，我们需要从这两个候选集合中找到共有的节点 S。如果该节点的匹配字符集为 S 中某节点激活字符集的子集，则该节点为冗余节点。

```
1    #G : Graph G =(E,V)
2
3    function reduceSubsetGraph(G)
4      for vertex V in G do
5        predSucc := {},  succPred := {};
6        for predecessor U of V do
7          if predSucc is empty then
8            add successors of U to predSucc;
9          else
10           predSucc := intersection of predSucc and successors of U;
11         end if
12       end for
13       for successor W of V do
14         if succPred is empty then
15           add predecessors of W to succPred;
16         else
```

```
17                    succPred := intersection of succPred and predecessors of W;
18             end if
19         end for
20         Find intersection S of predSucc and succPred;
21         for vertex X not V in S do
22             if char reach of V is a subset of char reach X then
23                 remove V;
24                 break;
25             end if
26         end for
27     end for
28 end function
```

4. 钻石冗余

定义：对于两个节点 u 和 v，若满足以下要求，则存在钻石冗余。

- SUCC(v) = SUCC(u)。

- PRED(v) = PRED(u)。

一旦满足此要求，就可以用新的节点 w 替换节点 v 和节点 u。

- SUCC(w) = SUCC(v)。

- PRED(w) = PRED(v)。

- REACH(w) = UNION(REACH(v), REACH(u))。

钻石冗余的目标是寻找具有相同的前驱节点和后继节点的两个节点。如图 5.24 所示，由于找到节点构成的图结构与钻石形状类似，我们把这种冗余叫作钻石冗余。应用钻石冗余优化后，将节点 3 和节点 4 合并。该搜索算法与子集冗余算法几乎相同，不过该算法需要保证合并的两个节点具有相同的前驱节点和后继节点，并最终合并两个节点的匹配字符范围。

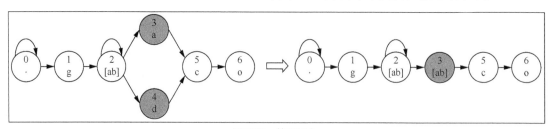

图 5.24　钻石冗余

```
1  #G : Graph G =(E,V)
2
3  function reduceDiamondGraph(G)
4      for vertex V in G do
```

```
 5          predSucc := {},  succPred := {};
 6          for predecessor U of V do
 7              if predSucc is empty then
 8                  add successors of U to predSucc;
 9              else
10                  predSucc := intersection of predSucc and successors of U;
11              end if
12          end for
13          for successor W of V do
14              if succPred is empty then
15                  add predecessors of W to succPred;
16              else
17                  succPred := intersection of succPred and predecessors of W;
18              end if
19          end for
20          Find intersection S of predSucc and succPred
21          for vertex X not V in S do
22              if in degree of V = in degree of X   and
23                  out degree of V = out degree of X then
24                  char reach of X := char reach of X | char reach of V;
25                  remove V;
26                  break;
27              end if
28          end for
29      end for
30  end function
```

5.4.2 边冗余

1. 起始节点冗余

Floating Start 意味着起始匹配偏移量可以在输入数据中的任何位置。我们可以利用其循环边和激活字符范围的属性来发现冗余边。特别对每个 Floating Start 的后继节点,都可以删除任何不是来自 Anchored Start 或 Floating Start 的入边。如图 5.25 所示,节点 0 为 Floating Start,其后继节点 3 包含了来自非起始节点 6 的入边。因此删除该入边。

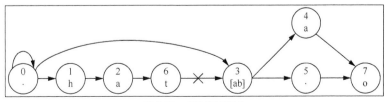

图 5.25　起始节点冗余

2. 出边冗余

定义：如果满足以下所有要求，则从节点 *w* 到节点 *v* 的边 *e* 是多余的。

- 从节点 *u* 到节点 *v* 存在一条边 *e'*。
- INTERSECTION(REACH(*w*), REACH(*u*)) = REACH(*w*)。
- PROPER_PRED(*w*)是 PRED(*u*)的一个子集。
- 如果节点 *w* 有自环，则节点 *u* 也必须有自环或有从 *w* 到 *u* 的边。

出边冗余需要找到共享部分前驱节点和后继节点的候选节点。在这些候选节点中，当某节点激活字符范围和前驱节点都为另一节点子集时，可删除其到共享后继节点的出边。如图 5.26 所示，可以删除从节点 5 到节点 7 的边。

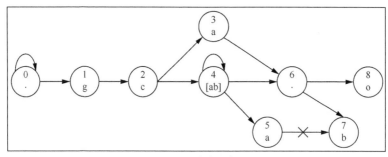

图 5.26　出边冗余

```
1    #G : Graph=(E,V)
2
3    function reduceForwardEdgeGraph(G)
4       for vertex U in G do
5          for out edge E of U do
6             vertex V = target of E
7             for in edge E2 of V and E2 != E do
8                vertex W := source of E2
9                if char reach of W is subset of char reach of U and (W and U are
10                    both cyclic or parent of W is subset of parent of U) then
11                    remove E2;
12                    break;
13                end if
14             end for
15          end for
16       end for
17   end function
```

3. 循环边冗余

定义：如果 PRED(v)中的每个节点 u 满足以下任一条件，则可以删除节点 v 的自循环边。

- 节点 u 具有自循环，并且 INTERSECTION(REACH(v), REACH(u)) = REACH(v)。

- 节点 u 有出边连接到某满足条件 1 的 v 的前驱节点。

```
1    #G : Graph G =(E,V)
2
3    function reduceCyclicEdgeGraph(G)
4        for cyclic vertex V do
5            for predecessor U of V do
6                if U is cyclic and char reach of V is subset of char reach of U then
7                    add vertex U to set Good;
8                else
9                    add vertex U to set Bad;
10               end if
11           end for
12           ok := false;
13           if Good is not empty then
14               for vertex b in Bad do
15                   if b has edge to any vertex in Good then
16                       ok := true;
17                   else
18                       ok := false;
19                       Break;
20                   end if
21               end if
22               if ok = true then
23                   remove cyclic edge of vertex V;
24               end if
25           end if
26       end for
27   end function
```

循环边冗余对循环节点的前驱节点施加了严格的标准，基本上有两类满足条件的前驱节点：一类前驱节点是激活字符范围包含要优化节点的循环节点；另一类前驱节点则需有出边到某个第一类前驱节点。因此，出现任何不符合这两种情况的前驱节点都将使该优化不可用。基于该准则，搜索算法将易于理解。首先，将满足第一个条件的节点归为一个好集合，而将其他节点归为一个坏集合。然后我们必须通过是否有出边连接好集合的节点来确认坏集合中的所有节点是否都符合第二个标准。如图 5.27 所示，我们可以删除节点 5 的自循环边，因为它和节点 3 满足上述定义的属性。

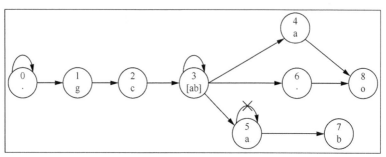

图 5.27 循环边冗余

5.5 本章参考

[1] Edmonds J, Karp R M. Theoretical Improvements in Algorithmic Efficiency for Network Flow Problems[J]. Journal of the ACM. 1972, 19(2):248–264.

第 6 章　Hyperscan 引擎

对于规则分解生成的各个部分，Hyperscan 可根据其特征生成不同类型的匹配引擎，如纯字符串匹配器、NFA、DFA 和重复引擎等。为了进一步提升匹配性能，Hyperscan 的设计中含有各个不同层级的预过滤处理，如在各个引擎内利用 SIMD 加速技术快速查找输入中特定字符集是否出现，若未出现则无须运行对应引擎。

6.1　SIMD 加速

当字符串规则集或子正则表达式含有某些字符、字符序列或字符集特征时，可采用相应 SIMD 指令进行快速预过滤，排除不可能获得匹配的输入数据块，尽量延缓或避免进行相对更慢的字符串匹配或自动机引擎的运行，这类预过滤在 Hyperscan 中被称为加速。本节将详细讨论 Hyperscan 中的各个加速场景。

6.1.1　搜索单字符的加速

搜索给定的单个字符，这是最简单的加速场景，在 Hyperscan 中称为 "Vermicelli"。该场景旨在过滤掉没有给定字符出现的数据块，找到最近的给定字符的匹配位置，而不需要找出所有匹配位置。

通常 Vermicelli 将给定的单个字符的值广播到一个 16 字节的向量中，将其作为字符掩码。运行时一次读取 16 字节输入数据，并使用 PCMPEQB 指令将字符掩码与输入数据进行逐字节比较，然后使用 PMOVMSKB 指令将比较结果从 16 字节向量压缩至 16 位，找到置 1 的最低位对应位置，即最近的匹配位置。若该 16 字节输入数据中没有得到匹配位置，则继续处理下一个 16 字节输入。

Vermicelli 的运行期伪代码如下：

```
67   #chars    : broadcast of single target character
68   #input    : buffer of input data
69
70   function vermicelli(__m128i chars, char *input)
71      for each 16 bytes data of input do
72         __m128i r := _mm_cmpeq_epi8(chars, data);
73         int z := _mm_movemask_epi8(r);
74         if z then
75            int pos = __builtin_ctz(z);
76            return input + pos;
77         end if
78      end for
79   end function
```

以实例来说明，假设需要搜索字符 n，某 16 字节输入数据为 clusterofcandles，Vermicelli 的运行过程如图 6.1 所示。

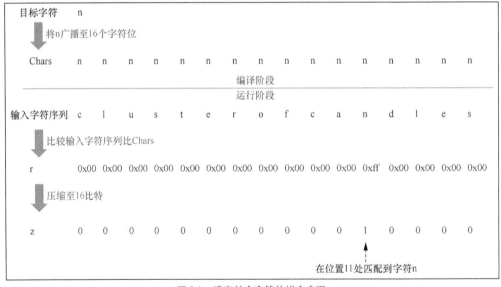

图 6.1　搜索单个字符的指令实现

结果 z 中 1 出现的最低位为第 11 位，即表示在输入数据块的第 11 字节找到了给定字符的匹配。

6.1.2　搜索双字符序列的加速

搜索给定的双字符序列，也是一种简单的加速场景，在 Hyperscan 中称为"Double

Vermicelli"。该场景旨在过滤掉没有出现给定序列的数据块，找到最近的出现位置，不需要找出所有匹配位置。

Double Vermicelli 将给定序列的两个字符分别广播到两个 16 字节的向量中，作为字符掩码。运行时一次读取 16 字节输入数据，并使用 PCMPEQB 指令将每个字符掩码与输入数据进行逐字节比较。然后才用 SHIFT-AND 方法，使用 PSRLDQ 指令将高位字符的比较结果右移 1 字节，并使用 PAND 指令将右移后的结果与低位字符的比较结果做 AND 运算，得到两字符序列的比较结果。最后使用 PMOVMSKB 指令将序列的比较结果从 16 字节向量压缩至 16 位，找到置 1 的最低位便是序列匹配的开始位置。若该 16 字节输入数据中没有匹配，则继续处理下一个 16 字节输入。

Double Vermicelli 的运行期伪代码如下：

```
1    #chars0   : broadcast of 1st target character
2    #chars1   : broadcast of 2nd target character
3    #input    : buffer of input data
4
5    function double_vermicelli(__m128i chars0, __m128i chars1, char *input)
6       for each 16 bytes data of input do
7          __m128i r0 := _mm_cmpeq_epi8(chars0, data);
8          __m128i r1 := _mm_cmpeq_epi8(chars1, data);
9          __m128i s1 := _mm_srli_si128(r1, 1);
10         __m128i r := _mm_and_si128(r0, s1);
11         int z := _mm_movemask_epi8(r);
12         if z then
13            int pos := __builtin_ctz(z);
14            return input + pos;
15         end if
16      end for
17   end function
```

以实例来说明，假设需要搜索双字符序列 le，某 16 字节输入数据为 clusterofcandles，Double Vermicelli 的运行过程如图 6.2 所示。

结果 z 中出现 1 的最低位为第 13 位，即表示匹配序列 le 的开始位置为输入数据块的第 13 字节。

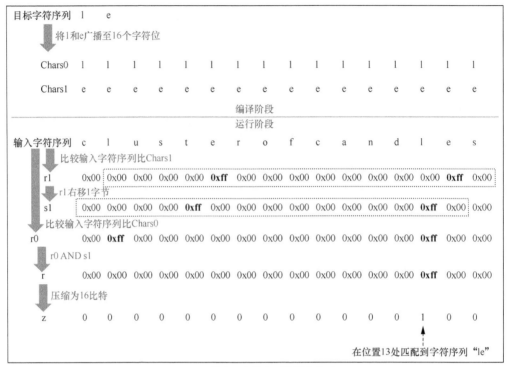

图 6.2　搜索双字符序列的指令实现

6.1.3　搜索小规模单字符集的加速

搜索给定的小规模单字符集，Hyperscan 灵活使用 PSHUFB 指令实现该加速场景，故称为"Shufti"。该场景中对单字符集要求所谓的"小规模"，实际与字符集的字符在整个 ASCII 表中的分布情况有关。该场景旨在过滤掉没有出现给定字符集的数据块，找到最近的字符集匹配位置，不需要找出所有匹配。

最简单的做法，是将完整的 ASCII 表视为 1×256 的形式（1 行 256 列），在字符集里的字符对应位置置 1，其余空白位置置 0。对任意输入字符，判断它是否属于给定字符集，只需直接按值查表获得对应标志值，若为 1，则为命中，若为 0，则为没有命中。然而，并没有合适的指令可以批量处理以字节为单位的这种大范围查表操作，在实际运行时只能做逐字节的查表，效率不高。

PSHUFB 指令有两个输入、一个输出，通常两个 16 字节输入向量分别称为源向量和控制码，当控制码每字节的最高位为 0 时，PSHUFB 根据控制码每字节的低 4 位值作为索引寻址源向量的某字节，并将其值保存到 16 字节输出向量的对应位置。其操作如图 6.3 所示。

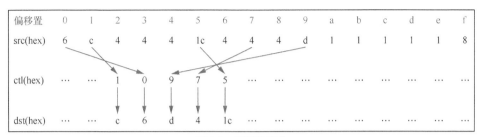

图 6.3 PSHUFB 指令

我们可以利用 PSHUFB 指令批量处理 16 字节的基于每字节的小范围查表。由于 PSHUFB 指令利用控制码每字节低 4 位值作为索引在源向量寻址,并将获取的值填入目标向量的对应字节内,我们可以将完整的 ASCII 表表示成 16 × 16 的形式,拥有 16 行和 16 列,各自从 0~15 编号,则每个行号可代表一个字符高 4 位的值,每个列号可代表一个字符低 4 位的值,每个字符可通过其高 4 位和低 4 位定位到 ASCII 表中的某个位置。

对给定的单字符集,其中的字符事先占据了 ASCII 表中的若干位置,剩下的位置为空白。我们可以把给定字符集的信息压缩到两个向量中,一个向量对应 ASCII 表的行,另一个对应 ASCII 表的列,以方便 PSHUFB 指令加速。最简单的做法是对整个 ASCII 表按行分组,一共 16 组,用不同二进制位来区分各组,则行向量中需要 2 字节的元素来表示一行。然后遍历每列并计算列向量的每个元素值,列向量的每个元素值等于当前列中非空白位置的字符所在行对应的行向量元素值按位或,其意义为当前列中出现过的所有组。

有了行向量和列向量,判断任意一个输入字符是否属于给定字符集,需要两次查表和一次按位与,即用高 4 位值对行向量查表,用低 4 位值对列向量查表,然后将两个查表结果做按位与,若结果非 0,则说明命中,若结果为 0,则说明没有命中。

当我们想要对上述查表和按位与操作用 SIMD 指令做批量处理时,还有一个问题,那就是 PSHUFB 指令是以字节为单位进行操作的,而目前行向量和列向量的元素宽度都是 2 字节,显然并不适用。怎么办?这时"小规模"的价值体现了出来,一般小规模的字符集不会占据太多的行,例如当一个字符集的字符都只出现在 ASCII 表的上半部分时(0..127),最多只可能出现 8 行,则行向量的每个元素可只用 1 字节表达,行 0~行 7 对应的行向量元素值保持不变,行 8~行 15 对应的行向量元素值置 0 即可。而列向量的元素宽度由行向量元素宽度决定,故也可只用 1 字节表达。如此便可使用 PSHUFB 指令批量处理查表操作了。

Shufti 的运行期伪代码如下:

```
1   #msk_lo    : column vector of low 4 bits
2   #msk_hi    : row vector of high 4 bits
3   #input     : buffer of input data
```

```
4
5    function shufti(__m128i msk_lo, __m128i msk_hi, char *input)
6        __m128i low4bits := _mm_set1_epi8(0x0f);
7        __m128i zeros := _mm_set1_epi8(0x00);
8        for each 16 bytes data of input do
9            __m128i lo := _mm_and_si128(data, low4bits);
10           __m128i h := _mm_andnot_si128(low4bits, data);
11           __m128i hi := _mm_srli_epi64(h, 4);
12           __m128i r_lo := _mm_shuffle_epi8(msk_lo, lo);
13           __m128i r_hi := _mm_shuffle_epi8(msk_hi, hi);
14           __m128i t := _mm_and_si128(r_lo, r_hi);
15           __m128i r := _mm_cmpeq_epi8(t, zeros);
16           int z := _mm_movemask_epi8(r);
17           if z != 0xffff then
18               int pos := __builtin_ctz(~z & 0xffff);
19               return input + pos;
20           end if
21       end for
22   end function
```

我们通过实例来说明构造行向量和列向量的过程，以及处理输入字符的过程。

假设给定字符集[\d\saeiou]，其在 ASCII 表中的分布情况及行向量和列向量如图 6.4 所示。

低4位 列向量 高4位行向量	.0 0xc	.1 0x48	.2 0x8	.3 0x8	.4 0x8	.5 0xc8	6 0x8	.7 0x8	.8 0x8	.9 0x49	.a 0x1	.b 0x1	.c 0x1	.d 0x1	.e 0	.f 0x40
0. 0x1										TAB	LF	VT	FF	CR		
1. 0x2																
2. 0x4	SP															
3. 0x8	0	1	2	3	4	5	6	7	8	9						
4. 0x10																
5. 0x20																
6. 0x40		a				e				i						o
7. 0x80						u										
8. 0																
...																

图 6.4　16 行 16 列 ASCII 表中分布行数小于等于 8 的单字符集

假设一组输入数据中有两个字符 a 和 y，则它们与字符集的匹配结果如图 6.5 所示。

Hyperscan 中真实的 Shufti 的运行期与上述做法一致，但构造行向量和列向量的真实做法还有些差异。在上述做法中，能处理的字符集限定在 ASCII 上半部分，且在按行分配二进制位时存在浪费的情况，如上例中第 1、4、5 行均为空白，空白行不会有匹配，不需要为空白行分配二进制位，只需将空白行对应的行向量元素置 0 即可。另外，若有多个非空白行占据的列完全一致，则这些行可以共享一个二进制位。Hyperscan 中真实的 Shufti 的实现正是如此，充分利用 8 个二进制位表达尽可能多的行，来扩大可处理的字符集规模。

图 6.5 搜索单字符集的指令实现

我们用一个实例来说明真实的 Shufti 的行向量和列向量构造，以及运行过程。

假设给定一个更大规模的字符集[\d\saeiouAEIOU\x85]，其在 ASCII 表中的分布情况及行向量和列向量如图 6.6 所示。

图 6.6 16 行 16 列 ASCII 表中不重复行数小于等于 8 的单字符集

可见重复的行共享相同的二进制位，8 个非空行一共只占用了 5 个二进制位。

仍假设输入数据中有字符 a 和 y，则它们与字符集的匹配结果如图 6.7 所示。

低4位列向量 高4位行向量	.0	.1	.2	.3	.4	.5	6	.7	.8	.9	.a	.b	.c	.d	.e	.f
	0x6	0xc	0x4	0x4	0x4	0x1c	0x4	0x4	0x4	0xd	0x1	0x1	0x1	0x1	0	0x8
0. 0x1										TAB	LF	VT	FF	CR		
1. 0																
2. 0x2	SP															
3. 0x4	0	1	2	3	4	5	6	7	8	9						
4. 0x8		A				E				I						O
5. 0x10						U										
6. 0x8		a　0x8 & 0xc !=0 匹配!				e				i						o
7. 0x10						u				y　0x10 & 0xd ==0 不匹配!						
8. 0x10						\x85										
…																

图 6.7　搜索有重复行单字符集的指令实现

本例中字符 a 的高 4 位查表得 0x8，低 4 位查表得 0xc，二者按位与得 0x8，为非零值，则说明字符 a 与给定字符集相匹配。而字符 y 的高 4 位查表得 0x10，低 4 位查表得 0xd，二者按位与得 0，则说明字符 y 与给定字符集不匹配。

6.1.4　搜索大规模单字符集的加速

搜索给定的大规模单字符集，Hyperscan 称该加速场景为 "Truffle"。该场景与 Shufti 类似，同样使用 PSHUFB 指令实现主要计算，旨在过滤掉没有出现给定字符集的数据块，找到最近的字符集匹配位置，而不需要找出所有匹配。所谓的 "大规模"，指的是超出 Shufti 处理能力的规模，即不相同的非空行数量大于 8 的情况。在最差情况下，9 个低 4 位各不相同的字符构成的字符集就是一种 "大规模" 单字符集。

对于 Shufti 处理不了的字符集，我们可采用最初的做法，为 ASCII 表的 16 行各分配 1 个二进制位，但由于表的下半部分（128..255），即行 8 至行 15 对应的行向量元素需要 2 字节来表示，从而不能使用 PSHUFB 做批量查表。为解决这个问题，我们对整个 ASCII 表做拆分，将整个 16 × 16 的 ASCII 表拆分为 2 个 8 × 16 的子表，一个包含下半部分，一个包含上半部分。下半部分的表中所有字符最高位为 0，上半部分的表中所有字符最高位为 1。因此，Truffle 检查一个字符是否与字符集匹配的过程，比 Shufti 多了一步，那就是根据字符最高位的值决定查哪个表，然后再用高 4 位中的低 3 位寻址 8 字节的行向量，用低 4 位寻址对应表的 16 字节的列向量，再将二者按位与获得匹配结果。

在处理任意一组输入数据时，其中可能混杂有下半部分的字符和上半部分的字符。使用 SIMD 指令并行化处理时，不仅需要对它们批量查表，而且需要区分查不同的表。这正好用到了 PSHUFB 指令的另外一个性质，即当控制码某字节最高位为 1 时，不做按低 4 位寻址的操作，而是直接在目标向量对应字节填 0，用控制码每字节的最高位实现掩码功能，如图 6.8 所示。

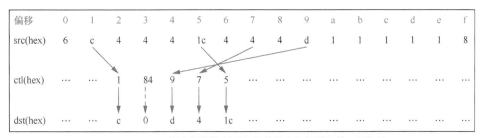

图 6.8 PSHUFB 指令根据控制码每字节最高位值采取的不同行为

Truffle 的运行期伪代码如下：

```
1   #msk_lo_hiclear : lower half column vector of low 4 bits
2   #msk_lo_hiset   : higher half column vector of low 4 bits
3   #input          : buffer of input data
4
5   function truffle(__m128i msk_lo_hiclear, __m128i msk_lo_hiset, char *input)
6       __m128i zeros := _mm_set1_epi8(0x00);
7       __m128i hiconst := _mm_set1_epi8(0x80);
8       __m128i msk_hi := _mm_set1_epi64x(0x8040201008040201);
9       for each 16 bytes data of input do
10          __m128i shuf1 := _mm_shuffle_epi8(msk_lo_hiclear, data);
11          __m128i t1 := _mm_xor_si128(data, hiconst);
12          __m128i shuf2 := _mm_shuffle_epi8(msk_lo_hiset, t1);
13          __m128i t2 := _mm_andnot_si128(hiconst, _mm_srli_epi64(data, 4));
14          __m128i shuf3 := _mm_shuffle_epi8(msk_hi, t2);
15          __m128i tmp := _mm_and_si128(_mm_or_si128(shuf1, shuf2), shuf3);
16          __m128i tmp2 := _mm_cmpeq_epi8(tmp, zeros);
17          int z := _mm_movemask_epi8(tmp2);
18          if z != 0xffff then
19              int pos := __builtin_ctz(~z & 0xffff);
20              return input + pos;
21          end if
22      end for
23  end function
```

我们用一个实例来说明 Truffle 的行向量和列向量的构造及运行过程。

假设给定大规模字符集[\d\saeiou\x87\x88\x96\x97\xb4\xb6\xb7\xb8\xd0\xd1\xd2]，其在两部分 ASCII 表中的分布情况以及各表的行向量和列向量如图 6.9 所示。

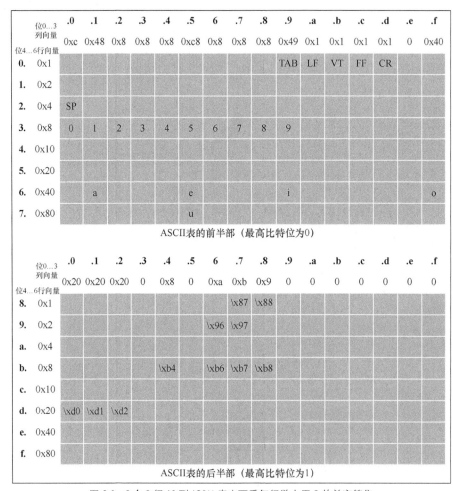

图 6.9　2 个 8 行 16 列 ASCII 表中不重复行数大于 8 的单字符集

假设输入数据中有字符 5 和\xb5，则它们与字符集的匹配结果如图 6.10 所示。

本例中字符 5 的最高位为 0，故对应 ASCII 表下半部分，即图中的第一张表，高 4 位的低 3 位查表得 0x8，低 4 位查表得 0xc8，二者按位与得 0x8，为非零值，则说明字符 5 与给定字符集相匹配。而字符\xb5 的最高位为 1，故对应 ASCII 表上半部分，即图中的第二张表，高 4 位的低 3 位查表得 0x8，低 4 位查表得 0，二者按位与得 0，则说明字符\xb5 与给定字符集不匹配。

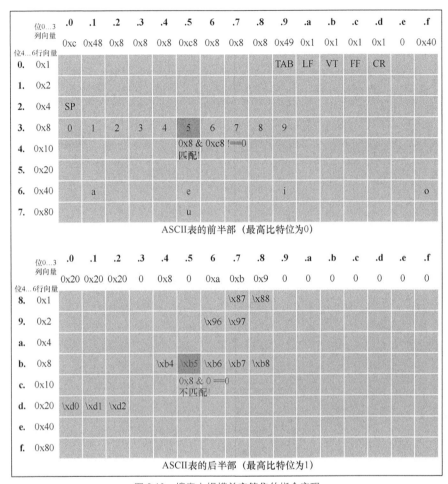

图 6.10 搜索大规模单字符集的指令实现

6.1.5 环视机制

在第 5 章我们已经为读者介绍了环视机制的基本概念，即其通过对已匹配字符串左右相邻的 FA 分别进行特定偏移量上的字符集检查，来尽量避免运行性能开销较大的 FA。本小节将讨论其在 Hyperscan 内部的 3 种类型具体实现方式和 SIMD 加速。

1. 简单字节检查

最直接的实现是以字节为单位匹配特定字符集。每字节的字符集以 256 位表示，根据匹配范围将对应位置 1。以\wfoobar\w\d.*\w 为例，我们可以在输入数据中匹配到 foobar 后对后缀\w\d.*\w 进行环视，以检查 foobar 之后的第一个和第二个字节是否分别匹配\w 和\d。简单字节检查实现方便，但是在检查字符较多的情况下需要以串行的方式进行逐字节比较，因而性能不高。

2. AND/CMP 掩码检查

我们可以为每个字符集构造一个 AND 和 CMP 掩码对。其要求是除字符集中所有字符共有的位外，其他位出现任何值都会在匹配字符集范围内。详细构造流程见如下算法。其中在 and_mask 中将所有字符共有的位置 1，其他置 0。cmp_mask 将所有字符的位按与集合。popcount32() 将返回 and_mask 取反后置 1 的位数量，即所有字符不共有的位数量。若其值与字符集中字符的总个数相同，则意味着除字符集中所有字符共有的位外，其他位出现的任何值都会在匹配字符集范围内。

```
1    #cr              : character reachability
2    #reach_size      : size of reachability
3    bool checkReachMask(cr, reach_size) {
4        // check whether entry_size is some power of 2
5        if ((reach_size - 1) & reach_size) {
6            return false;
7        }
8
9        u8 lo = 0xff;
10       u8 hi = 0;
11       for (size_t c = cr.find_first(); c != cr.npos; c = cr.find_next(c)) {
12           hi |= (u8)c;
13           lo &= (u8)c;
14       }
15
16       *and_mask = ~(lo ^ hi);
17       *cmp_mask = lo;
18       if ((1 << popcount32((u8)(~and_mask))) ^ reach_size) {
19           return false;
20
21       return true;
22   }
```

在运行期时，可通过检查当前输入字符与 AND 掩码的按位与结果是否和 CMP 掩码相同来判断是否发生匹配。这比简单字节检查要高效，且在需要检查多个字符的情况下，可以构建多字节的掩码对所有输入字符进行并行操作。Hyperscan 内部实现支持 8 字节的掩码对和基于 SIMD 指令的宽字节（32 字节）掩码对。以下代码展示了宽字节掩码对在运行期的操作。

```
1    #data      : input data
2    #and_mask  : mask for and operation
3    #cmp_mask  : mask for compare operation
```

```
4    int validateMask(const __m256i data, const __m256i and_mask,
5                      const __m256i cmp_mask) {
6        __m256i r0 = _mm256_and_si256(data, and_mask);
7        __m256i cmp_result_256 = _mm256_cmpeq_epi8(r0, cmp_mask);
8        u32 cmp_result = ~_mm256_movemask_epi8(cmp_result_256);
9        if (cmp_result == 0) {
10           //passed
11           return 1;
12       } else {
13           //failed
14           return 0;
15       }
16   }
```

3. 基于 PSHUFB 的检查

环视机制需要匹配的字符集在许多情况下无法用 AND / CMP 掩码来表达，基于 PSHUFB 的检查是一种更通用的方法，可以覆盖 99%以上的情况。基于 PSHUFB 的检查主要用来并行匹配多个位置的输入数据。它的实现与 6.1.3 小节的 Shufti 方法类似，我们同样将 ASCII 表分为 16 行和 16 列，每个行号代表一个字符高 4 位的值，每个列号代表一个字符低 4 位的值，每个字符通过高 4 位和低 4 位定位到 ASCII 表的某个位置。在一般情况下将所有字符集分为 8 组，用二进制位来区分各组。我们通过一个行向量来存储高 4 位分组信息，列相量每个元素值等于 ASCII 表非空白位置的字符所在行对应行向量元素值按位或。

不同于 Shufti，基于 PSHUFB 的检查需要横跨多个包含不同字符集的位置，每个位置都有自己相关联的分组。另外，可能因不同位置的匹配字符集出现共享子集而导致行向量的单一元素属于多个分组。由于行向量和列向量存储的是多个位置总体分组信息，这将要求使用一个额外的选择掩码（select mask）来记录每个位置所关联的组别信息。另外环视机制匹配的位置并不一定是连续的，即其可能只关心特定位置的字节是否匹配，需要使用位表示的关心掩码（care mask）将关心的字节位置对应位置 0，其他位置 1。

对于任一输入字符，使用 PSHUFB 对高 4 位值进行行向量查表和低 4 位值进行列向量查表，然后将两次查表结果按位与，再通过其与选择掩码的按位与操作保留每字节位置关联的位信息。最后通过和全 0 向量的比较和关心掩码的异或操作检查是否所有关心的字节位置都已匹配。

以下展示了同时匹配 16 字节 8 个分组情况的算法：

```
1    #data     : input data
2    #and_mask : mask for and operation
```

```
3    #care_mask : mask for care bytes
4    int validateShuftiMask16x8(const __m128i data, const __m256i nib_mask,
5                                const __m128i select_mask, const u32 cmp_mask) {
6        __m256i data_m256 = _mm256_set_m128i(_mm_srli_epi64(data, 4), data);
7        __m256i low4bits = _mm256_set1_epi8(0xf);
8        __m256i r0 = _mm256_and_si256(data_m256, low4bits);
9        __m256i c_nib = _mm256_shuffle_epi8(nib_mask, r0);
10       __m128i hi = _mm256_extracti128_si256(c_nib, 1);
11       __m128i lo = _mm256_extracti128_si256(c_nib, 0);
12       __m128i t = _mm_and_si128(hi, lo);
13       __m128i r1 = _mm_and_si128(t, select_mask);
14       __m128i result = _mm_cmpeq_epi8(r1, _mm_setzero_si128());
15       u32 cmp_result = _mm_movemask_epi8(result)^care_mask;
16       return !cmp_result;
17   }
```

以下示例展示了向量和掩码的构建信息，以及匹配输入的过程。如图 6.11 所示，假设环视机制需要在 5 个位置匹配不同的字符集。ASCII 表分布情况、行向量和列向量信息如图 6.12 所示。它们包含的为多字节的总体分组信息。每字节有其关联组别，如字节 4 匹配空格和数字字符，而字节 2 只匹配空格字符。select-mask 记录每字节位置关心的组别。care-mask 以位形式存储了需要匹配的字节位置，将它们对应的位置 0，而其他位置 1。

偏移置	0	1	2	4	6
CharReach	[AEIOUaeiou]	[\d]	[\s]	[\d\s]	[\d]
Buckets	0x08,0x10	0x04	0x01,0x02	0x01,0x02,0x04	0x02,0x04
select-mask	0x18	0x04	0x03	0x07	0x06
care-mask	0x0	0x0	0x0	0x0	0x0

图 6.11　匹配字符集和掩码信息

如图 6.13 所示，假设输入中偏移量 0～6 上分别出现以上字符，其中偏移量 3 和偏移量 5 上的字符并不关心，具体流程如图 6.14 所示。第一步通过两次 PSHUFB 操作和一次与操作可以找到潜在的匹配。然后使用 select-mask 为每个位置筛选相关的分组信息，再将结果与全 0 向量进行比较得到匹配向量。匹配向量中值为 0 的位置则表示产生了匹配。最后可以通过使用基于 care_mask 的异或操作判断所有需要匹配的位置是否都已经产生匹配。

基于 PSHUFB 的检查共有 4 种类型，分别用于不同的输入数据匹配范围和分组数。

- Shufti16x8：16 字节匹配范围，最多 8 个分组。最简单且性能最高，涵盖大部分情况。
- Shufti32x8：32 字节匹配范围，最多 8 个分组。匹配范围广且字符集分组简单的环视。

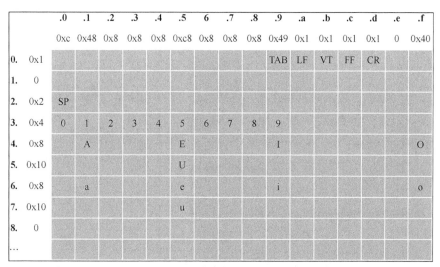

图 6.12　ASCII 表分布信息、行向量和列向量信息

偏移置	0	1	2	3	4	5	6
CharReach	E(0x45)	4(0x34)	TAB(0x09)	b(0x64)	5(0x35)	b(0x64)	SP(0x20)

图 6.13　匹配输入信息

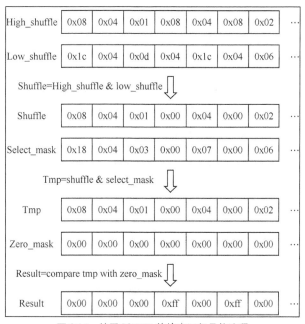

图 6.14　基于 PSHUFB 的检查运行具体流程

- Shufti16x16：16 字节匹配范围，最多 16 个分组。匹配范围窄但字符集分组复杂。

- Shufti32x16：32 字节匹配范围，最多 16 个分组。匹配范围广且字符集分组复杂（比其他 3 种类型慢，但仍然比简单字节检查要快）。

前面主要介绍了第一种类型的具体实现方式，后三种类型的实现方式与第一种类似，这里不赘述。

关于本节介绍的 3 种类型的具体实现方式的选择，AND/CMP 掩码检查在匹配时只需"与"和"比较"操作，在三者中最为高效。因此在满足条件的情况下首选 AND/CMP 掩码检查。当无法实现 AND/CMP 掩码检查时，分单字节检查和多字节检查两种情况考虑。对于单字节检查，Hyperscan 选择简单字节检查，因与基于 PSHUFB 的检查相比其更加轻量、高效。对于多字节检查，基于 PSHUFB 的检查进行多字节并行处理的性能更高。只有当基于 PSHUFB 的检查无法实现时才会使用简单字节检查方式进行逐字节匹配。

6.2　纯字符串匹配

6.2.1　纯字符串匹配在 Hyperscan 中的作用

作为一款高效的正则表达式匹配库，Hyperscan 中有专门用于正则表达式匹配的自动机引擎，也有专门用于纯字符串匹配的组件。与传统的多字符串匹配 AC 算法不同，Hyperscan 的字符串匹配不使用自动机实现，一个直观的优势就是 Hyperscan 的字符串匹配器不需要逐字符地处理输入数据，可以一次性处理大量输入，并找出其中所有的匹配。使用相应的 SIMD 指令进行并行化处理后，字符串匹配器的性能会显著优于使用自动机的实现方法。当然不仅仅限于多字符串匹配，Hyperscan 的单字符串匹配器也采用类似做法，可一次性处理大量输入。

Hyperscan 的字符串匹配器不仅仅应用于纯字符串匹配的场景。鉴于字符串匹配器相对自动机的性能优势，Hyperscan 的字符串匹配器也广泛用于正则表达式匹配的预过滤，只有在正则表达式中提取出的字符串获得匹配的位置才可能触发邻近的自动机引擎。有字符串匹配器做预过滤后，可显著减少不必要的自动机引擎的运行，从而提高 Hyperscan 做正则表达式匹配的性能。

本节我们将详细介绍 Hyperscan 中的字符串匹配器。

6.2.2　单字符串匹配器"Noodle"

Hyperscan 字符串匹配器使用 SHIFT-OR（SHIFT-AND）算法，但并非像传统的 SHIFT-OR 算法那样对完整的字符串做 SHIFT-OR 运算，而是取字符串的一部分快速做一遍 SHIFT-OR，这是字符串匹配器的前端预过滤。只有通过前端预过滤筛选出的可能的匹配位置，才会进入字符串匹配器的后端进行精确匹配的确认。这里区分前端和后端也是为了提高字符串匹配的性能。

Hyperscan 中做单字符串匹配的匹配器名字是"Noodle"，它的前端采用单字符串规则中的开头两个字符做 SHIFT-AND 运算，而后端会对通过前端预过滤的可能匹配位置进行精确确认。

那么 Noodle 的前端是如何使用 SIMD 指令执行 SHIFT-AND 算法的呢？选出做预过滤的两个字符序列，在批量输入（如 16 字节）中查找该序列出现的位置，只需找出各位置与序列中单独两个字符的匹配结果，然后执行 SHIFT-AND 算法得到各位置与序列的匹配结果。

Noodle 的运行期前端预过滤伪代码如下：

```
1   #c0         : 1st character of string pattern
2   #c1         : 2nd character of string pattern
3   #input      : 16 bytes of input data
4
5   function noodle_frontend(char c0, char c1, __m128i input)
6       __m128i mask0 := _mm_set1_epi8(c0);
7       __m128i mask1 := _mm_set1_epi8(c1);
8       __m128i res0 := _mm_cmpeq_epi8(input, mask0);
9       __m128i res1 := _mm_cmpeq_epi8(input, mask1);
10      unsigned int z0 := _mm_movemask_epi8(res0);
11      unsigned int z1 := _mm_movemask_epi8(res1);
12      unsigned int z := (z0 << 1) & z1;
13  end function
```

举例说明，假设单字符串规则为 candle，在一段 16 字节的输入数据 clusterofcandles 中做前端预过滤的过程如图 6.15 所示。

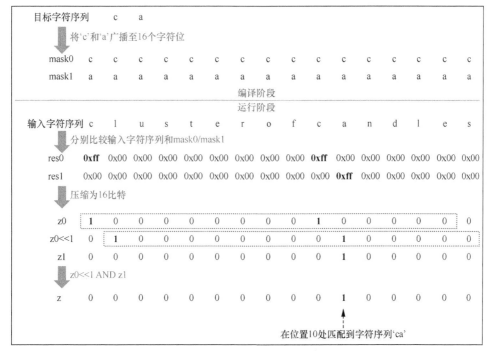

图 6.15　单字符串匹配预过滤的指令实现

在最终 SHIFT-AND 的结果 z 中，出现 1 的位所对应的输入数据位置上发生了两字节序列 ca 的匹配。

Noodle 匹配器的后端确认也十分简洁，在此我们只考虑长度小于等于 8 的字符串，长度大于 8 的字符串将被视为长字符串，由另外的模块进行处理。而长度小于等于 8 的字符串可以简单地使用一个 64 位整数来表达。对于通过前端预过滤得到的可能匹配位置，后端只需在该位置读取 8 字节，即一个 64 位整数，判断它是否与单字符串对应的 64 位整数相等，若相等则是一个真实的匹配，若不相等则不是真实的匹配。

Noodle 运行期后端确认的代码如下：

```
1   #z          : Noodle front-end prefilter result
2   #input      : 16 bytes of input data
3   #cmpmsk     : compare mask
4   #andmsk     : and mask
5
6   function noodle_backend(unsigned int z, char *input,
7                           unsigned long long cmpmsk,
8                           unsigned long long andmsk)
9     while z do
10      unsigned int pos := __builtin_ctz(z);
11      z := z & (z - 1);
12      if *(unsigned long long *)(input + pos - 1) & andmsk = cmpmsk then
13         report match;
14      end if
15    end while
16  end function
```

6.2.3　大规模多字符串匹配器 "FDR"

Hyperscan 做多字符串匹配的匹配器名字是 "FDR"，与单字符串匹配器 Noodle 类似，FDR 也分为前端和后端，前端采用 SHIFT-OR 算法进行预过滤，后端对通过前端产生的可能匹配进行确认。为了方便后端的确认操作，FDR 也只接受长度小于等于 8 的字符串，长度超过 8 的字符串由另外的模块进行处理。

我们知道，传统的 SHIFT-OR 算法不仅可用于做单字符串匹配，也可用于做多字符串匹配，只是做单字符串匹配时将输入数据在每个位置的匹配结果用一个二进制位来表达即可。而做多字符串匹配时，一个位置的匹配结果需用多个二进制位来表达，最直接的做法便是用与多字符串规则数量相等的二进制位来表达。当规则数量过大时，这种做法将十分低效。

Hyperscan 的通用多字符串匹配器 FDR，通过对字符串规则分组，来减少表达每个位置匹配结果需要的二进制位数量，提高前端 SHIFT-OR 算法的效率。通常使用 8 个分组，在每个位置，每组的匹配结果用一个二进制位表达，则全部 8 组的匹配结果可仅用 1 字节表达。

  FDR 对多字符串规则集的分组原则有二：一是尽量将长度相同的字符串归入相同组；二是避免将过多的短字符串归入一组。遵循这样的分组原则是为了提高前端预过滤的精度，减少通过预过滤的假匹配数量，我们举例来说明。

  首先是第一个原则，假设某一分组中包含 3 个字符串 candle、cluster 和 and，由于同组字符串的 SHIFT-OR 掩码在每个位置上共享相同的二进制位，则根据该组字符串生成的掩码如图 6.16 所示。

  可见该组掩码的实际有效部分只有 3 个位置，与组内最短的字符串 and 的长度相同，而其余的长字符串，只有 3 字节的后缀会参与到后续 SHIFT-OR 预过滤中，这对预过滤的精度是极大的损失。因此 FDR 在做分组时，尽量把长度相同的字符串分在同组。

规则0	.	c	a	n	d	l	e
规则1	c	l	u	s	t	e	r
规则2	.	.	.	a	n	d	
偏移量	0	1	2	3	4	5	6
a	0	0	0	0	0	1	1
c	0	0	0	0	1	1	1
d	0	0	0	0	0	1	0
e	0	0	0	0	1	0	0
l	0	0	0	0	1	0	1
n	0	0	0	0	1	0	1
r	0	0	0	0	1	1	0
s	0	0	0	0	1	1	1
t	0	0	0	0	1	1	1
u	0	0	0	0	1	1	1
其他	0	0	0	0	1	1	1

图 6.16 掩码表中的有效信息受限于组中最短字符串

  然后是第二个原则，短字符串有更高的概率获得匹配，所以短字符串所在分组通过前端预过滤的匹配相对更多。考虑一种极端情况，假设某一分组中包含 26 个单字符串 a、b、c、⋯、x、y、z，则输入文本中出现的每个英文小写字母都会在预过滤结果中得到该组的匹配，若将其分为两组，可减轻后端确认工作的压力。又如某一分组含有 n 个双字节字符串，则其可能通过前端预过滤的假匹配种类有 $n^2 - n$ 种，若平分为两组，则两组中假匹配种类合计为 $n^2/2 - n$ 种，即可能通过预过滤的假匹配种类减半，避免将过多短字符串分入一组，也可显著提高前端预过滤的精度。

  FDR 前端不只做字符级别的匹配，还做"超字符"级别的匹配以提高预过滤精度。所谓超字符是指介于 1 字节和 2 字节之间的 9~15 个二进制位。

  我们举一个简单的例子来说明超字符是如何提高预过滤精度的。假设一组中有两个字符串 ab 和 cd，若只做字符级别的匹配，则各字符匹配的 SHIFT-OR 掩码如表 6.1 所示。

表 6.1 字符匹配的 SHIFT-OR 掩码

规则 / 掩码 / 字符	a / c	b / d
a	0	1
b	1	0
c	0	1
d	1	0
其他	1	1

假设输入数据中出现了 ad，则执行 SHIFT-OR 算法后将获得一个假匹配。

但如果做超字符级别的匹配，例如基于 12 个二进制位的超字符，则规则集中各个超字符匹配的 SHIFT-OR 掩码如表 6.2 所示。

表 6.2　超字符匹配的 SHIFT-OR 掩码

字符　掩码　规则	0x61	0x62
	0x63	0x64
0x261	0	1
0x062	1	0
0x463	0	1
0x064	1	0
其他	1	1

同样考虑输入数据中出现 ad 的情况，则该输入对应的超字符序列为 0x461, 0x064，执行 SHIFT-OR 后将不会得到匹配候选，即排除了之前的假匹配，提高了预过滤精度。

与传统的 SHIFT-OR 算法略有不同，FDR 前端并非逐字节处理输入数据，并左移状态掩码与每个输入字符的掩码做 OR 运算后检查固定位置的匹配结果，这样效率太低。为批量处理输入数据，并找出批量数据中所有位置可能的匹配候选，FDR 前端一次处理 8 字节的输入，取每个位置对应的超字符值查表取出 8 字节掩码，并放入 16 字节向量中做相应的左移位，然后与 16 字节的状态掩码一起做 OR 运算，得到所有位置的匹配候选，并将结果保存在状态掩码的低 8 字节中。状态掩码的高 8 字节是不完整的匹配结果，需继续参与之后的输入数据的计算。处理完 8 字节后，将状态掩码右移 8 字节，开始处理后面 8 字节的输入数据。

需要注意的是，FDR 前端运行过程中状态掩码一直右移，与传统 SHIFT-OR 算法状态掩码移位方向相反，所以构造超字符的 SHIFT-OR 掩码时，其字节序也应与传统做法相反，即字符串中低位字符的信息存于对应掩码的高位。FDR 为每个超字符分配 8 字节掩码，字符串长度不足 8 字节时，空缺的低位字符用通配符补全。

FDR 的运行期前端预过滤伪代码如下：

```
1   #s         : FDR state mask
2   #n         : bits of super character
3   #input     : buffer of input data
4
5   function fdr_frontend(__m128i s, int n, const char *input)
```

```
6        __m128i M[8], S[8];
7        for each 8-byte V of input do
8            for i = 0 to 7 do
9                super := V[i*8..i*8+n-1];
10               M[i] := SHIFT_OR_MASK[super];
11               S[i] := LSHIFT(M[i], i);
12               s := OR128(s, S[i]);
13               if has zero bit in low 8 bytes of s then
14                   fdr_backend(s, V);
15               end if
16           end for
17           s := RSHIFT(s, 8);
18       end for
19   end function
```

由于 FDR 前端预过滤得到的可能匹配结果只包含分组级别的信息，要知道具体是哪个字符串获得了匹配，就需要 FDR 后端来进行确认了。FDR 后端的确认主要分为两步，首先是计算散列值确认次级分组，然后在次级分组中寻找精确匹配的字符串规则。

FDR 运行期后端确认过程的伪代码如下：

```
1    #s       : FDR state mask
2    #V       : 8 bytes of input data which have positives
3
4    function fdr_backend(__m128i s, const char *V)
5        for each zero bit b in low 8 bytes of s do
6            j := the byte position containing bit b
7            l := length of string in bucket b
8            h := HASH(V[j-l+1..j]);
9            if h is valid then
10               for each string in hash bucket h do
11                   perform exact matching
12               end for
13           end if
14       end for
15   end function
```

下面我们通过详细的实例来演示 FDR 的多字符串匹配过程。

假设 FDR 对某多字符串规则的分组如图 6.17 所示。

我们挑出其中两个字符串进行分析，图 6.17 中所示为 candle 和 scatter。假设我们基于

12 个二进制位的超字符建立 SHIFT-OR 掩码表，为方便描述，将字符串表达为十六进制码，如图 6.18 所示。

多字符串表：L

bucket	hash	literal
0	2	…
	9	candle
1	0	scatter
	1	…
…	…	…

图 6.17　多字符串规则的分组

多字符串表：L

bucket	hash	literal
0	2	…
	9	.. .. 63 61 6e 64 6c 65
1	0	.. 73 63 61 74 74 65 72
	1	…
…	…	…

图 6.18　多字符串规则的十六进制码表达

据此生成的 SHIFT-OR 掩码如图 6.19 所示，全部共计 4096 个表项，每个表项长度为 8 字节。为表述方便，表中每字节内只标出了本例所关心的两个字符串规则所在组对应的位的值，即位 0 和位 1 的值。最左列为表项索引，其中索引为明确数值的 10 行均代表单独表项，而索引有不确定值的行代表多个表项，例如索引 0x3.. 代表 0x300~0x3ff（除去 0x373）的 255 个表项，索引 0x.65 代表 0x065~0xf65（除去 0x265 和 0x365）的 14 个表项，索引 0x.72 代表 0x072～0xf72（除去 0x372）的 15 个表项，索引 0x…则代表所有其余的表项共计 4096 − 10 − 255 − 14 − 15 = 3802 个。

SHIFT-OR超字符值掩码表：T

偏移量	0	1	2	3	4	5	6	7
0x163	11	11	11	11	11	00	11	01
0x265	01	10	11	11	11	11	11	01
0x373	11	11	11	11	11	11	00	00
0x3..	11	11	11	11	11	11	01	00
0x461	11	11	11	11	10	11	11	01
0x46e	11	11	11	01	11	11	11	01
0x474	11	11	11	10	11	11	11	01
0x56c	11	01	11	11	11	11	11	01
0x574	11	11	10	11	11	11	11	01
0xc64	11	11	01	11	11	11	11	01
0xe61	11	11	11	11	01	11	11	01
0x.65	01	11	11	11	11	11	11	01
0x.72	10	11	11	11	11	11	11	01
0x...	11	11	11	11	11	11	11	01

图 6.19　两个组的 SHIFT-OR 掩码

假设有输入数据 scatterofcandles，我们分析 FDR 对前 8 字节的匹配过程。首先前端取输入数据前 8 字节每个位置处的 12 位超字符值查询 SHIFT-OR 掩码表，然后对查表结果做 SHIFT-OR 运算，得到预过滤结果，流程如图 6.20 所示。

可见本例中前端预过滤结果显示在位置 6 上出现组 1 的匹配候选，该匹配候选交由后端进行确认。后端计算 HASH()函数再经过一轮过滤，在命中的散列值对应子分组中对每个字符串做精确比较，得到结论。后端工作流程如图 6.21 所示。

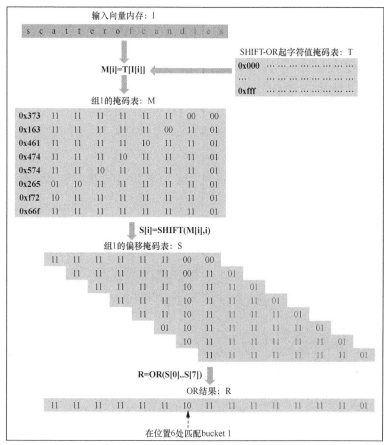

图 6.20 FDR 前端预过滤运行流程

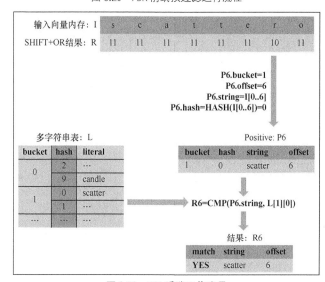

图 6.21 FDR 后端工作流程

可见本例中在位置 6 有字符串 scatter 的真实匹配。

6.2.4　小规模多字符串匹配器 "Teddy"

多字符串匹配器 FDR 可用于处理任意多字符串规则的情形，是一款通用多字符串匹配器。而在某些特殊条件下，如规则数量不多时，多字符串匹配可在 FDR 基础上做进一步的优化，于是便有了快速处理小规模字符串集的匹配器 "Teddy"，它可以处理规则数量不多并可根据后缀相似度归纳为 8 或 16 个分组的多字符串规则集。

Teddy 对多字符串规则集是按照字符串的后缀进行分组的，这取决于 Teddy 前端的预过滤方式。

Teddy 同样具有前端和后端，类似于 FDR，Teddy 前端也使用 SHIFT-OR 算法做预过滤，得到分组级别的匹配结果候选，不同的是 Teddy 不会对全字符串做 SHIFT-OR，而只是选取有限长度的后缀，通常只取 1～4 字节后缀。取的后缀短，预过滤效率高，但精度低；而取的后缀长，预过滤精度高，但效率低。为兼顾前端预过滤的效率和精度，最常用的是取 3 字节长度的后缀做 SHIFT-OR 预过滤。

Teddy 的前端只做字节级别的匹配，不做 "超字节" 匹配。Teddy 所使用的 SHIFT-OR 与传统的 SHIFT-OR 算法有很大区别，甚至与 FDR 使用的 SHIFT-OR 也很不一样，这主要体现在 SHIFT-OR 掩码表的差异上。它的 SHIFT-OR 掩码表基于半字符构造，以方便使用 PSHUFB 指令进行批量查表，3 字节后缀中每个半字符都对应一个 16 字节的表项，称为半字节码（nibble mask），半字节的每个取值对应半字节码的 1 字节位置，Teddy 的 SHIFT-OR 掩码表一共有 6 个半字节码。

与 FDR 一样，Teddy 中每个分组在每个位置的匹配结果占据 1 个独立的二进制位，则全部 8 个分组在每个位置的匹配结果正好占据 1 字节。构造 SHIFT-OR 掩码表时，每组的每个后缀半字符在对应半字节码的对应字节的对应位上贡献一个有效值。

我们以一个后缀为 ddy 的分组来说明 Teddy 构造 SHIFT-OR 掩码表的过程。我们可以先构造出这个 3 字节序列的 FDR 的掩码，如图 6.22 所示。

这个表拥有 256 个表项，每个表项长度为 3 字节，每字节内只显示了与 ddy 所在分组对应的位。显然，由于表项太多，这个表不适合用 PSHUFB 指令来做并行查表，我们需要做一些修改，将每个位置上的完整字节拆分为两个半字节，再构造 FDR 掩码，如图 6.23 所示。

这个表拥有 16 个表项，每个表项长度为 6 字节，同样每字节内只显示了与 ddy 所在分组对应的位。此时的 3 字节序列 ddy 其实被视为 6 个半字节组成的序列。为了方便一次对 16 字节输入进行并行查表，我们对这张表进行转置，如图 6.24 所示。

规则0	0x64 d	0x64 d	0x79 y
偏移量	−3	−2	−1
…	1	1	1
…	1	1	1
…	1	1	1
d	1	0	0
…	1	1	1
…	1	1	1
y	0	1	1
…	1	1	1
…	1	1	1
…	1	1	1

图 6.22　3 字节后缀序列 ddy 的 SHIFT-OR 掩码

规则0	4	6	4	6	9	7
偏移量	−3l	−3h	−2l	−2h	−1l	−1h
0	1	1	1	1	1	1
1	1	1	1	1	1	1
2	1	1	1	1	1	1
3	1	1	1	1	1	1
4	1	1	0	1	0	1
5	1	1	1	1	1	1
6	1	1	1	0	1	0
7	1	0	1	1	1	1
8	1	1	1	1	1	1
9	0	1	1	1	1	1
a	1	1	1	1	1	1
b	1	1	1	1	1	1
c	1	1	1	1	1	1
d	1	1	1	1	1	1
e	1	1	1	1	1	1
f	1	1	1	1	1	1

图 6.23　3 字节序列 ddy 拆分为 6 个半字节的 SHIFT-OR 掩码

半字节	0	1	2	3	4	5	6	7	8	9	a	b	c	d	e	f
−3 lo	1	1	1	1	1	1	1	1	1	0	1	1	1	1	1	1
−3 hi	1	1	1	1	1	1	1	0	1	1	1	1	1	1	1	1
−2 lo	1	1	1	1	0	1	1	1	1	1	1	1	1	1	1	1
−2 hi	1	1	1	1	1	1	1	0	1	1	1	1	1	1	1	1
−1 lo	1	1	1	1	0	1	1	1	1	1	1	1	1	1	1	1
−1 hi	1	1	1	1	1	1	1	0	1	1	1	1	1	1	1	1

图 6.24　转置后的后缀 ddy 对应 6 个半字节序列的 SHIFT-OR 掩码

在此需要注意,查询前两行,即倒数第 3 字节位置对应的掩码得到的是对倒数第 1 个字符 y 的匹配结果,查询中间两行得到的是对倒数第 2 个字符 d 的匹配结果,而查询后两行得到的是倒数第 3 个字符 d 的匹配结果。

在匹配过程中,获得每个位置匹配结果的方法不是对每字节输入依次查表获得 SHIFT-OR 字符掩码,而是使用 PSHUFB 指令做半字节级别的批量查表,每次同时处理 16 字节。

两次对半字符的匹配结果可合成对一个完整字符的匹配结果。对每 16 字节输入数据,第一次 PSHUFB 以该 16 字节输入的每字节低 4 位值作为控制码查表,第二次 PSHUFB 以该 16 字节输入的每字节高 4 位值作为控制码查表,两次的结果做 OR 运算即可得到该 16 字节输入的每字节的查表结果,即每字节的匹配结果。取 3 字节长度后缀时,需对每 16 字节输入数据做 3 次字节级别的查表,即包含 6 次 PSHUFB 和 3 次 OR 运算,然后对 3 次查表结果做 SHIFT-OR 获得 3 字节后缀的匹配结果,即包含 2 次 SHIFT 和 2 次 OR 运算。Teddy 前端的性能大致为每时钟周期处理 2 字节以上。

Teddy 运行期前端预过滤的伪代码如下：

```
1   #nibble_masks    : Teddy SHIFT-OR mask table
2   #lo              : low 4 bits of 16 bytes input data
3   #hi              : high 4 bits of 16 bytes input data
4
5   function teddy_frontend(__m128i nibble_masks[],
6                           __m128i lo, __m128i hi)
7       n0 := _mm_shuffle_epi8(nibble_masks[0], lo);
8       n1 := _mm_shuffle_epi8(nibble_masks[1], hi);
9       r := _mm_or_si128(n0, n1);
10      n2 := _mm_shuffle_epi8(nibble_masks[2], lo);
11      n3 := _mm_shuffle_epi8(nibble_masks[3], hi);
12      b1 := _mm_or_si128(n2, n3);
13      s1 := _mm_slli_si128(b1, 1);
14      r := _mm_or_si128(r, s1);
15      n4 := _mm_shuffle_epi8(nibble_masks[4], lo);
16      n5 := _mm_shuffle_epi8(nibble_masks[5], hi);
17      b2 := _mm_or_si128(n4, n5);
18      s2 := _mm_slli_si128(b2, 2);
19      r := _mm_or_si128(r, s2);
20  end function
```

我们通过一个详细的实例来演示 Teddy 做多字符串匹配的过程。假设 Teddy 处理一个被分为 8 组的多字符串规则集，我们关注其中的 2 组为：组 0 包含字符串规则 Teddy 和 daddy；组 1 包含字符串规则 Duncan 和 scan。各组内的字符串规则具有相同的后缀。前面我们已经获得了组 0 后缀 ddy 对应的 SHIFT-OR 掩码，用相同方法可得到组 1 后缀 can 对应的掩码如图 6.25 所示。

半字节	0	1	2	3	4	5	6	7	8	9	a	b	c	d	e	f
−3 lo	1	1	1	1	1	1	1	1	1	1	1	1	1	1	0	1
−3 hi	1	1	1	1	1	0	1	1	1	1	1	1	1	1	1	1
−2 lo	1	0	1	1	1	1	1	1	1	1	1	1	1	1	1	1
−2 hi	1	1	1	1	1	1	0	1	1	1	1	1	1	1	1	1
−1 lo	1	1	1	0	1	1	1	1	1	1	1	1	1	1	1	1
−1 hi	1	1	1	1	1	0	1	1	1	1	1	1	1	1	1	1

图 6.25　后缀 can 对应 6 个半字节序列的 SHIFT-OR 掩码

将 ddy 和 can 对应的两张表的内容合起来，可得到组 0 和组 1 的掩码如图 6.26 所示。

方便起见，我们只描述关注的两组，即 SHIFT-OR 掩码和匹配结果的每字节只表示出组 0 和组 1 对应的 2 个二进制位。

半字节	0	1	2	3	4	5	6	7	8	9	a	b	c	d	e	f
−3 lo	11	11	11	11	11	11	11	11	11	01	11	11	11	11	10	11
−3 hi	11	11	11	11	11	11	10	01	11	11	11	11	11	11	11	11
−2 lo	11	10	11	11	01	11	11	11	11	11	11	11	11	11	11	11
−2 hi	11	11	11	11	11	00	11	11	11	11	11	11	11	11	11	11
−1 lo	11	11	11	10	01	11	11	11	11	11	11	11	11	11	11	11
−1 hi	11	11	11	11	11	11	00	11	11	11	11	11	11	11	11	11

图 6.26 组 0 和组 1 的 SHIFT-OR 掩码

假设有输入数据 TeddyinHyperscan，Teddy 前端对这 16 字节数据的处理如下，首先将输入数据每字节拆分为低 4 位和高 4 位，如图 6.27 所示。

偏移量	0	1	2	3	4	5	6	7	8	9	a	b	c	d	e	f
input	T	e	d	d	y	i	n	H	y	p	e	r	s	c	a	n
hi	5	6	6	6	7	6	6	4	7	7	6	7	7	6	6	6
lo	4	5	4	4	9	9	e	8	9	0	5	2	3	3	1	e

图 6.27 对输入数据 TeddyinHyperscan 每字节进行拆分

然后以每项半字节码为源，以拆分后的输入数据为控制码，进行并行查表，即执行 6 次 PSHUFB 操作，得到每个位置的半字符匹配结果，如图 6.28 所示。

shuf res	0	1	2	3	4	5	6	7	8	9	a	b	c	d	e	f
−3 lo	11	11	11	11	01	01	10	11	01	11	11	11	11	11	11	10
−3 hi	11	10	11	11	01	10	10	11	01	10	01	01	11	11	10	10
−2 lo	01	11	01	01	11	11	11	11	11	11	11	11	11	11	11	11
−2 hi	11	00	00	00	11	00	11	11	11	00	11	11	00	11	00	00
−1 lo	01	11	01	01	11	11	11	11	11	11	11	11	11	11	11	11
−1 hi	11	00	00	00	11	00	11	11	11	00	11	11	00	00	00	00

图 6.28 使用 PSHUFB 指令以输入数据作为控制码对 SHIFT-OR 掩码表进行并行查表的结果

对每个位置的两个半字符匹配结果做 OR 运算，得到每个位置的完整字符的匹配结果，如图 6.29 所示。

偏移量	0	1	2	3	4	5	6	7	8	9	a	b	c	d	e	f
−3	11	11	11	11	01	11	11	10	11	11	11	11	11	11	11	10
−2	11	11	11	11	11	11	11	11	11	11	11	11	11	11	11	11
−1	11	11	01	01	11	11	11	11	11	11	11	11	11	11	11	11

图 6.29 每个位置的完整字符匹配结果

将倒数第 3 个字符匹配结果左移 2 字节，倒数第 2 个字符匹配结果左移 1 字节，并一起与倒数第 1 个字符匹配结果做 OR 运算，得到 3 字节序列后缀的匹配结果如图 6.30 所示。

Teddy 前端预过滤结束，本例的结果为组 0 在位置 4、组 1 在位置 15 产生了匹配候选。

Teddy 后端会对通过预过滤的匹配候选进行确认，最终得到结果为组 0 的 Teddy 在位置 4

匹配，组 1 的 scan 在位置 15 匹配。

偏移量	0	1	2	3	4	5	6	7	8	9	a	b	c	d	e	f
−3	11	11	11	11	01	11	10	11	01	11	11	11	11	11	11	10
−2		11	11	01	01	11	11	11	11	11	11	11	11	11	10	11
−1			11	11	01	01	11	11	11	11	11	11	11	11	11	11
OR	11	11	11	11	11	11	11	11	11	11	11	11	11	10		

图 6.30　对每位置各自的匹配结果做 SHIFT-OR 得到序列的匹配结果

Teddy 前端预过滤得出的信息与 FDR 是一致的，因此 Teddy 的后端确认过程也与 FDR 后端一致，在此不赘述。

6.3　正则引擎

6.3.1　NFA 引擎

在 Hyperscan 对正则表达式的处理中，NFA 是通用模型，也是最基本的实现方式，任意正则表达式都可以被转化为 NFA。相对 DFA 而言，等价 NFA 的状态数量要少很多，可以用有限大小的位向量来存储运行过程中的状态变化，但运行效率不如 DFA。

Hyperscan 使用 Glushkov NFA，因此 Hyperscan 中 NFA 的状态数量与正则表达式中出现的字符和字符集总数一致。在 Hyperscan 对正则表达式的编译过程中，首先将正则表达式转换为对应的 Glushkov NFA 图，然后通过图的分析提取出 NFA 的状态转移表并生成 NFA 引擎。Hyperscan 的 NFA 引擎可以有不同的实现方式，大体而言经历过如下几种模型的演化。

1．General 模型

由于 NFA 在运行时任意时刻都可能存在多个激活状态，所以 Hyperscan 使用位向量描述运行中的 NFA 状态集，每个位代表一个状态的激活情况。这比传统的使用字节数组来表达 NFA 状态集的做法节约了许多空间，可以用有限长度的位向量表达更多的状态，而且可以使用 SIMD 指令对每个状态的转移进行批量化并行处理，无须逐个处理。

根据 NFA 的状态数决定使用多大的位向量（如 128 位、256 位、512 位等），目前最多可支持 512 个状态。General 模型是最基本的 NFA 模型，它是对 NFA 运行操作的直接实现。

对任意一个输入字符 c，NFA 运行通常分为三步：先找出当前的激活状态集 s 的后继状态集 SUCC[s]，再找出输入字符 c 的可达状态集 REACH[c]，最后两者做 AND 运算：

```
s = SUCC[s] & REACH[c]
```

简单说就是两次查表加一次 AND 运算，其伪代码描述为：

```
1    #s0        : initial state mask
2    #input     : buffer of input data
3
4    function nfa_run(__m128i s0, char input[])
5       __m128i s := s0;
6       for c = input[0] to EOD do
7          if !s || EOD then
8             break;
9          end if
10         if any_active_accept(s) then
11            report the match at pos(c);
12         end if
13         succ := getSuccessors(s);  # SUCC[s]
14         s := and(succ, reach[c]);  # SUCC[s] & REACH[c]
15      end for
16   end function
```

在不同的模型中，后两步计算很简单，通常是一致的，第一步计算比较复杂，有许多不同的方法。各 NFA 模型的演化主要集中于对后继状态集 SUCC[s] 计算方法的改进。

为方便描述，接下来我们以 128 位的位向量为例，可表达最多 128 个状态。向量中 "1" 表示激活状态，"0" 表示未激活状态。

对于 128 个状态的 NFA，计算后继状态集有两种最基本的方法。

（1）编译期对每个状态集（128 位状态值）建立后继状态集掩码，共 2^{128} 个表项，运行期只需 1 次查表即可。

（2）编译期对每个单独状态建立后继状态集掩码，共 128 个表项，运行期对所有激活状态查得到掩码并做 OR 运算。最差情况要做 128 次查表和 127 次 OR 运算。

但显然上述两种方法都不可取，方法（1）对空间的要求根本无法实现，方法（2）在运行期效率低下。那么折中一下，便产生了方法（3）。

（3）将 128 位划分为 16 字节，编译期对每 8 个状态的集合（1 字节）建立后继状态集掩码，共 16×2^8 个表项，运行期做 16 次查表并做 15 次 OR 运算。按照此方法获取后继状态集的伪代码如下：

```
1    #state  : current state mask
2    #table  : successor mask table of General model
3
4    function getSuccessorsGen(__m128i state, const __m128i table[])
5       u8 s[sizeof(state)];
6       memcpy(s, &state, sizeof(state));
```

```
7        __m128i rv := table[s[0]];
8        for i = 0 to sizeof(state) - 1 do
9            if s[i] then
10               rv := or128(rv, table[256*i + s[i]]);
11           end if
12       end for
13       return rv;
14   end function
```

方法（3）对时间和空间的消耗都在可接受范围内了，但不高效，对每个输入字符都做了太多操作。

2. Limited 模型

实际应用中我们会发现，大多数正则表达式生成的 NFA 其实只包含小跨度的跳转。我们称这样的 NFA 为 Limited NFA，即有限跨度跳转 NFA。我们称从一个状态跳转至更大或相同 id 状态的跳转为前向跳转，将拥有相同跨度前向跳转的状态用一个掩码描述。我们为每个跨度的前向跳转构造一个掩码，称该掩码为 Shift 掩码。据此计算后继状态集的时间和空间开销对 Limited NFA 而言规模很小。

以正则表达式(AB|CD)*AFF*的 Glushkov NFA 为例，Shift 掩码如图 6.31 所示。

State ID	0	1	2	3	4	5	6	7
Char reachability	.	A	B	C	D	A	F	F
shift 0	1	0	0	0	0	0	0	1
shift 1	1	1	1	1	1	1	1	0
shift 2	0	0	0	0	0	0	0	0
shift 3	1	0	1	0	0	0	0	0
...	0	0	0	0	0	0	0	0

图 6.31　Limited 模型的 Shift 掩码

表中第 n 行的第 m 列为 "1" 的含义是：状态 $m+n$ 是状态 m 的后继状态。对给定当前状态集计算后继状态集采用的是 "SHIFT-OR" 算法，只需把当前状态与每个表项分别做 AND 运算，得到的每个结果左移 n 位，再全部做 OR 运算。

既然是 Limited NFA，必然需要定义跳转的跨度上限，来控制计算的规模。例如我们定义上例中的跳转跨度界限为小于 3，则我们只用到前 3 个掩码（shift 0～shift 2），以 128 位的位向量为例，该 "SHIFT-OR" 算法的伪代码描述为：

```
1    #state      : current state mask
2    #sh0        : shift 0 state mask
3    #sh1        : shift 1 state mask
```

```
4   #sh2        : shift 2 state mask
5
6   function getSuccessorsLim(__m128i state, __m128i sh0, __m128i sh1, __m128i sh2)
7       __m128i tmp0 := and128(state, sh0);
8       __m128i tmp1 := and128(state, sh1);
9       __m128i tmp2 := and128(state, sh2);
10      __m128i succ1 := shift128(tmp1, 1);
11      __m128i succ2 := shift128(tmp2, 2);
12      return or128(succ2, or128(succ1, tmp0));
13  end function
```

显而易见，这个模型不能处理所有的跳转，上例中跨度大于等于 3 的跳转全被忽略了，怎么办？我们视包含这些跳转的状态为 Exceptional 状态，并借用 General 模型来处理它们。Exceptional 状态包含大跨度正向边跳转的状态，也包含反向边跳转的状态，除此还有一类跨"边界"跳转的状态——这类状态的产生归咎于 shift128 所使用的具体指令 PSLLQ:_mm_slli_epi64()，该指令对 128 位的位向量做移位操作时，是以 64 位为边界对高半部分和低半部分分别做移位的，如此则导致计算跨边界跳转激活状态（通常在低半部分的高位）的后继状态时，有效位会在 shift128 后丢失，故该类状态不被 Limited 模型兼容，而被划入 Exceptional 状态。如何借用 General 模型处理 Exceptional 状态呢？我们有 Limited 与 General 相融合的 LimGen 模型。

3. LimGen 模型

LimGen 模型为 Limited 和 General 两种模型的结合，以 Limited NFA 为基础，附加处理最多 16 个 Exceptional 状态。我们在编译期选出所有的 Exceptional 状态，并对它们使用 General 模型，根据它们的位置创建一对掩码（Permutate mask 和 Compare mask）和它们的后继状态集掩码表，后继状态集掩码表包含 2×2^8 个表项，每个表项为宽 128 位的掩码。在运行期用一组操作（PSHUFB/PAND/PCMPEQB/PMOVMSKB）将 Exceptional 状态的对应位汇聚到一个 16 位整数中，分别用其高低 2 字节的值查表并将结果做 OR 运算得到 Exceptional 状态的后继状态集。最后与 Limited 部分的后继状态集做 OR 运算完成 LimGen 模型的后继状态集计算。

以 128 位向量为例，其伪代码描述为：

```
1   #s          : current state mask
2   #sh0        : shift 0 state mask
3   #sh1        : shift 1 state mask
4   #sh2        : shift 2 state mask
5   #permMask   : shuffle control mask
6   #compMask   : and/compare mask
7   #table      : successor states table of exceptional states
```

```
8
9    function getSuccessorsLimGen(__m128i s, __m128i sh0, __m128i sh1,
10                                __m128i sh2, const __m128i *permMask,
11                                const __m128i *compMask,
12                                const __m128i *table)
13       __m128i shufState := pshufb(s, *permMask);
14       __m128i compResults := cmpeq8(and128(shufState, *compMask), *compMask);
15       u16 mask := movmsk8(compResults);
16       if mask != 0xffff then
17          return or128(getSuccessorsLim(s, sh0, sh1, sh2),
18                          or128(table[256 + (mask >> 8)], table[ mask & 0xff ]));
19       else # only Limited part activated
20          return getSuccessorsLim(s, sh0, sh1, sh2);
21       end if
22    end function
```

掩码 permMask 中每字节的低 4 位用来表达 Exceptional 状态位在位向量 *s* 中的字节索引，当 *s* 中字节 *m* 包含 *n* 个 Exceptional 状态位时，索引 *m* 在 permMask 中出现 *n* 次。掩码 compMask 中每字节只有 1 位被激活，对应 1 个 Exceptional 状态位在其所在字节中的位置。

我们用一个实例来说明 LimGen 模型是如何取出运行中 NFA 的所有 Exceptional 状态的激活情况的。假设我们有一个具有 128 个状态的 NFA，其 Exceptional 状态为状态 3、6、9、26、40、43、47、52……我们可以使用一个 128 位的 Exceptional 掩码来描述所有 Exceptional 状态的位置，在它们对应的位上置 1，其余位均置 0，如图 6.32 所示。

字节	0	1	2	3	4	5	6	7	……
位	0..7	8..15	16..23	24..31	32..39	40..47	48..55	56..63	……
Exceptional掩码	00010010	01000000	00000000	00100000	00000000	10010001	00001000	00000000	……

图 6.32　标识各 Exceptional 状态位置的掩码

但该掩码并不能帮助我们快速将所有 Exceptional 状态的值用一个 16 位整数来表示，为此我们需要将该掩码转换为 Permutate 掩码和 Compare 掩码。其中 Compare 掩码将 Exceptional 掩码中每个置 1 的位分散到不同的字节中，Permutate 掩码中每字节则记录了在 Compare 掩码对应位置的信息源于 Exceptional 掩码的哪个字节，如图 6.33 所示。

字节	0	1	2	3	4	5	6	7	…
位	0..7	8..15	16..23	24..31	32..39	40..47	48..55	56..63	…
Exceptional掩码	00010010	01000000	00000000	00100000	00000000	10010001	00001000	00000000	…
Compare掩码	00010000	00000010	01000000	00100000	10000000	00010000	00000001	00001000	…
Permutate掩码	0	0	1	3	5	5	5	6	…

图 6.33　使用 Compare 掩码和 Permutate 掩码标识 Exceptional 状态位置

假设 NFA 运行过程中某时刻的状态掩码如图 6.34 所示。

字节	0	1	2	3	4	5	6	7	…
位	0..7	8..15	16..23	24..31	32..39	40..47	48..55	56..63	…
状态掩码	01000010	01011000	11001100	00100000	00000000	10001001	00000000	10100001	…

图 6.34　NFA 运行中某时刻的状态掩码

取出状态掩码中所有 Exceptional 状态的值并存入一个 16 位整数的过程如图 6.35 所示。

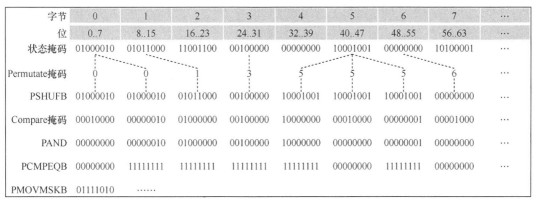

图 6.35　从状态掩码中取出所有 Exceptional 状态的值存入 16 位整数的过程

图 6.35 所示的过程中，先使用 PSHUFB 指令用 Permutate 掩码对状态掩码进行混洗，将所得结果与 Compare 掩码用 PAND 指令做按位与，再将结果与 Compare 掩码用 PCMPEQB 指令做以字节为单位的相等判断，最后用 PMOVMSKB 指令将判断结果从 128 位压缩至 16 位。如本例从状态掩码中提取出的最终结果表明 Exceptional 状态（6、9、26、40、47……）是激活的，用该结果作为索引直接查询后继状态集掩码表即可得到 LimGen 模型中 General 模型部分的后继状态集，再与 Limited 模型部分的后继状态集做 OR 运算便可得到完整的后继状态集。

LimGen 模型已经比较强大了，但其能处理的 Exceptional 状态上限为 16 个。

4. LimEx 模型

随着 Hyperscan 的发展，上述 3 种模型已经不出现在当前的代码中，当前代码中所使用的 NFA 模型是 LimEx 模型。

"LimEx" 模型意为 Limited + Exceptional，是对 LimGen 模型的扩展，一个直接的优势就是在该模型下不存在对 Exceptional 状态数量的限制。

运行一个 LimEx 模型可用下面的伪代码描述：

```
1   #s0       : initial state mask
2   #input    : buffer of input data
```

```
3
4    function limex_run(__m128i s0, char input[])
5        __m128i s := s0;
6        for c = input[0] to EOD do
7            if !s || EOD then
8                break;
9            end if
10           if any_active_accept(s) then
11               report the match at pos(c);
12           end if
13           succ := limited_successors(s); # Limited part
14           succ := process_exceptions(s, succ); # Exceptional part
15           s := and(succ, reach[c]); # apply character reachability mask
16       end for
17   end function
```

对每个输入字符 c，其行为以当前的激活状态集 s 为基础，先处理 Limited 部分，再处理 Exceptional 部分，获得后继状态集 succ，再与 c 的可达状态集做 AND 运算。

表 reach 中含有 256 个表项，每个字符对应一项，为字符到状态位向量的映射。

由于 Glushkov NFA 的特点，NFA 图中每个状态节点有固定的触发字符（char-reachability），即每个字符有固定的可达状态集，建立所有字符的可达状态集即表 reach，无须遍历 NFA 图中的边，只需遍历所有节点即可，而拥有较少节点数的 Glushkov NFA 正好能够体现其优势。

Limited 部分由 limited_successors() 处理，可参考 getSuccessorsLim()。

Exceptional 部分需对全体 Exceptional 状态构建 Exceptional 掩码，并为其中每个 Exceptional 状态构建后继状态集掩码。

以正则表达式(AB|CD)*AFF*为例，其对应的 NFA 如图 6.36 所示。

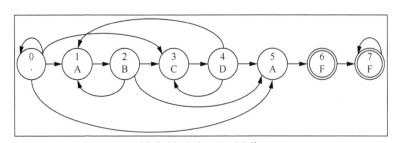

图 6.36　正则表达式(AB|CD)*AFF*对应的 Glushkov NFA

假设我们定义其 Limited 部分的有限跨度状态转移的上限为 1，将跨度小于 0 和大于 1 的状态转移视为特殊跳转，如图 6.37 所示。

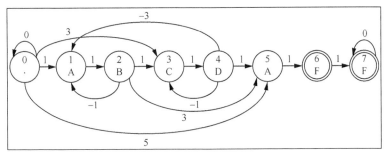

图 6.37　定义有限跨度上限为 1 时的 Exceptional 转移和状态

在图 6.37 所示的 NFA 中，状态 0、2、4 含有特殊跳转，应归入 Exceptional 部分，为它们全体构建 Exceptional 掩码，并为其每个状态构建后继状态集掩码，如图 6.38 所示。

其余状态均为 Limited 部分，对该部分状态集构建状态转移跨度分别为 0 和 1 的状态转移掩码，则该 NFA 完整的状态转移如图 6.39 所示。

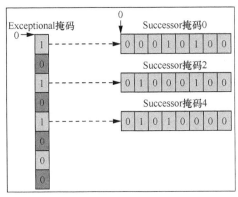

图 6.38　全体 Exceptional 状态掩码和
各自的后继状态集掩码

State ID	0	1	2	3	4	5	6	7
Char reachability	.	A	B	C	D	A	F	F
Shift 0	1	0	0	0	0	0	0	1
Shift 1	1	1	1	1	1	1	1	0
Exceptional	1	0	1	0	1	0	0	0
Succ 0	0	0	0	1	0	1	0	0
Succ 2	0	1	0	0	0	1	0	0
Succ 4	0	1	0	1	0	0	0	0

图 6.39　LimEx 模型的完整状态转移

运行时对每个输入字符，LimEx NFA 分别计算当前状态集的 Limited 后继状态集和 Exceptional 后继状态集，二者做按位或得到完整的后继状态集，再与当前输入字符的可达状态集做按位与完成处理该字符的状态转移。

假设有输入数据 ABAF，处理完前 3 个字符后 NFA 的激活状态为状态 0、1、5，接着处理最后一个字符 F 的详细过程如图 6.40 所示。

可见处理完最后一个字符 F 后，状态 6 被激活，而状态 6 是一个 Accept 状态，表示正则表达式在该字符的位置获得一个匹配。

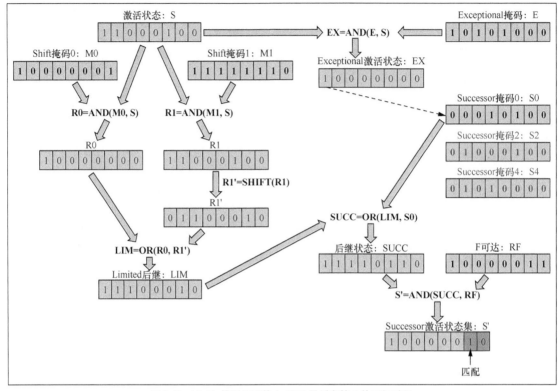

图 6.40　LimEx 模型处理输入 ABAF 最后字符 F 的运行过程

6.3.2　DFA 引擎

与 NFA 类似，DFA 是 Hyperscan 内部构造正则匹配引擎的另一种自动机模型。在正则匹配的性能和空间开销上，DFA 和 NFA 各有所长，Hyperscan 在实现时注重同时兼顾两类自动机的优势，对不同特征的子表达式进行针对性的自动机模型实现。相较而言，匹配性能是 Hyperscan 考量的更高优先级，这使得我们在进行具体操作时，总是先尝试实现 DFA，若不可行则转而实现 NFA。

2.3 节曾讨论 DFA 的状态爆炸问题，它对实际问题中的自动机实现的指导意义是：在给定机器存储资源、处理能力的前提下，若某个正则子表达式对应的 DFA 所包含的状态数超过一定阈值，那么得到的 DFA 的状态转移表空间开销会过于庞大，导致运行效率下降，因此被实现的性价比不高，有理由不提供对此类结构的 DFA 支持。在 Hyperscan 中，这一状态阈值被定为经验值 16 384（即 2^{14}），每当尝试生成的 DFA 模型的状态数超出该值时，即认为不可实现。

本小节讨论在通过 DFA 状态数阈值检测的前提下，Hyperscan 内部的多种 DFA 模型。

1. 原始模型

Hyperscan 所有关于 DFA 的操作都基于一个原始模型——Raw DFA，它不涉及对状态机的实际优化处理，仅仅保留构造一个完整 DFA 状态转移关系的所有要素，包括：所有 DFA 状态的关联关系、所有 DFA 状态的类型，以及 NFA 输入在 DFA 上的新映射。

（1）构造方式。

NFA 构造阶段的目标模型是 Glushkov NFA，而且是经过相关优化的图结构。DFA 构造阶段的原始模型则是 Raw DFA。前者到后者转换的实质，就是本书第 2 章介绍过的 NFA 确定化过程，核心是子集构造和 DFA 状态最小化这两个环节。对比一下二者的构成要素。

- Glushkov NFA。
  - 节点集：每个节点对应一个 NFA 状态，其信息包含了节点 id、节点可达字符。
  - 边集：每条边对应一个 NFA 状态关联关系，其信息包含一个边 id。
  - 特殊节点：Anchored start 节点、Floating start 节点、普通 accept 节点、EOD accept 节点。
- Raw DFA。
  - 字符映射：为 NFA 使用的旧字符集到 DFA 使用的新字符集之间的对应关系。
  - 状态集：每个状态信息包含自身的状态 id、是否为普通 accept 状态或 EOD accept 状态，以及后续状态 id 集。
  - 特殊状态：Anchored start 节点、Floating start 节点。

Hyperscan 针对 NFA 定义了两种初始状态类型：Anchored start 节点和 Floating start 节点。正则表达式可能具备其中一种，也可能同时具备。NFA 确定化的第一步是通过确定初始状态集，来确定 DFA 的初始状态。换言之这一初始状态集合包含的就是这两类开始节点。该过程对应的就是传统子集构造法中寻找 NFA 初始状态的 ε 闭包的过程。

随后，构造算法基于该初始状态集，对通过所有可能的 NFA 字符所到达的下一状态进行归置和串联，最终形成一个状态集关联链，作为 Raw DFA 模型的核心信息。值得一提的是，传统子集构造法中计算 ε 闭包的步骤，在 Hyperscan 中的 NFA 确定化过程中是不需要的，因为 Glushkov NFA 没有 ε 转移。

下一步进行 DFA 状态最小化处理，与传统 Hopcroft 算法的应用情况相比，Hyperscan 在算法初始化上有稍许差异。最小化的一般应用不会考虑结束状态的复杂性，而 Hyperscan 为了提供对多个正则模式匹配的支持，就必须具体区分结束状态所匹配的模式标识。这一原则贯穿了 Hyperscan 实现的许多细节。反映到 DFA 最小化处理过程，就是在算法进行初始划分时，可能同时包含很多个结束状态集。当然初始划分中，非结束状态集仍然只有一个。

关于状态最小化，还有一点是值得提及的，即算法的实现效率。由于最小化算法涉及频繁的集合运算，而且状态划分之间其实蕴含着内容互斥的特性，Hyperscan 内部独立设计了在固定自然数区间上进行高效集合运算的数据结构，提高了算法实现的构建效率。

（2）特殊处理。

1）DFA 字符集。

细心的读者会观察到，Hyperscan 在 DFA 实现上使用到的输入字符可能会比 NFA 上的输入字符要少一些，可以参考一个非常简单的正则表达式(a|b)(a|b|c)，其自动机状态转移如图 6.41 所示。

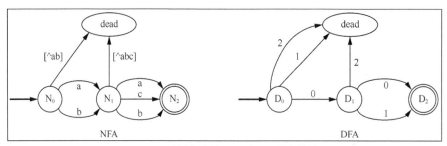

图 6.41　(a|b)(a|b|c)的 NFA 和 DFA 状态转移

我们将死状态画出来，以反映完整的输入字符使用情况。一般来说，NFA 上使用的字符集直接反映了原始正则语言的字符集，不妨以默认的 ASCII 字符集为例。本例中，NFA 使用的字符包括 3 类：字符 a、字符 b、字符集[^ab]，其中字符集[^ab]相对较大。

无论是 NFA 还是 DFA，它们对所有状态的转移关系的记录都基于对应的输入字符信息，但是二者使用的字符集却不一定相同。本例中，DFA 使用的字符只有 3 类：0、1 和 2。字符 0 同时对应 NFA 中的字符 a 和字符 b，字符 1 对应 NFA 中的字符 c，字符 2 对应 NFA 中的字符集[^abc]。之所以这样的映射成立，是因为有的时候，不同字符所具有的状态转移功能完全相同，是等价的，等价意味着可以被合并和归类。本例中，原始字符 a 和 b 被归为同一种新类型的字符，是因为字符 a 能将状态 N_0 转移到状态 N_1，再转换到 N_2，字符 b 也能做到这些事，反之，b 能进行的转换，a 也可以做到，这就是字符等价。而字符 c 和它们都不等价。因此字符 a 和 b 可以合并成一个新类，字符 c 自成一类，剩下的字符集[^abc]被合并为第 3 类。这种合并类型的标识可以是任意的，而在具体实现中，用自然数来对应比较容易操作。

针对字符集规模的压缩优化对状态集合庞大的 DFA 而言很有必要。DFA 状态数量理论上是 NFA 状态数量的指数级别，如果能对等价字符集进行合并，即把 256 个字符映射为更小的字符集（映射后的字符数量常常减少至少一个数量级），对节省 DFA 状态转移表的空间占用是很有帮助的。该优化之所以不在 NFA 上使用，主要是因为 NFA 状态数量并不庞大，针对字符集的优化一方面空间收益率不高，另一方面还为 NFA 的查表操作增加了一层字符映射。

Hyperscan 在进行 NFA 的确定化之前，会先进行字符集的简化并保存原始字符集和新字符集的映射关系。后续基于 Raw DFA 的所有优化处理,都基于 DFA 上的新字符集,和正则表达式中的原始字符集无关。

2)触发 DFA。

Hyperscan 提供了认识正则表达式的全新视角,即纯字符串和正则子表达式彼此串联的结构:str FA str FA ....。对于正则子表达式 FA,Hyperscan 会将其实现为合适的 NFA/DFA 模型或者其他引擎。在此背景下,读者需要意识到,Hyperscan 中的 NFA/DFA 和传统场景下的 NFA/DFA 使用有一个显著区别:对传统场景下的 NFA/DFA 而言,进入初始状态这一步,没有任何不可控的约束,其运行完全来自使用者主动的触发;而在 Hyperscan 中,由于正则表达式的分解,正则子表达式对应的 NFA/DFA 的真实运行必须是有意义的,否则对计算资源是一种浪费。这个意义就来自紧紧衔接在它前面的纯字符串(可能不止一个)是否产生了匹配,若存在匹配,NFA/DFA 才有运行的必要。这一过程我们称之为纯字符串对自动机的"触发"。

在 5.2.4 小节第 3 部分,我们曾经介绍过中缀触发优化,里面第一次提到了自动机的"触发偏移量"的概念,即 TOP。现在我们将通过讲解基于 DFA 的触发进一步加深读者对 TOP 的认识。

对 Hyperscan 中自动机的认识不能局限于它本身的状态转移关系,还要关注触发它的纯字符串。下面我们通过一个实例说明在 DFA 构造中,对某些特殊的触发字符串进行特殊处理的必要性和具体方法。

如图 6.42 所示,考虑某个可由 4 个字符串 g、go、god、good 触发的 NFA,图中给出了对应的 NFA 开始部分的 4 个状态。状态 0 是初始状态,没有特殊意义,状态 1 的可达字符集是 {d, o},状态 2 的可达字符集是 {d, o},状态 3 的可达字符集是 {d}。因为这里的输入字符都产生了唯一的转移,所以经过确定化之后的 DFA 结构也基本维持同样的形态。若只看这 4 个状态的依次转换并没有任何问题,但如果结合前面 4 个触发字符串,就会发现异常。

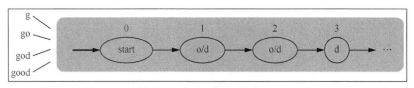

图 6.42   g|go|god|good 触发 NFA

DFA 有个极为重要的性质是,在其运行的任一时刻,都应当有且只有唯一的激活状态,不会同时存在多个激活状态,这也是 DFA 相对 NFA 运行高效的原因(NFA 是允许同时存在多个激活状态的)。有了这个性质,我们来看触发字符串会给自动机的运行带来什么。

假设是字符串 go 触发了该自动机。

● 如果后续第一个输入字符为 o,自动机将转换到状态 1,无异常。

- 此时，若第二个输入字符为 d，自动机将转换到状态 2，有异常！此时自动机已经接受的字符流是 o、d，加上触发字符串 go，这意味着输入流中出现了 good 字符串。如果不关心触发字符串 go，自动机已经识别的字符串 od 是没有任何特殊含义的，但与触发字符串结合后得到的新字符串 good 却意味着当前自动机需要再一次被触发。换言之，此时自动机仅仅转换到状态 2 还不够，还必须让初始状态 0 也激活。

这种要求多个状态同时激活的现象在本例中还有一些。

- g 触发，然后匹配到 o，或者 od，或者 ood。
- go 触发，然后匹配到 d，或者 od。

想必读者已经明白，多个状态激活是违背 DFA 设计原则的现象，但又是在 NFA 模型中必然存在的现象。若单纯地将图 6.42 所示的 NFA 直接进行内部确定化，结果不会有任何改善。

目前 Hyperscan 采用多状态合并的方法来解决这一隐患。在子集构造法中，可以看到 NFA 的确定化过程类似于宽度优先搜索，总是针对当前状态集合，找到该集合在每个输入字符下可以转移到的新状态集合，并将新集合放入工作队列，通过对工作队列中状态集的依次处理完成对整个 NFA 转移结构的遍历。在这个过程中不存在对字符或字符串内容的分析。

在对某个当前状态集（状态是指 NFA 状态，但语境是在 DFA 构造过程中）进行确定化，也就是寻找它经过任意字符可到达的后续状态集时，我们还可以考虑一种新的转移目标：如果这个当前状态集中存在至少一个 NFA 状态满足上述同时激活初始状态的条件，因为此时有 2 个 NFA 状态需被激活，而它们目前属于 2 个不同的状态集，于是不妨去构造一个新的状态集同时包含它们，即 2 个状态集的并。

如图 6.43 所示，以触发字符串 go 和 good 为例。如果出现字符串 go，并且自动机正常运行至状态 2，这意味着字符串 good 也出现，即在同一时刻，初始状态 0 也需要被激活。Hyperscan 通过将二者取并得到状态 4，它等价于状态 0 和状态 2 的并。

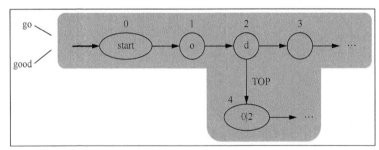

图 6.43　状态 2 的 TOP 转移

定义新的转移字符 TOP，实现状态 2 到状态 4 的转移。

- 对 TOP 字符应当这样认识：它不代表 ASCII 表或其他任何编码表中通常意义上的码

字符，它只代表可能导致初始状态被重新激活的触发字符串的出现，并且对自动机进行"触发"这一事件发生的确认。在本例中，go 字符串的出现会产生 TOP 事件，good 则不会。

- 对 TOP 转移应当这样认识：既然 TOP 字符不是某个具体的、真实的字符，而是某种事件发生的信号，自动机中的 TOP 转移是由程序控制的，程序知道在某个状态到达的时刻是否应该对 TOP 事件进行检查（例如对字符串 go 触发的自动机执行会检查，对字符串 good 触发的自动机执行则不会检查）。如果确实发生，则执行这一步转移，如果没有发生，则不做任何转移。

- 对 TOP 转移的目标状态应当这样认识：它将作为一个新的状态集，参与后续正常的 NFA 确定化算法流程。

在 Hyperscan 中，TOP 字符作为一个宏存在，其值是 257，也会参与 NFA 字符集到 DFA 新字符集的映射。

（3）合并 DFA。

在 Hyperscan 中，不同的 Raw DFA 在某些时候可能会彼此进行合并，以获得更好的空间效率。以下是合并多个 Raw DFA 的步骤，它和 NFHolder 到 Raw DFA 的转化过程相似，但蕴含变化。

第一步，根据每个 Raw DFA 的原始字符集到 DFA 字符集的映射，构造新的原始字符集到合并 DFA 字符集的映射。对由 Glushkov NFA 直接转化得到的 Raw DFA 来说，原始字符集和新字符集的映射如图 6.44 所示。

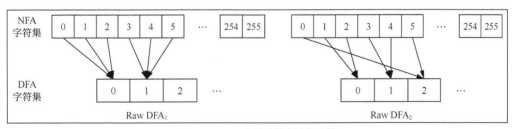

图 6.44　DFA 合并前的字符集映射

不同的 Raw DFA 中，原始 NFA 字符集（ASCII）与 DFA 字符集的映射可能是不同的。而 DFA 字符集的实质是，在该 DFA 结构中，原始字符的等价关系，使得原始字符集被分成了一个个等价类，不同的 DFA 中有不同的等价类集合。DFA 的合并意味着来自不同 Raw DFA 的等价类会产生冲突，例如，在 Raw DFA$_1$ 中，原始字符 0、1、2 属于同一等价类，而在 Raw DFA$_2$ 中，原始字符 1、2 属于同一等价类，字符 0 和 5 属于同一等价类。相同的原始字符集在不同的 DFA 中的等价关系情况不统一，此时需要进行等价类的细分，直至这样的冲突完全消失，同时使得在合并后的 DFA 中，如果某两个字符之间的关系是等价关系，那么在原来所有参与合并的 DFA 中，也是等价关系。合并后的字符集映射结果如图 6.45 所示。

可见，新的字符映射产生的等价类没有冲突，同时这里的等价字符又能满足在原 DFA 中是等价关系，符合要求。

第二步，从初始状态集出发，基于每个 Raw DFA 进行确定化。当有多个 DFA 时，初始状态集需要保存每个 DFA 的初始状态。

自动机确定化，并不是单纯地指 NFA 向 DFA 的转化，无论是 NFA 状态还是 DFA 状态，只要是状态的集合就可以运行确定化操作。该过程的核心步骤是为某个当前状态集合找到在每个字符作用下转移到的后续状态集。下面的例子简化了 DFA 的结构，解释了在多个 DFA 上再次进行状态确定化的含义，如图 6.46 所示。

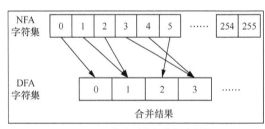

图 6.45　DFA 合并后的字符集映射结果

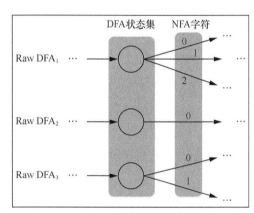

图 6.46　DFA 状态集的确定化

图 6.46 显示了 3 个参与合并的 Raw DFA，结构完全简化，只各自保留了一个 DFA 状态和后续转移边。考虑图 6.46 的 DFA 状态集的确定化步骤，目的是获得集合中的每个 DFA 状态在其所在 DFA 上经过任意字符所能转移到的下一个 DFA 状态。然后把这些来自不同 Raw DFA 的后续 DFA 状态按照合并后的新字符集进行归置，即经过字符 0 转移到的状态放在一起，经过字符 1 转移到的状态放在一起，等等。

读者可能会对图 6.46 中关于字符的标注有疑问，为什么这里是 NFA 字符？因为在程序执行的过程中，我们首先应当注意到，每个 Raw DFA 中的字符集是不统一的，它们只表示各个 DFA 中的字符等价关系，彼此之间没有任何联系，因此不能使用这些意义完全不统一的 DFA 字符来处理合并问题。其次，合并后的 DFA 的新字符集虽然可以事先计算出来，但它并不包含任何关于状态转移的信息！它只是通过字符的等价集合之间的关系计算得到的数据。所以，我们唯一可以使用而且应当使用的字符就是原始的 NFA 字符，它对状态转移的含义是目前唯一全局确定的，而且它在每个 Raw DFA 中和对应 DFA 字符的映射、反向映射是保存下来的，所以 NFA 字符是唯一可行的。总结来说，本段讨论的其实是 Hyperscan 在内部实现上的细节，稍稍超出原理性的描述，但有助于读者对状态确定化过程的理解。

第三步也是最后一步，进行 DFA 状态最小化处理。它并非是必需步骤，我们只在发现不同的 Raw DFA 的结束状态共享同一个正则表达式标识时，才进行最小化。

2. 规模优先模型

构造原始模型 Raw DFA 的意义在于记录 DFA 结构的核心信息：状态转移表、转移字符集、开始和结束状态等。这些信息是构成一个完整 DFA 的要素，但是由此构建出的 DFA 结构不涉及任何优化处理，只是直观反映了从 NFA 转化过来的结构，与真实的 DFA 实现其实仍有距离。后续实现中往往会因为实现或优化上的考虑，会对要记录的信息进行进一步扩充和重新组织。原始模型存在的意义在于，给我们提供一个观察 DFA 结构全貌的视角，方便进行各类后续优化处理。第一种模型的优化着眼于状态机的规模。

（1）状态表示。

实现 DFA 的第一个考虑就是状态数量，即确定 DFA 状态的数量级，因为每个二进制码可以对应一个十进制整数，即一个状态编号，所以状态数量的大小将影响用于存储状态编号的数据类型宽度：需要 1 字节即可，或者 2 字节，或者更长？为了得到客观实用的结论，可以考虑两个要素。

一是正向调查，考察真实应用中出现的正则表达式生成的 DFA 状态数是怎样一个范围。要得到真实、可靠的数据并不容易，显然真实世界的情况可以任意简单也可以任意复杂，所以这个角度得到的信息价值十分有限。

二是反向调查，考虑当前计算资源缓存的一般大小，也就是资源限制。因为 DFA 的运行一定涉及查询转移表的操作，所以转移表的读取效率很重要，我们希望它可以完整地存放于缓存中以便高效访问。转移表的表项数等于状态数，记为 N，而每个表项则记录了当前状态在不同转移字符作用下能够到达的下一状态编号，每个状态编号用 b 位二进制表示，转移字符的数目上限是 256，那么整张表的空间占用字节数就是 $256Nb/8$，这一结果必须在可利用的计算资源的缓存空间范围内。

状态编号的位数 b 对应数据类型，一般有如下选择：8 位（unsigned char）、16 位（unsigned short）、32 位（unsigned int）。取不同的 b 值时，状态总数 N 会有不同的上限值：2^8、2^{16}、2^{32}。带入公式中可得到 3 种可能的转移表空间上限：64KB、32MB、16TB。其中 64KB 差不多是现在 CPU 一级缓存的上限，而二/三级缓存的大小目前可以达到几十兆字节。因此 b 值取 8 或

16 对转移表的访问效率都会比较理想。若 b 值取 32，转移表大小为 16TB，超出了一般服务器可支持的内存大小，所以不予考虑。

那么 b 值在 8 和 16 中选择哪个值更好？经过实际验证，Hyperscan 选择同时保留两种选择。即对状态数不超过 256 的 DFA 用 8 位二进制表示其状态编号，状态数超出 256 的 DFA 用 16 位二进制表示其状态编号。若只选择 8 位，意味着表示一个状态需要消耗 1 字节，那么能表示的 DFA 状态数上限只能达到 256，过于局限；若只选择 16 位，意味着表示一个状态需要消耗 2 字节，那么对状态数不超过 256 的 DFA，消耗的空间就是选择 8 位的两倍，因此只选择 16 位访问效率较低。

最终 Hyperscan 对 DFA 规模的界定有两个类别，一类是状态数不超过 256 的小型 DFA，每个状态可以用 8 位二进制表示；另一类是状态数超过 256 的大型 DFA，每个状态用 16 位二进制表示。进一步来说，大型 DFA 状态数的上限其实并不是 16 位二进制的上限 2^{16}（65 536）个，而是 2^{14}（16 384）个，因为 16 位的最高 2 位在后续实现中会有特殊用途。Hyperscan 在编译正则表达式的过程中有时会报出 pattern too large 的错误，出现该错误的一种可能是中间生成的 DFA 的状态数超过了 16 384，这一数值就是 Hyperscan 所认定的 DFA 状态极限。

（2）状态相似性。

DFA 相较于 NFA 的最大优势是性能，而劣势在于空间开销，这是因为 DFA 中状态转移的确定性是通过对 NFA 不同状态进行组合得到的，因此功能等价的 DFA 和 NFA 从理论上来说，状态数是指数关系。状态爆炸现象就是这种指数关系变化所催生的数学问题。

随着状态数增多，构建一个 DFA 所消耗的主要空间资源来自状态转移表的存储。对于每一个 DFA 状态，转移表中都对应包含一个长长的转移表项，表项中按照转移字符的顺序记录当前状态在该字符的作用下所能到达的下一状态编号。不难看出，若要对 DFA 的存储开销做优化，尤其要注重转移表的空间优化，典型的思路就是进行表项压缩。

对状态转移表的压缩，既意味着表格中有冗余信息可以移除，同时又要保证移除冗余信息之后的总信息量仍然保持完整。所以，对冗余信息的选择十分重要。Hyperscan 的 DFA 实现中，采用了两种视角来观察转移表冗余信息。

1）任意两个状态的转移相似性。

如何衡量两个 DFA 状态是否相似？

因为 DFA 状态的本质是由其转移行为定义的：在没有进行状态最小化操作时，如果两个状态在任意转移字符的作用下到达的下一状态都是相同的，那么这两个状态需要合并。因此，考察两个状态的相似性，仍然可以从其转移行为的相似性入手。

Hyperscan 在考察任意两个 DFA 状态的相似性时，有具体的关于 "DFA 状态相似性" 含义：对任意两个 DFA 状态而言，它们之间的"相似性"由二者转移表项的"相似度"来定量衡量，"相似度"的定义为在相同转移字符的作用下到达相同下一状态的情形所发生的次数，次数越多，两个状态相似度越高，也就越相似。

有必要对相似度定义中的相同转移做进一步说明。如果状态 A 通过转移字符 a 到达状态 C，状态 B 也可以通过转移字符 a 到达状态 C，这就叫作相同转移字符作用下到达相同下一状态；若状态 B 通过字符 b 到达状态 C，即使下一状态相同，由于转移字符不同，也不能算作相同转移。状态之间的相似度要统计的就是前一种情形出现的次数。在任意两个状态之间都可以据此计算出他们的相似度。图 6.47 表示完整状态转移表的某两个状态 S_i 和 S_j 的表项，若只看前 10 个转移字符，字符 2、6 和 7 的转移行为是不同的，因此状态 S_i 和 S_j 的相似度为 7。

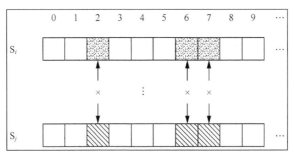

图 6.47　不同转移表项的相似度计算实例

不同状态的转移表项之间的相似度就是整个转移表中冗余信息的一种体现。由相似度定义可知，两个状态对应的转移表项有多处下一状态的取值是完全相同的。因此在 DFA 实现中，这些冗余的状态信息可能只需要被存储一次，例如只存储在状态 S 的对应表项中，若其他某个状态 T 的转移行为和状态 S 相似度足够高，就可以不必为状态 T 再存储一遍那些完全相同的转移行为，而是通过某种方式间接访问 S 的对应表项。

到这里，对于两个高度相似的 DFA 状态的访存设计就有了比较明确的思路。

- 确定需要实行该存储优化的阈值，即两个状态的表项相似度达到多少才能算足够高？
- 假设状态 S 存储了完整转移信息，若状态 T 和 S 的相似度达到要求，那么 T 本身的转移信息应该如何设计？一方面要能间接访问 S 中的相同转移的信息，另一方面要能访问 T 本身和 S 中不同的转移信息。

对于第一个疑问，Hyperscan 中 DFA 指定的"反向"相似度阈值为 9，反向意味着不同转移行为数至多是 9。原始模型 Raw DFA 已经给出了完整的 DFA 状态转移表，在此基础上，对编号靠后的状态，依次考察它是否和编号靠前的状态足够相似，标准是表项中不同的转移行为数不超过 9。

对于第二个疑问，若两个状态的相似度满足阈值限制，则建立大编号状态指向小编号状态的链接，以便于实现相同转移行为的间接访问。对那些不同转移行为数不超过 9 个的状态，则单独建立新的数据结构来存放相关信息。这样就实现了大编号状态的转移行为的完整保存。假设图 6.47 所示的两个状态中的较大编号为 S_j，那么 S_j 在进行表项优化之后就变成了两部分，如图 6.48 所示。

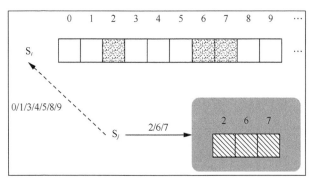

图 6.48　相似状态的表项优化实例

对于和状态 S_i 相同的转移行为，即转移字符 0/1/3/4/5/8/9，S_j 通过间接方式访问 S_i 的表项即可。而对于和 S_i 不同的转移行为，即转移字符 2/6/7，则直接访问为 S_j 单独设计的数据结构。

在 Hyperscan DFA 中，可以进行上述表项优化的状态叫作 Sherman 状态。

2）连续多个状态的转移相似性。

在 DFA 结构中，两状态的相似性其实是相对比较直观的，对这种相似性观察的约束也比较少，因为任意两个状态都可以统计出一个相似度，唯一的变数在于"相似度阈值"的选择，它的不同取值反映出对"相似状态"这一概念的不同认知。而对多个状态而言，同时考虑它们之间的相似性，会引入一个更复杂的要素——多状态的结构。

如果不对多状态的结构进行限制，即如果只是考察结构上完全没有关联的多个状态，那么它们之间的相似性其实没有意义，因为这就演变成了纯粹的状态组合问题，选多少个状态？选哪个位置的状态？这些实际变量都需要考虑，而且对整个 DFA 状态转移表的优化没有实际益处。因此，既然是在 DFA 这种特殊图结构上考察多个状态，当然要把状态之间的结构也纳入考虑。而当考虑一个局部结构时，其内部状态的相似性或许会有另一种视角的解读。

Hyperscan DFA 提出了一种"宽状态"的概念。想象有这样一条状态链，内部由 n 个状态依次串联起来，所有状态都通过唯一的特定转移字符到达它后面一个状态，这些字符统称为"链上字符"。每个状态都有一个特定的链上字符，连接它本身和相邻的后一个状态，最末状态连接的是一个链外状态。同时，对链内每个状态来说，它的"非链上字符"都使得它到达的下一状态是在这条链的外部，如图 6.49 所示。

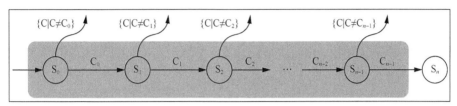

图 6.49　状态链

对于这种链式结构，是否存在这样一种视角，能把一条状态链整体看作一个大型状态呢？设想一下，如果链内部的所有状态在所有转移字符上的行为是近乎统一的，从而使得这 n 个状态组成的状态链整体看上去好像就只有 1 个状态在和外界交互一样。如果能形成这样的转化，就可以将多个状态的链结构转化为单个状态来描述。

问题的核心在于这些链内状态的转移行为的统一性究竟作何解释。

图 6.50 给出了 Hyperscan 中 DFA "宽状态"的设计。这里从普通状态的转移视角，来观察和类比宽状态的转移行为，以及解释它之所以能成为一个状态的合理性。

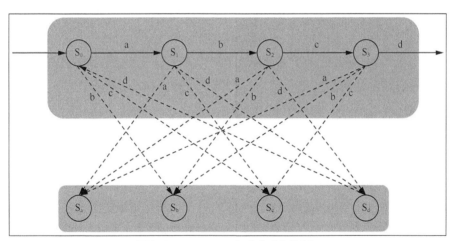

图 6.50　Hyperscan DFA 中的 "宽状态"

- 宽状态的构成：从结构上看，宽状态指的就是一条状态链上的所有状态和内部转移字符。如图 6.50 中的 S_0 到 S_3 这 4 个状态，以及 a、b、c 和 d 这 4 个转移字符。状态链上的任意一个状态能且只能通过唯一的转移字符到达链上后一个相邻状态，最末状态则通过唯一转移字符离开宽状态。这些字符称为有效转移字符，依序组成一个有效转移字符串，此例中即为 abcd。宽状态的每个内部状态都有唯一的有效字符，其余皆是无效字符；每个宽状态都对应唯一的有效转移字符串。对于每个内部状态，它在无效字符的作用下遵循“统一”的转移模式到达链的外部的某些状态。由于所有状态的无效字符的转移行为统一性，它们整体的转移其实是可以被单个状态代表的。而考虑到宽状态是从普通状态到达的，所以 Hyperscan 选择链的头部状态来代表整体。总结来说，一个宽状态是由对应状态链的头部状态、一个有效转移字符串、一张无效转移表这三部分构成的。

- 宽状态的转移：当外部状态通过某个转移字符到达宽状态的头部状态 S_0 时，即开启了对当前宽状态的整体匹配过程，若后续输入序列可以使得每个内部状态都实现有效转移，则将整体称为实现了宽状态的成功跳转，否则都称为宽状态的失败跳转。

  - 成功跳转：当且仅当输入序列中后续到来的转移字符序列完全等于该宽状态对应的唯一有效转移字符串时，Hyperscan 才认为当前宽状态被完整匹配到，同时成功跳转到链外其他状态。在图 6.50 中，如果 S_0 被激活，那么 S_0 所代表的宽状态作为一个整体，只有从输入序列中连续接收到 a、b、c 和 d 这 4 个字符才算匹配成功，其他任何序列都会导致宽状态的整体匹配失败。

  - 失败跳转：宽状态的匹配失败意味着内部状态遇到了无效字符。此处解释所有链上状态的无效转移的“统一性”：给定任意字符，对不以它为有效字符的所有链上状态来说，到达的下一状态都是同一个。在图 6.50 中，以字符 a 为例，a 是 S_0 的有效字符，但不是其他状态的有效字符，所有其他状态在字符 a 作用下的转移行为到达的都是链外状态 S_a。其他字符同理。换句话说，链上状态在有效字符的作用下进行状态转移的方向是沿状态链本身，而一旦遇到无效字符，就会离开链，同时保证不同链上状态在同一个无效字符的作用下到达的目的地相同。这就是能将链上所有状态及其转移行为看作一个整体的原因，即宽状态内部的转移“统一性”。

有了宽状态的概念，就可以对 DFA 整体结构进行局部状态链的优化，降低存储开销。这里给出一个宽状态实际应用的例子。图 6.51 所示为表达式^(ABC(DEF|(GHI(JKL)*)))?对应的 DFA 状态转移。阴影部分就是不同的可以转化为宽状态的状态链，一共有 4 处，即转化后的 DFA 状态转移图只包含 3、11、12 这 3 个普通状态，以及 4 个宽状态，而转化前有 12 个普通状态。

宽状态优化一方面使得普通状态数大大减少，降低了状态转移表的空间开销，另一方面存储宽状态自身的转移信息所需的数据结构却在增加空间开销。二者综合作用的结果其实与转化的效率有关，如果只是把图 6.51 所示的 2 状态链、3 状态链这样的短链转化为宽状态，那么节省的普通状态空间消耗可能比宽状态增加的空间要少，所以 Hyperscan DFA 实际实现中会设定状态链能够转化到宽状态的长度下限。结合实际测试，目前长度下限值为 8，有不错的空间压缩效率。

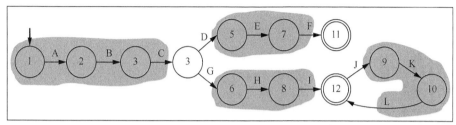

图 6.51　表达式^(ABC(DEF|(GHI(JKL)*)))?对应的 DFA 状态转移

在真实规则集的测试中，Sherman 状态和宽状态这两种压缩机制共存，可以使 Hyperscan DFA 的空间开销节省约 13%。

3. 性能优先模型

除了空间优化外，Hyperscan 还基于特殊的 SIMD 指令实现了一种高性能 DFA——Sheng，意为"shuffle 引擎"（shuffle engine）。它是专为状态数不超过 16 的 DFA 设计的。

常规 DFA 实现的一个固有特点是，每一次状态转移都仅涉及一次转移表访问，也就是一次内存访问。若在实现中又加入某种复杂的状态压缩机制，内存访问次数可能更多。更进一步说，每个状态转移的结果都依赖于前一次状态转移的结果。因此，常规 DFA 的运行性能绝不会比最底层的缓存访问性能要快。

状态之间的转移是 DFA 运行的关键路径，其他诸如 NFA 字符映射、结束状态检查等都是轻量的且不包含在关键路径中的操作。它们始终可以在状态转移的操作依赖链的时间槽内自由执行。

假设我们有一个使用普通状态转移表（记录了每个状态在每个输入字符下可到达的下一状态）的常规 DFA，需要在一段输入字符序列上做状态转移，下面的代码直观描述了状态转移过程：

```
1   # data     : input data buffer
2   # len      : buffer length
3   # s        : current state
4   u8 basicDFA_next(const unsigned char* data, size_t len, unsigned char *s) {
5       size_t i = 0;
6       for (; i + 7 < len;) {
7           u8 c1 = data[i + 0];
8           u8 c2 = data[i + 1];
```

```
9          u8 c3 = data[i + 2];
10         u8 c4 = data[i + 3];
11         u8 c5 = data[i + 4];
12         u8 c6 = data[i + 5];
13         u8 c7 = data[i + 6];
14         u8 c8 = data[i + 7];
15         s = transitions[s][c1];
16         s = transitions[s][c2];
17         s = transitions[s][c3];
18         s = transitions[s][c4];
19         s = transitions[s][c5];
20         s = transitions[s][c6];
21         s = transitions[s][c7];
22         s = transitions[s][c8];
23      }
24      for (; i < len; i++) {
25         s = transitions[s][data[i]];
26      }
27      return s;
28  }
```

若该 DFA 状态总数为 16，那么每个编号只需用 1 字节表示，所以其状态转移表 transitions 的大小为 256 × 16B=4KB，完全可以在 L1 缓存中通过一次访问得到稳定状态的转移结果。再加上前期必要的转移字符计算，总共需要 4～5 个时钟周期来完成一次状态转移。

Sheng 的方法则基于 PSHUFB 指令实现 DFA 状态查询。PSHUFB 的源码是通过输入字符来索引的，也就是通过对转移表 transitions 的访问来索引的，控制码是将当前状态值广播到 16 字节的向量。注意，Sheng 的转移表是对所有转移字符，构建不同状态在该字符下的下一状态序列，即表有 256 项，每项包含 16 个状态值；反观常规 DFA 的转移表，则是对所有状态，构建该状态下对所有转移字符可达到的下一状态序列，即表有 16 项，每项包含 256 个状态值。Sheng 的转移表和常规 DFA 的转移表是互相转置的关系。

下面的代码展示了 Sheng 的运行过程，转移表的构建过程在此省略。

```
1  # data    : input data buffer
2  # len     : buffer length
3  # s       : current state (broadcast from 1 byte to 16 bytes)
4  m128 Sheng_next(const unsigned char *data, size_t len, m128 s) {
5      size_t i = 0;
6      for (; i + 7 < len;) {
7          u8 c1 = data[i + 0];
8          u8 c2 = data[i + 1];
```

```
9          u8 c3 = data[i + 2];
10         u8 c4 = data[i + 3];
11         u8 c5 = data[i + 4];
12         u8 c6 = data[i + 5];
13         u8 c7 = data[i + 6];
14         u8 c8 = data[i + 7];
15         s = _mm_shuffle_epi8(transitions[c1], s);
16         s = _mm_shuffle_epi8(transitions[c2], s);
17         s = _mm_shuffle_epi8(transitions[c3], s);
18         s = _mm_shuffle_epi8(transitions[c4], s);
19         s = _mm_shuffle_epi8(transitions[c5], s);
20         s = _mm_shuffle_epi8(transitions[c6], s);
21         s = _mm_shuffle_epi8(transitions[c7], s);
22         s = _mm_shuffle_epi8(transitions[c8], s);
23      }
24      for (; i < len; i++) {
25         s = _mm_shuffle_epi8(transitions[data[i]], s);
26      }
27      return s;
28  }
```

在代码中，每从输入取得一个字符，就利用它作为索引获得对应该字符的状态转移表项，长度为 16 字节。例如当读入字符为 c_5 时，以之为索引得到源码参数 transitions[c_5]，然后以当前状态的值 s 作为控制码参数，就可以通过对源码的查询，得到下一状态值。

照此，Sheng 中的关键路径——状态转移，在现代微架构中只消耗 1 个时钟周期：无论是 Intel，还是 AMD 的处理器对 PSHUFB 的实现都是如此。因此，从指令的参数准备，到利用指令来访问转移表本身，Sheng 的时间开销均优于常规 DFA 中的相应转移步骤。在 4GHz Skylake 平台上，常规 DFA 的运行性能为 0.6 B/ns，而 Sheng 的运行性能可达到 3.92 B/ns，接近于一个时钟周期处理 1 字节，十分高效。

当然这里讨论的 Sheng 和常规 DFA 都是十分简单的版本，实际实现中必须引入一些状态转移所必需的辅助操作，例如状态初始化、结束状态检查等，都会使二者的实际运行效率有所降低，但 Sheng 的性能仍然优于常规 DFA。Sheng 目前只能处理 16 个状态，这是受 SSSE3 指令集的处理宽度所限，但其设计本身所具有的一大优势在于，它可以充分利用平台提供的混洗指令，持续不断地提升处理性能和处理宽度。

4. 规模性能兼顾模型

规模优先模型和性能优先模型相关内容分别独立地从空间和时间视角介绍了 Hyperscan 针

对常规 DFA 的不同优化。观察到 Sheng 只适用于最多 16 个状态,而 Sherman 状态和宽状态适用于任意规模的常规 DFA。Hyperscan 还考虑了对这两类优化进行整合的可能性,即需要考虑在常规 DFA 的整体结构中找到"适合"于用 Sheng 来进行实现的局部区域,同时要保证 Sheng 区域内部状态和外部状态能够进行正确的状态转移,最后在 Sheng 区域外部的结构进行后续的空间优化。

具体分为 3 个步骤来做。

(1)寻找合适的 Sheng 区域。

整合的关键在于明确哪些状态集合的转移"适合"用 Sheng 来实现。由于 Sheng 受 shuffle 指令宽度限制,本身是一种具有 16 个状态的 DFA,因此在常规状态数更多的 DFA 中寻找可以用 Sheng 来替代实现的这样 16 个状态转移,就意味着这 16 个状态内部的转移应该是非常密切的,状态转移到这 16 个状态之外区域的概率应该相对较小,满足这样要求的 16 个状态才能最大限度利用 Sheng 机制的高性能。所以,寻找"合适"的 16 个(或更少)状态,等价于在 DFA 的图结构中寻找内部节点关联很紧密的子图。

这在图论中没有完全相符的问题,不过可以借助强连通分量的概念得到一些启发。对一个连通图来说,它可以看作若干强连通分量组成的有向无环图,这些强连通分量彼此间是单向的连接关系,而强连通分量内部是任意两点互相可达。图 6.52 展示了 6 个强连通分量的实例,不同的强连通分量之间的边其实是不同分量内部状态之间的单向关联,并且从一个强连通分量离开后,无法再回到自身。

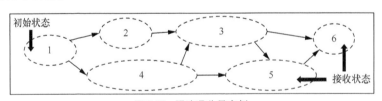

图 6.52　强连通分量实例

如果忽视状态数的话,其实单个强连通分量很可能就属于边的密度很高,并且和外部关联很少的结构(当然也有内部边很少、外部关联边很多的强连通分量,但对 Sheng 区域的高密度边的需求来说,从强连通分量内部开始考虑确实是可行办法),从定性的角度来看这是符合需求的。

找出强连通分量后,可以按拓扑顺序寻找潜在的 16 个(或更少)状态,因为 Sheng 区域的位置相对初始状态越近越好,毕竟从状态图上看,一个状态机运行在图的前面的概率总是大于运行在图的后面的概率。然后我们建立另一个定性的认识——节点的回归性,即一个节点有多大可能经过一系列转移后再次回归呢?Hyperscan 中是这样粗略定义的:当一个节点的入边

数量（实质上对应原始输入字符集中不同字符的数量）越大，这个节点的回归性就越高。如
图 6.53 所示，B 的回归性就高于 A。回归性越高的节点，
我们认为在它所属的强连通分量内部，拥有多个密切关
联的节点的可能性越大，从这样的节点出发，更容易找
到 Sheng 区域所需的所有节点。

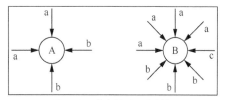

图 6.53　节点的"回归性"

　　按照这个原则，Hyperscan 定义了一个节点入边数量
的阈值，入边数大于此阈值的节点都会被当作潜在的 Sheng 区域内部节点。算法会以这些节点
为基础，遍历后续节点，在遍历的状态数超过 16 之前，如果遇到了返回起始点的边，即发生
了"回归"现象，那么即认可这一系列遍历到的节点可以组成一个潜在的 Sheng 区域，进入下
一阶段评估。

　　（2）评估 Sheng 区域。

　　此前的连通分量处理其实还比较粗糙，找到的 Sheng 区域可能并不一定会被最终采纳。
其实对"内部节点关联紧密的子图"这一说法，需要构建更精细的定量指标。在实际实现
中，Hyperscan 提出了"溢出度"的概念。这个概念是说当考察某个子图内部的状态转移"稳
定性"时，可以通过转移离开这个子图的概率来衡量这种"稳定"。因为对子图内的每个状
态节点来说，都存在某些转移字符，可能使得下一状态节点到达了子图之外，这种现象对
该子图来说，可以形象地称为"状态溢出"。假设步骤 1）找出的潜在 Sheng 区域如图 6.54
所示。

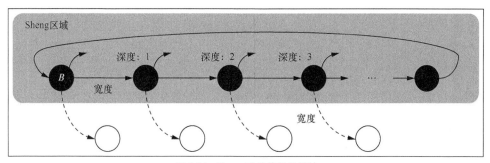

图 6.54　Sheng 区域的溢出评估

　　阴影部分包含的节点是 Sheng 区域，节点 B 就是找到的这个区域拥有较高的"回归性"
的起始节点。对 Sheng 区域的"溢出"评估也是基于它的。凡是指向阴影外部的节点的转移行
为，都是发生了溢出的，需要整体评估这类行为发生的可能性。这种可能性越小，整个 Sheng
区域就可以认为是越稳定的。为此我们建立了一个溢出模型。

首先，定义从通过某条边进行转移的概率：

$$P_{\text{through}}(e) = \frac{width}{256}$$

这里的 $width$ 是边 e 对应的原始输入字符集中对应的字符数量，这一点可以结合前面介绍的 DFA 字符集与 NFA 字符集的关系来理解。公式的含义是某个点经过特定的某条边进行状态转移的概率。

然后，定义节点的溢出概率。若节点 u 本身就落在 Sheng 区域外部，那么它的溢出概率就是 $P_{\text{leak}}(u) = 100\%$；若节点 u 本身落在 Sheng 区域内部，其溢出概率为：

$$P_{\text{leak}}(u) = \sum_{\substack{v \in dest\ of\ e \\ e \in out\ edges}} P_{\text{through}}(e) \times P_{\text{leak}}(v)$$

节点 u 的溢出概率，等于 u 通过各条出边进行转移而发生溢出的概率。对每条出边来说，它首先有一个边转移概率 P_{through}，同时，该边所指向的目标节点，也有对应的溢出概率 P_{leak}。这是一个递归计算的过程，递归出口是遇到 Sheng 区域外部的节点，它们的溢出概率是固定的，为 100%。

这里的溢出概率就是之前提到的"溢出度"。算法只计算初始节点 B 的溢出概率，计算时取递归深度为 8（即图 6.54 中的 depth 所指含义）。因为整个 Sheng 区域查找和评估的设计都是围绕节点 B 的，所以它的溢出概率被认为反映了这个区域的溢出情况，或者说反映了这个子图在进行状态转移时的稳定性。B 的溢出概率越小，则认为状态转移稳定在子图内部进行的概率就越大，这样的子图就越适合用 Sheng 来实现。Hyperscan 也为溢出度设定了阈值，若实际评估中计算出来的溢出度超过阈值，则放弃使用 Sheng 实现。

（3）外部状态整合。

找出 Sheng 区域后，这部分的状态转移就完全由 shuffle 指令来控制了，运行效率很高。Sheng 区域内部和外部的少数状态转移关系，仍然保存在常规的状态转移表中。Sheng 区域外部仍然可以进行 Sherman 状态和宽状态优化。由此 Hyperscan 实现了在 DFA 上对空间和时间优化机制的整合。

6.3.3　重复引擎

实际正则表达式中经常包含具有重复属性的部分，这些部分即为单个特定字符集的有限或无限次重复，如下。

- [a-z]{300}。
- \w{10,1000}。

- .{300,}。

假如使用自动机对它们进行匹配，随着重复次数的增长，需要额外使用更多的状态来表示。因此大规模的重复将生成占用较大内存空间的自动机。对于规则分解后生成的、具有重复属性的部分，Hyperscan 设计了专门的重复引擎以实现空间上的优化。在 Hyperscan 中，重复引擎的设计依赖基于字符串的触发机制，主要处理以下两种情况。

（1）规则分解生成的中缀为单个特定字符集的有限或无限次重复，如规则 foo[a-z]{300}bar 中的中缀[a-z]{300}的匹配将由重复引擎来处理。

（2）规则分解生成的后缀为单个特定字符集的有限或无限次重复，如规则 foobar\w{500,} 中的后缀\w{500}的匹配将由重复引擎来处理。

1. 寻找重复特征

在编译期图分解之后，我们需要对子图结构进行分析，以判定其本身是否为单个字符集的重复。分析算法如下。

- 在原始图 G 的副本 G1 上删除所有特殊节点（包括起始节点与接受节点）和所有连接两个具有不同激活字符集的节点的边。
- 构造图 G1 对应的无向图 UG，然后在其上运行连通分量算法以得到相互独立的子图。子图中每一个节点都在原始图 G 上存在唯一对应的节点。若子图数量大于1，或子图在原始图 G 上的对应节点之间存在反向边则失败。
- 以拓扑顺序遍历子图中的所有节点，并在忽略自环转移的前提下在原始图 G 上为每个子图节点对应的节点记录其与 G 中起始节点的距离值。如果原始图 G 中与接受节点相连的节点的所有距离值形成一段连续的区间，则出现了有界重复。最后需要考虑节点自环性质，若子图中出现任一自环节点，则具有无限次重复。

以下展示了判断原始图是否满足重复特征的伪代码。

```
1   #G  : Graph =(E,V)
2   function IS_PURE_REPEAT(G)
3     G1 = G;
4     filter(G1)
5     UG = createdUndirected(G1)
6     subgraphs = connected_components(UG);
7     if (number of subgraphs > 1) or (G has reverse edges) then
8         return false;
9     end if
10    topological_sort(subgraphs[0]);
```

```
11      dist[G.start].insert(0);
12      dist[G.sds].insert(0);
13      for v1 ∈ subgraphs[0] do
14         #mapping from v1 in subgraph to v in original graph
15         v = G_map(v1);
16         for u ∈ inv_adjacent_vertices_range(v) do
17            if u == v then
18               continue;
19            end if
20            for d ∈ dist[u] do
21               dist[v].insert(d + 1);
22            end for
23         end for
24      end for
25      set dist_set;
26      for u ∈ inv_adjacent_vertices_range(G.accept) do
27         dist_set.add(dist[u]);
28      end for
29      return dist_set is contiguous
30   end function
```

2. LBR 引擎

在找到具有重复属性的子图之后，需要生成对应的大型有界重复（Large Bounded Repeats，LBR）引擎匹配输入数据。我们已知重复引擎必须是中缀或后缀，即设计应使其基于左边相邻字符串触发。

LBR 引擎的核心逻辑包括对触发队列的操作、重复状态操作和首个不匹配输入字符的查找。触发队列存储一组触发偏移量，LBR 将提取触发队列中的触发偏移量并统一存储在重复匹配状态中，然后通过对重复状态的查询找到匹配项。LBR 匹配算法的主要工作流程可以归纳为以下步骤。

（1）从触发队列中弹出一个触发偏移量项并将其存储于重复状态中。

（2）在给定区间(sp,ep)内（通常 sp 为上个触发偏移量，ep 为当前偏移量），利用 6.1 节的 SIMD 加速机制将重复字符集与输入数据相匹配。若发现输入数据中首个与重复字符集不匹配的字符偏移量 offset，则更新 ep 为 offset。

（3）在区间(sp, ep)中查找所有可能匹配项。

（4）如果步骤（2）中找到了不匹配字符，则清除重复状态。

（5）重复步骤（1）到（4），直到触发队列为空。

（6）对于中缀状态，需要判断目标偏移量上是否有匹配。而对于后缀状态，则可以判断当前重复状态是否活跃，即其是否包含有效匹配区间下限不大于且上限大于指定末尾偏移量的触发偏移量。

需要注意的是，因 Hyperscan 在图分析时避免了生成匹配下限为 0 的重复，所以以上流程并不针对此种特殊重复。以下展示了 LBR 详细算法。

```
1   # REPEAT_STATE  : memory to store repeat states
2   # TOP_QUEUE     : a queue to store top values
3   # LBR           : a LBR engine
4   function RUN_LBR(TOP_QUEUE, begin, end)
5       sp = begin
6       while TOP_QUEUE is not empty do
7           t := TOP_QUEUE.top()
8           TOP_QUEUE.pop()
9           if t.type = TOP then
10              repeatStore(LBR.REPEAT_STATE, t.offset)
11          end if
12          ep := min(end, t.offset)
13
14          # SIMD acceleration to find exception character
15          if find exception character between sp and ep then
16              escape := true
17              ep := offset of the first exception character
18          end if
19
20          if LBR is Suffix then
21              j := repeatNextMatch(LBR.REPEAT_STATE, sp)
22              while j > sp AND j <= ep do
23                  Report match at offset j
24                  j = repeatNextMatch(LBR.REPEAT_STATE, j)
25              end while
26          end if
27
28          if escape = true then
29              clear REPEAT_STATE
30          end if
31          sp := t.offset;
32          if sp > end then
33              break;
34          end if
35      end while
```

```
36
37    if LBR is infix AND repeatHasMatch(LBR.REPEAT_STATE, end)then
38       return MATCHING
39    else if LBR is suffix and has top then
40       lastTop = repeatLastTop(LBR.REPEAT_STATE)
41       if lastTop + LBR.upper_bound > end then
42          return ALIVE
43       end if
44    end if
45
46    return DEAD
47 end function
```

从以上代码中我们可以发现 LBR 需要 4 种针对重复匹配状态的核心功能。

- 存储触发偏移量（repeatStore）。
- 查找给定偏移量之后下一个匹配偏移量（repeatNextMatch）。
- 判断指定偏移量是否产生匹配（repeatHasMatch）。
- 找到最后存储的触发偏移量（repeatLastTop）。

针对具有不同上下限的重复 $\{N, M\}$，Hyperscan 设计了特定的模型在保证实现以上 4 种功能前提下，尽量减少重复状态占用的内存大小。值得注意的是，所有重复模型只需要同时保留所有在上限为 M 的区间内出现的触发偏移量，并舍弃与当前偏移量相距超过 M 的旧触发偏移量。因为假如两个触发偏移量相距超过上限 M，意味着当前处理的偏移量已超出前一个触发偏移量的匹配上限。在以下模型分析中，我们假设 $d = M - N$。

（1）REPEAT_FIRST 模型。

REPEAT_FIRST 模型是针对无上限的重复 $\{N,\}$（$0 < N \leqslant$ INF）的特定优化，它只需存储首个触发偏移量。因为相对后续触发偏移量，首个触发偏移量将第一个满足下限要求，即在触发偏移量后出现至少连续 N 个匹配的输入字符。又因为无上限要求，首个触发偏移量一旦满足下限要求，就始终处于匹配状态，直到输入中出现不匹配的字符。

- repeatStore：存储首个触发偏移量。一旦存储了首个触发偏移量，并且之后输入中未出现不匹配字符，则后续的触发偏移量将被忽略。
- repeatHasMatch：通过确认当前偏移量 offset 和存储的触发偏移量 TOP 之间的差值是否满足下限 N 的要求来判断 offset 上是否有匹配。
- repeatNextMatch：对于当前偏移量 offset，若 offset + 1 和存储的触发偏移量 TOP 之间的差值小于下限 N，则下个匹配偏移量为 top + N；若 offset + 1 和存储的触发偏移量 TOP 之间的差值大于等于下限 N，则下一个匹配偏移量为 offset + 1。

- repeatLastTop：存储触发偏移量 TOP。

（2）REPEAT_LAST 模型。

REPEAT_LAST 模型是针对特殊重复{N,M}的特定优化，该重复的触发周期大于上限 M，即上个触发偏移量和当前触发偏移量之差必定大于 M。因此类似于 REPEAT_FIRST 模型，REPEAT_LAST 模型只需存储单个触发偏移量，不同之处在于存储的是最新的触发偏移量。最新的触发偏移量可以始终覆盖之前的触发偏移量。

- repeatStore：最新的触发偏移量将始终覆盖先前存储的触发偏移量。
- repeatHasMatch：通过确认当前偏移量 offset 和存储的触发偏移量之间的差值是否满足上限 M 的要求来判断 offset 上是否有匹配。
- repeatNextMatch：对于当前偏移量 offset，若 offset + 1 和存储的触发偏移量 TOP 之间的差值小于下限 N，则下个匹配偏移量为 top + N；若 offset + 1 和存储的触发偏移量 TOP 之间的差值大于等于下限 N 且小于或等于上限 M，则下一个匹配偏移量为 offset + 1。
- repeatLastTop：存储触发偏移量 TOP。

（3）REPEAT_RING 模型。

REPEAT_RING 模型利用以位为单位的环形缓冲区存储触发偏移量，可处理任意{N, M}重复。环形缓冲区大小与重复上限相关，为 M 位。这种基于比特的存储形式可以显著减少占用内存的大小。

- repeatStore。
  - 对于首个触发偏移量 offset0，记录偏移量的绝对值，同时将环形缓冲区中位 0 置 1。
  - 对于非首个触发偏移量，计算当前触发偏移量较首个触发偏移量的相对值 diff。同时将缓冲区中对应位置 1。
- repeatHasMatch：在检查偏移量 offset 是否为匹配时，在环形缓冲区中检查是否有触发偏移量对应的位在区间[offset − offset0 − M, offset − offset0 − N]中。REPEAT_RING 模型原理如图 6.55 所示。
- repeatNextMatch：对于当前偏移量 offset，在环形缓冲区中以[offset + 1 − offset0 − M]对应的位为起点查找首个触发偏移量 TOP。下一个匹配为 max(offset + 1, top + N)。
- repeatLastTop：环形缓冲区中最后一个置 1 的位对应的触发偏移量。

（4）REPEAT_RANGE 模型。

REPEAT_RANGE 模型也用于{N,M}重复，但是只在 N 和 M 差值（即 d）较大的情况下才适用。它的设计基于以下观察。

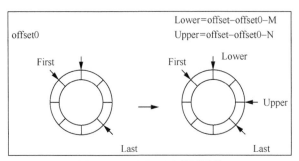

图 6.55　REPEAT_RING 模型原理

假设当前有 3 个触发偏移量 offset0、offset1 和 offset2。当 offset2 − offset0 ≤ d 时，offset1 的匹配区间[offset1 + N, offset1 + M]可以被 offset0 的匹配区间[offset0 + N, offset0 + M]和 offset2 的匹配区间[offset2 + N, offset2 + M]覆盖。因为 offset0 + M ≥ offset1 + N，offset2 + N ≤ offset1 + M，并且 offset0 + M ≥ offset2 + N，如图 6.56 所示。

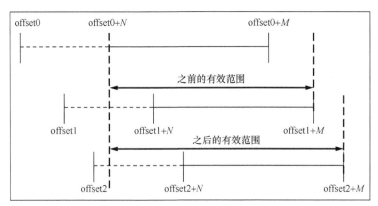

图 6.56　REPEAT_RANGE 模型原理

因此一对相差为 d 的触发偏移量可以覆盖任意一个在它们之间出现的触发偏移量的匹配范围。又因不需同时存储两个相差大于 M 的触发偏移量，我们足以保证最多同时存储的触发偏移量数不会超过 $2 \times ((M / d) + 1)$ 个。因此 d 相对 M 越大，需要的存储空间也越小。

REPEAT_RANGE 模型正是在这种特定情况下的空间优化，以占用比对应 REPEAT_RING 模型更少的内存。如图 6.57 所示，它以数组的形式存储每个触发偏移量与首个触发偏移量的差值，且数组元素的个数为 $2 \times ((M / d) + 1)$。

Top0	Top1	Top2		Top$k$
top_offset0− top_offset0	top_offset1− top_offset0	top_offset2− top_offset0	…	top_offset$k$− top_offset0

图 6.57　REPEAT_RANGE 模型的存储数组

- repeatStore。
  - 对于首个触发偏移量 offset0，记录偏移量的绝对值，同时将数组中位置 0 元素置 0。
  - 对于非首个触发偏移量 offset，查看数组中倒数第二个存储触发偏移量的值 offset2。如果 offset − offset2 ≤ d，则上一个存储的触发偏移量可以替换为 offset；否则，将 offset 存储在数组的下一个可用条目中。
- repeatHasMatch：遍历数组中的所有触发偏移量。如果当前偏移量在某个触发偏移量 TOP_offset 的匹配区间[top_offset + N, top_offset+ M]，则产生了匹配。
- repeatNextMatch：遍历数组中的触发偏移量。一旦当前偏移量 offset 和某一项触发偏移量 TOP_offset 满足以下任一要求，就会找到下一个匹配项。
  - offset < top_offset + N，则返回 top_offset + N。
  - offset + N ≤ offset < top_offset + M，则返回 offset + 1。
  - repeatLastTop：数组中存储的最后一个触发偏移量。

（5）REPEAT_BITMAP 模型。

REPEAT_BITMAP 模型是针对{N,M}重复的特定优化，要求 0 < M ≤ 64。由于重复的上限为 64，因此可以用 64 位整数来存储触发偏移量。通过对该整数的位操作，可以高效地进行触发偏移量存储和匹配偏移量验证。因此 REPEAT_BITMAP 模型和 REPEAT_RING 模型基于相同的原理，操作也类似，具体步骤这里不赘述。

（6）REPEAT_SPARSE 模型。

我们已知 LBR 是由字符串匹配触发的，例如 foobar[^a]{50, 100}。REPEAT_RING 模型中环形缓冲区大小为重复次数上限——M 个位（此示例中为 100 个位）。但是，这基于以下假设：所有位将同时需要存储触发偏移量，即有 2^M 种可能。这种情况下触发周期为 1 字节/次。Hyperscan 实际中提取的字符串长度均大于 1，这也意味着触发周期大于 1 字节/次，不需要记录 2^M 种可能。触发周期越长，可能出现的情况数量也越少。

为触发周期较长的 LBR，优化存储触发偏移量时所占用的内存大小，REPEAT_SPARSE 模型应运而生。REPEAT_SPARSE 模型基于特定规律对触发偏移量信息进行编码。假设 f(repeat, min)表示重复大小为 repeat、触发周期为 min 的情况下所出现触发偏移量间排列组合的总数量，则具有以下规律。

规律 1：f(repeat, min) = f(repeat − 1, min) + f(repeat − min, min)。

解释一下这一递归公式。当考虑重复大小为 repeat 时，不妨假设我们有一个长度为 repeat 的区间，一共包含 repeat 个位置，那么在第 repeat 个位置上，要么出现触发偏移量，要么不出现。

- 若第 repeat 个位置上不出现触发偏移量，则意味着这种情况下需要考虑的排列组合总数取决于一个长度为 repeat − 1 的区间的情况，即 $f(\text{repeat} - 1, \text{min})$。

- 若第 repeat 个位置上出现触发偏移量，则由于另有触发周期 min 的约束，因此即使往前倒推 min − 1 个位置，中间都不可能出现触发偏移量。这意味着此时需要考虑的排列组合总数取决于长度为 repeat − min 的区间的情况，即 $f(\text{repeat} - \text{min}, \text{min})$。

图 6.58 展示了 min 为 3，repeat 分别为 2、4、5 的排列组合情况，灰色部分代表触发偏移量，且触发偏移量之间的差值必须不小于触发周期。我们可以发现 $f(5,3) = f(4,3) + f(2,3) = 9$。

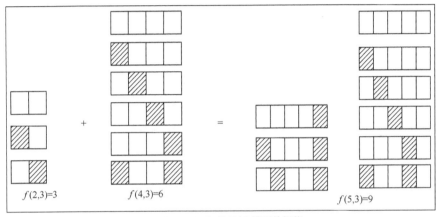

图 6.58　REPEAT_SPARSE 模型的规律

规律 2：$f(\text{repeat}, \text{min}) > f(\text{repeat} - 1, \text{min}) + f(\text{repeat} - 1 - \text{min}, \text{min}) + \cdots + f(\text{repeat} - 1 - k * \text{min}, \text{min})$, $(\text{repeat} - 1 - k * \text{min}) >= 0$。即 $f(\text{repeat}, \text{min})$ 大于从 0 至 repeat − 1 出现的任一有效 f 值的排列组合累加值。

Hyperscan 对触发周期大于 6 的 LBR 使用了 REPEAT_SPARSE 模型。通过在编译期为重复上限为 M 和触发周期为 min 的 LBR 构造一张表，以存储所有 $f(\text{repeat}, \text{min})$ 的值（$0 \leqslant \text{repeat} \leqslant M$）。然后在匹配期间可以依照表对存储触发偏移量信息的变量 V 进行编码和解码。

- repeatStore。
  - 对于首个触发偏移量 offset0，记录偏移量的绝对值，同时将 V 置为 $f(0,\text{min})$。
  - 对于非首个触发偏移量，计算当前触发偏移量较首个触发偏移量的相对值 diff。同时将 V 增加 $f(\text{diff},\text{min})$。
- repeatHasMatch：计算当前偏移量 offset 对应触发偏移量的上限 upper = offset − offset0 − N 和下限 lower = offset − offset0 − M。假设 V_1 为 V 的副本。以 repeat 等于 M 为起点查找表中 $f(\text{repeat}, \text{min})$ 的值，直到 repeat 递减为 upper + 1。根据规律 2，repeat 递减期间如果 $f(\text{repeat}, \text{min})$ 的值不大于 V_1，则将 V_1 减去 $f(\text{repeat}, \text{min})$。若最后 $V_1 \geqslant f(\text{lower}, \text{min})$，则说明 V_1 中已叠加了 $f(\text{diff}, \text{min})$ (lower $\leqslant$ diff $\leqslant$ upper)，即存在匹配。

- repeatNextMatch：计算下个可能匹配的下限 lower = offset + 1 − offset0 − M。假设 V_1 为 V 的副本。以 repeat 等于 M 为起点查找表中 f(repeat, min)的值，直到 repeat 递减为 lower。根据规律 2，repeat 递减期间如果 f(repeat, min)的值不大于 V_1，则将 V_1 减去 f(repeat, min)。假设最后一个减去的 repeat 值为 w，则下个匹配为 max(offset + 1, offset0 + w + N)。

- repeatLastTop：从后往前遍历找到表中第一个不大于 V 的值 f(diff, min)，根据规律 2，f(diff, min)为最后一个叠加值，即最后一个触发偏移量，为 offset0 + diff。

（7）REPEAT_TRAILER 模型。

REPEAT_TRAILER 模型用于{N,M}重复，其中 $0 < N \leqslant 64$。它只存储单个偏移量 stored_offset，其值为最后一个触发偏移量与 N 之和，即 TOP_offset + N。同时需要使用一个 64 位变量来存储匹配信息。发生在 stored_offset 之后的偏移量 offset 可以通过其是否在 [stored_offset, stored_offset + M − N]区间内来判断是否发生了匹配。发生在 stored_offset 之前的偏移量 offset 可以通过 stored_offset 与其的差值来判断位变量中相应位是否为 1。如图 6.59 所示，由于 $N \leqslant 64$，stored_offset 和位变量相结合覆盖了长度为 M 的匹配区间。在大部分情况下，REPEAT_TRAILER 模型所占有的空间比 REPEAT_RING 更小。

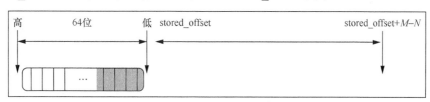

图 6.59　REPEAT_TRAILER 模型

- repeatStore：用当前 stored_offset1（即触发偏移量 TOP_offset1 与 N 之和）覆盖原有 store_offset0。基于偏移量差值 delta = stored_offset1−stored_offset0 将位变量对应位置 1。
  - 当 delta < d，将位变量中 0 到 min(63, delta)之间的位置 1。
  - 当 $d \leqslant$ delta < 64 + d，将位变量中 delta − d 到 min(delta, 63)之间的位置 1。

- repeatHasMatch：如果当前偏移量 offset 介于 stored_offset 和 stored_offset + M − N 之间，或者位变量中第(stored_offset − offset − 1)位已置 1，则匹配成功。

- repeatNextMatch：对于指定偏移量 offset，有如下规则成立。
  - 如果 offset $\geqslant$ stored_offset 并且 offset < stored_offset + M − N，下一个匹配将为 offset + 1。
  - 假设 offset < stored_offset、diff = stored_offset − offset，如果在位变量中任何 0 到 min（63,stored_offset − offset）之间存在置 1 的位，找到在此区间内被置 1 的最

高位 idx，下一个匹配为 stored_offset − idx − 1。若位变量中不存在置 1 位，则下一个匹配为 stored_offset。

- repeatLastTop：存储的偏移量 stored_offset − N。

3. Castle 引擎

在 Hyperscan 中，规则分解可能生成多个重复子图。每个重复子图都依靠其对应的 LBR 引擎进行匹配。我们已知 LBR 核心算法中很重要的一部分为基于 SIMD 的首个不匹配字符查找。对于多个具有相同重复字符集的 LBR，首个不匹配字符的查找可以统一进行处理，而不需要每个 LBR 都处理一遍。例如，foobar[^c]{100} 和 bar[^c]{200} 共享相同的重复字符集[^c]。查找输入中首个不匹配字符 c 可以被合并为一次操作，而不是两次操作。Castle 引擎的核心优化就在于此，其本质就是多个 LBR 引擎的集合，处理逻辑与 LBR 基本相同，涉及匹配状态的查询需要逐一遍历其包含的所有重复状态。

4. LimEx NFA 中重复处理机制

假如 LimEx NFA 内部包含重复部分，需要根据重复上限生成对应数量的状态。对于大规模重复，NFA 所需的状态数很有可能超过 Hyperscan 内部定义的 512 个状态数上限而导致 NFA 生成失败。如下。

- [fo].{1024}。
- \d\s[A-Z]{100,1000}[^b]。
- \s\w{2048,}b。

因此，我们为 NFA 内部的重复实现了特定的优化。对于重复 {N, M}（$0 < N$），Hyperscan 以 3 种 Exception 状态来替代 LimEx 中所有重复部分对应的状态。

- POS：激活字符集为重复字符集的触发节点，也就是 NFA 重复部分的入口节点。
- CYCLIC：激活字符集为重复字符集的自环节点，由 POS 节点激活。对于连续一段匹配重复字符集的输入，它将始终保持激活状态。
- TUG：激活字符集为重复字符集的出口节点，由 CYCLIC 状态激活。每当它处于激活状态时，均会检查当前偏移量是否在匹配区间之内。若是，则尝试激活与其连接的下一个状态。

以下代码展示了当 NFA 状态节点为 POS 节点和 TUG 节点的处理逻辑，其中复用了 LBR 中的各种重复模型来存储触发偏移量，并检查是否产生匹配。POS 节点调用了 repeatStore 在重复模型中存储的触发偏移量，TUG 节点则通过调用 repeatHasMatch 检查当前偏移量是否在重复模型的匹配区间内。

```
1   # REPEAT_STATE  : memory to store repeat states
2   # Exception     : Exception State
3   # Offset        : Input Offset
4   function RUN_REPEAT_EXCEPTION(Exception, Offset)
5       if Exception is POS then
6           repeatStore(Exception.REPEAT_STATE, Offset)
7       else if Exception is TUG then
8           return repeatHasMatch(Exception.REPEAT_STATE, Offset)
9       end if
10  end function
```

以规则[a-z].{20,40}[a-z]为例，图 6.60 分别展示了原始的 NFA 和包含重复优化的 NFA。我们可以发现后者生成的 NFA 状态数显著减少。

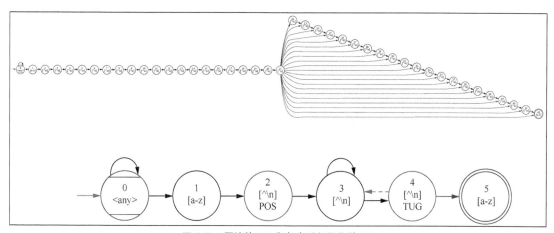

图 6.60　原始的 NFA 和包含重复优化的 NFA

6.3.4　Tamarama

在流模式下，流内存存储了匹配完当前数据块后的中间匹配状态。所需的流内存的数量与同时处理的网络流数量相同，即每条网络流都有独立的流内存记录其匹配状态。随着网络流数量的增加，所需的流内存的总大小往往也随之增长。Hyperscan 中流内存大小均值约为 350 字节，对实际中可能出现的数百万条网络流场景而言，所需分配的流内存总大小甚至会达到 GB 规模。

因此 Hyperscan 设计了 Tamarama 引擎来尽量减少流内存大小。它所依据的是匹配引擎之间的互斥性，即同一时间内，一组引擎中只能有唯一一个引擎存在被激活的状态。因此，对于一组两两互斥的引擎，我们不需要同时为每个引擎保存当前匹配状态，而只需要分配一段共享的流内存。具体示例如规则 abc\s+(\d|\d\s\d)和 def[^abc]{100}\d+。这两条规则将被分解为两个

触发字符串 abc 和 def，以及两个非字符串部分\s+(\d|\d\s\d 和 def[^abc]{100}\d+对应的引擎。abc 的成功匹配意味着[^abc]{100}\d+对应引擎的所有状态都未被激活，因为其内部无法匹配到 abc。类似地，一旦 def 匹配，\s+(\d|\d\s\d)对应引擎内部也不存在被激活状态。

　　Tamarama 引擎本质上就是包含一组互斥引擎的容器。Hyperscan 将满足条件的引擎组合封装在 Tamarama 引擎中，并为 Tamarama 引擎单独分配一段流内存，使其内部子引擎共享。分配的共享流内存大小等于同一互斥组中拥有最大流内存的引擎的流内存大小。图 6.61 展示了 Tamarama 优化前后对比，后缀引擎 NFA2、NFA3 和 NFA4 最初分别具有单独的流内存 S_2、S_3 和 S_4。Tamarama 引擎将它们封装到一起后，它们将共享相同的流内存 S，且 S 大小等于 S_2、S_3 和 S_4 中最大的一个。

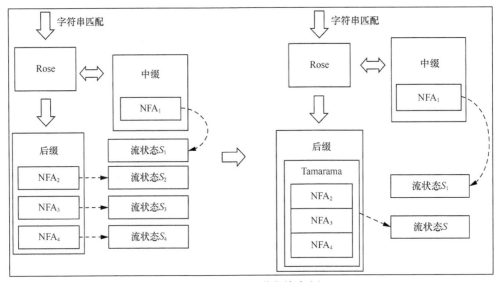

图 6.61　Tamarama 优化前后对比

　　Hyperscan 如何在编译期找到互斥的引擎呢？查找方法与基于字符串触发的机制紧密相关。每个中缀或后缀引擎都由其前方相连的字符串触发。对于一对引擎，假如对方的触发字符串不可能在自己引擎内部产生匹配，则两者具有互斥性。深入具体实现，对于一对分别具有触发字符串 L_1 和 L_2 的引擎 E_1 和 E_2，最严格的保证为从 E_1 内任一状态出发都不能匹配到 L_2，且从 E_2 内任一状态出发都不能匹配到 L_1。为了在编译期找到互斥的引擎对，我们会分别激活每个引擎对应 Glushkov NFA 图中的所有状态，并对对方的触发字符串进行匹配。如果匹配完字符串后，NFA 中没有处于激活状态，则意味着对方引擎被触发时，自身引擎内部不会出现被激活的状态。在找到所有引擎间的两两互斥关系后，我们将进一步寻找多个引擎的组合，它们之间存在两两互斥关系。

　　在运行期，Tamarama 将记录当前激活的子引擎序列号，并作为中间层将外部调用传入当前激活的引擎中进行匹配。

第 7 章　Hyperscan 性能优化

Hyperscan 的性能与用户提供的规则特征和使用方式紧密相连。过于复杂的规则和不合理的使用方式均可能带来负面的性能影响。本章主要介绍 Hyperscan 的性能测试方法和性能调优技巧。

7.1　Hyperscan 性能测试

7.1.1　性能测试目的

性能测试对展示软件和硬件的性能数据都是至关重要的。Hyperscan 性能测试的目的可以覆盖以下多种场景。

- 不同代服务器之间的 Hyperscan 性能比较。
- 不同厂商 CPU 架构之间的 Hyperscan 性能比较。
- 每个 Hyperscan 发行版中新增功能对性能的影响。
- Intel 指令集功能（如 BMI、AVX2、AVX512 等）对性能的影响。
- 系统配置的影响，例如基于核心数量的性能扩展性、超线程、内存带宽和缓存延迟等。

Hyperscan 基准测试可通过官方工具和一些开源解决方案进行，如下所列。

- 官方性能测试工具 hsbench。
- 集成 Hyperscan 的开源 IPS/IDS，例如 Snort 和 Suricata。
- 集成 Hyperscan 的开源 DPI 解决方案，例如 ntop 的 nDPI。

7.1.2　基于性能的硬件和 GRUB 配置

1. BIOS 配置

图 7.1 给出了如何设置 BIOS 来运行性能测试的示例。

Menu (Advanced)	Path to BIOS Setting	BIOS Setting	Required Settings for Performance
CPU CONFIGURATION	ADVANCED->CPU CONFIGURATION->PROCESSOR CONFIGURATION	HYPER-THREADING [ALL]	ENABLE
POWER CONFIGURATION	ADVANCED->CPU CONFIGURATION->ADVANCED POWER MANAGEMENT CONFIGURATION->CPU P STATE CONTROL	EIST PSD FUNCTION	HW_ALL
		SpeedStep (P-states)	DISABLE
	ADVANCED->CPU CONFIGURATION->ADVANCED POWER MANAGEMENT CONFIGURATION->HARDWARE PM STATE CONTROL	HARDWARE P-STATES	DISABLE
	ADVANCED->CPU CONFIGURATION->ADVANCED POWER MANAGEMENT CONFIGURATION->CPU C STATE CONTROL	AUTONOMOUS	DISABLE
		CPU C6 REPORT	DISABLE
		ENHANCED HALT STATE(C1E)	DISABLE
	ADVANCED->CPU CONFIGURATION->ADVANCED POWER MANAGEMENT CONFIGURATION	POWER PERFORMANCE	BIOS CONTROLS EPB
		ENERGY_PERF_BIAS_CFG MODE	PERFORMANCE
	ADVANCED->CPU CONFIGURATION->ADVANCED POWER MANAGEMENT CONFIGURATION->PACKAGE C STATE CONTROL	PACKAGE C-STATE	C0/C1 STATE

图 7.1　基准测试中系统 BIOS 配置

需要注意以下几点。

- 超线程：在 Intel 平台启用超线程可以提升计算的并行度。操作系统分配了两个逻辑核共享每个物理核。逻辑核又被称为线程。

- 由于 Hyperscan 性能测试工具是多线程的，因此需要在 BIOS 中启用超线程。

- P-state：P-state 是 performance state 的缩写。在代码运行过程中，操作系统和 CPU 可以通过切换不同的 P-state 选项来优化功耗。

- 默认情况下，BIOS 中禁用 Speed step 或 P-states、Turbo 和硬件 P-states。这是为了确保所有测试均以 P1 频率运行。

- C-state：C-state 指 CPU 低功耗模式。我们将 C-state 设置为 C0/C1。C0 属于正常工作状态，C1 通过切断内部时钟来降低功耗。

- 其余的 BIOS 配置均设置为默认值。

2. GRUB 示例

示例 GRUB 命令行选项为：

```
isolcpus = 1-32 intel_pstate = disable
```

其中需要注意以下几点。

- 与 BIOS 设置类似，禁用 p-states。intel_pstate 是 Linux 内核中的 CPU 性能扩展子系统。
- 将特定 CPU 核与内核调度任务相隔离，以便在这些 CPU 核上运行特有的任务。
- 不需要设置大页。大页主要分为 2MB 和 1GB，可以减少使用大量内存时的内存访问开销。对于基于内存的 hsbench 测试和 Snort 测试，大页并不是必需的。

7.1.3　hsbench 测试

hsbench 为用户提供一种简便的方法，来为给定规则集和输入数据测试 Hyperscan 的性能。用户可以从 Hyperscan 官网下载用于进行 hsbench 性能测试的示例规则集和语料库文件。

1. 规则集

示例规则集中包含 3 个文件。

- snort_literals：包含从 Snort 3.0 附带的示例规则集中提取的 3316 个字符串规则集。部分规则带有 HS_FLAG_CASELESS 标志，即不区分大小写。所有规则均使用 HS_FLAG_SINGLEMATCH 标志，即每次扫描仅需找到第一个匹配。
- snort_pcres：包含从 Snort 3.0 规则集中提取的一组 847 条针对超文本传输协议（Hypertext Transfer Protocol，HTTP）流量的正则表达式。这些是从规则中提取的具有"pcre："的规则。由于在支持语义层面的差别，使用 Hyperscan 匹配这些规则与在 Snort 中匹配这些规则的结果可能不同。该测试用例旨在展示 Hyperscan 多规则匹配的功能。
- teakettle_2500：包含一组随机生成的 2500 条正则表达式。它们由字典字符与具有特殊正则语义的字符组成，如重复和多选结构等。下面几个示例展示了随机生成的 teakettle_2500 规则。
  - loofas.+stuffer[^\n]*interparty[^\n]*godwit。
  - procurers.*arsons。
  - ^authoress[^\r\n]*typewriter[^\r\n]*disservices。
  - times。

2. 语料

示例中另外提供了两个语料文件。

- gutenberg.db：Project Gutenberg 的文本集合，分为多条大小为 10 240 的字节流，每条流包含多个大小为 2048 字节的数据块。
- alexa200.db：包含使用网络爬虫脚本抓取的 PCAP 文件内容，主要为访问 Alexa 网站中提到的前 200 个站点的网络流量。使用 Hyperscan 工具提供的示例脚本，可以轻松地将 PCAP 文件修改为语料库文件。该文件包含与 HTTP 流量相关的 130 957 个数据块（每个数据块与一个初始报文对应）。

3. hsbench 测试场景及命令行

以下为 3 种测试场景的命令行示例。

- 块模式下为 snort_literals 规则集匹配 HTTP 流量：

hsbench –T 1 -e pcre/snort_literals -c corpora/alexa200.db -N -n 20

- 块模式下为 snort_pcres 规则集匹配 HTTP 流量：

hsbench –T 1 -e pcre/snort_pcres -c corpora/alexa200.db -N -n 20

- 流模式下为 teakettle 规则集匹配 Gutenberg 文本语料：

hsbench –T 1 -e pcre/teakettle_2500 -c corpora/gutenberg.db -n 20

其中，-e 选项提供规则文件。-c 选项提供语料库文件。-T 选项将应用程序固定到特定线程，可以同时在多个线程上运行 Hyperscan。-N 选项指示 hsbench 以块模式进行匹配，默认情况下，将使用流模式。-n 选项可以更改重复次数，默认情况下为 20 次，输出的总体性能是根据执行 20 次匹配所花费的时间和匹配的字节总数计算出的。如果指定了--per-scan 选项，则将显示每次匹配花费的时间。

块模式下为 snort_literals 规则集匹配 HTTP 流量时 hsbench 的输出。

```
Signatures:            pcre/snort_literals
Hyperscan info:        Version: 5.1.1 Features: AVX2 Mode: BLOCK
Expression count:      3,116
Bytecode size:         923,448 bytes
Database CRC:          0x3505d64
Scratch size:          5,545 bytes
Compile time:          0.136 seconds
Peak heap usage:       196,599,808 bytes

Time spent scanning:   7.838 seconds
Corpus size:           177,087,567 bytes (130,957 blocks)
Matches per iteration: 637,380 (3.686 matches/kilobyte)
Overall block rate:    334,168.17 blocks/sec
```

```
Mean throughput (overall):    3,615.05 Mbit/sec
Max throughput (per core):    3,619.86 Mbit/sec
```

其中各字段含义如下。

- 编译期统计。
  - Signature：测试所用规则的路径。
  - Hyperscan info：当前使用的 Hyperscan 版本、构建平台（在这种情况下为"AVX2"）和匹配模式（"BLOCK"）。
  - Expression count：规则文件中的规则数。
  - Bytecode size：在编译时根据规则构建的数据库大小。数据库一旦建立便是不可变的，并且可以在匹配线程之间共享。
  - Database CRC：数据库的 CRC32。
  - Scratch size：针对此数据库匹配数据所需的可变临时空间的大小。每个匹配线程都需要自己的 scratch 内存。
  - Compile time：将规则集编译成 Hyperscan 数据库所需时间。
  - Peak heap usage：编译过程使用的峰值内存大小。
- 运行期统计。
  - Time spent scanning：运行期花费的总时间。
  - Corpus Size：语料库的完整大小（以字节为单位）和数据块数量。
  - Matches per iteration：每次迭代在语料库中找到的匹配数和匹配率。
  - Overall block rate：数据块吞吐量。
  - Mean throughput：平均吞吐量。
  - Max throughput：最大吞吐量。

4. hsbench 收集的 KPI

hsbench 收集的 KPI 如下。

- 块模式与流模式的性能比较。
- 字符串规则与 PCRE 规则性能比较。
- AVX512 vs. AVX2 vs.SSE。在编译期间，可以针对运行期 AVX2、AVX512 或 SSE 指令的实现来构建 Hyperscan 数据库。比较运行期基于这些指令的实现可以使我们了解不同架构下的 Hyperscan 性能对比。
- 编译期统计的数据库大小、scratch 内存大小、编译时间等。hsbench 的编译期统计信

息介绍了内存占用量的详细信息，例如数据库大小和 scratch 内存大小。它还提供了
有关编译数据库所需时间的详细信息。

- 性能扩展数据。在多线程系统中，一项重要的性能度量是验证数据是否随 CPU 核/
  线程和超线程的数量扩展。通常，启用超线程后，将获得 1.4 倍的性能提升。

5.　hsbench 测试结果

本节展示了 hsbench 示例输出和不同性能的测试方案。hsbench 在双 socket Intel® Xeon® Gold
6252N 平台上运行。表 7.1 显示了系统配置详细信息，以及使用的 Hyperscan 和 GCC 编译器的版本。

表 7.1　hsbench 测试的系统配置

配置类型	配置数据
Test by	Intel
Test date	
Platform	Supermicro*-X11DPH-Tq
# Nodes	1
# Sockets	2
CPU	Intel Xeon Gold 6252N CPU @ 2.30GHz
Cores/socket, Threads/socket	24/48
ucode	0x5000026
HT	On
Turbo	Off
BIOS version	
System DDR Mem Config: slots / cap / run-speed	12 slots / 16 GB / 2999
System DCPMM Config: slots / cap /　run-speed	-
Total Memory/Node (DDR+DCPMM)	192
Storage - boot	1x Kingston* 240GB SSD OS Drive
Storage - application drives	
NIC	
PCH	
Other HW (Accelerator)	
OS	Ubuntu 19.04
Kernel	5.0.0-23-generic
IBRS (0=disable, 1=enable)	1
eIBRS (0=disable, 1=enable)	0
Retpoline (0=disable, 1=enable)	1
IBPB (0=disable, 1=enable)	1
PTI (0=disable, 1=enable)	1
Mitigation variants (1,2,3,3a,4, L1TF)	1,2,3,3a,4, L1TF
Workload & version	Hyperscan 5.0
Compiler	GCC 8.3

我们主要介绍 3 个不同的测试用例。

- 块模式下为 snort_literals 规则集匹配 HTTP 流量。
- 块模式下为 snort_pcres 规则集匹配 HTTP 流量。
- 流模式下为 teakettle 规则集匹配 Gutenberg 文本语料。

表 7.2 展示了 3 个用例的编译期统计信息。

表 7.2　hsbench 用例的编译统计信息

编译期信息	Snort Literals/HTTP traffic/ Block 模式	Snort PCRE/ HTTP traffic/ Block 模式	Teakettle/ Gutenberg / Streaming 模式
Number of Patterns	3116	847	2500
Compile time/s	0.14	2.60	2.72
Bytecode Size/MB	0.92	1.98	2.83
Scratch size/KB	5.55	111.03	154.54
Matches/Iteration (matches/KB)	3.69	8.80	0.58

图 7.2 显示了在 Intel® Xeon® Gold 6252N 上 3 种用例的性能对比。与 snort_literals 和 teakettle 相比，snort_pcres 的计算量更大，性能也更低。匹配性能随使用 CPU 核数增长，且呈线性扩展。超线程使性能提高了 1.4 倍。

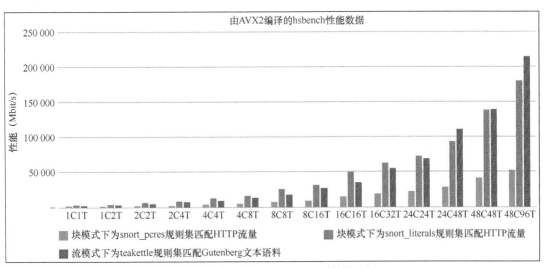

图 7.2　hsbench 不同系统配置下的性能对比

7.2　Hyperscan 性能调优技巧

Hyperscan 的性能取决于许多因素。

- 规则的数量和内容会影响编译期 Hyperscan 实施的编译策略。
- 某些规则标志（例如 Start of Match 或 UTF-8 模式）可能会降低性能。
- 在块模式下可以精确知道匹配的数据量，而在流模式下不可以。通常，流模式需要在匹配完当前数据块后记录临时匹配信息，而在块模式下不需要。这两个因素将影响性能。
- 所匹配数据的匹配率会影响性能。
- Hyperscan 能够利用高级指令集功能，如 Intel®AVX512、Intel®AVX2 和 Intel®BMI2 等。

规则的复杂程度和 Hyperscan 的使用方式是影响 Hyperscan 整体性能的重要因素，且是可人为调整的。我们将在本节介绍多条准则以获得更高的 Hyperscan 匹配性能。对于其中大多数准则，我们将进一步展示基于 hsbench 的真实性能测试数据对比。所有性能数据均在 Intel®Xeon®Gold 6140 CPU @ 2.30GHz 上运行 Hyperscan 5.2 获得。部分测试重用了 7.1 节中的 snort_literal 和 snort_pcres 规则集，以及 alexa200.db 输入数据。

7.2.1　正则表达式构造

不要手动优化正则表达式构造。为了匹配特定输入的正则表达式往往可以有多种写法。例如，不区分大小写匹配输入 abc 的规则可以写成以下形式。

- [Aa] [Bb] [Cc]。
- (A | a) (B | b) (C | c)。
- (?i) abc (?-i)。

尽管各条规则形式不同，长度各异，但在 Hyperscan 编译期由规则转化生成的图表示方式往往是等价的。因此在匹配目标输入相同的情况下，请勿手动将规则重写为另一种形式，以期望达到更高的性能。

下面将规则 foo (bar | baz) (frotz)?写成 foobarfrotz | foobazfrotz | foobar | foobaz，并不会提高匹配性能。

规则 1：foo(bar|baz)(frotz)?匹配性能。代码如下：

```
$ taskset 1 bin/hsbench -e pattern1 -c alexa200.db -N -n200
Signatures:                    pattern1
Hyperscan info:                Version: 5.2.0 Features: AVX2 Mode: BLOCK
Expression count:              1
Bytecode size:                 5,096 bytes
Database CRC:                  0xd5c5251
Scratch size:                  2,319 bytes
Compile time:                  0.002 seconds
Peak heap usage:               184,459,264 bytes
```

```
Time spent scanning:              8.053 seconds

Corpus size:                      177,087,567 bytes (130,957 blocks)
Matches per iteration:            3 (0.000 matches/kilobyte)
Overall block rate:               3,252,351.50 blocks/sec
Mean throughput (overall):        35,184.13 Mbit/sec
Max throughput (per core):        37,552.29 Mbit/sec
```

规则 2：foobarfrotz|foobazfrotz|foobar|foobaz 匹配性能。代码如下：

```
$ taskset 1 bin/hsbench -e pattern1 -c alexa200.db -N -n200
Signatures:                       pattern1
Hyperscan info:                   Version: 5.2.0 Features: AVX2 Mode: BLOCK
Expression count:                 1
Bytecode size:                    5,096 bytes
Database CRC:                     0xdbc5eab
Scratch size:                     2,319 bytes
Compile time:                     0.001 seconds
Peak heap usage:                  184,459,264 bytes

Time spent scanning:              8.056 seconds
Corpus size:                      177,087,567 bytes (130,957 blocks)
Matches per iteration:            3 (0.000 matches/kilobyte)
Overall block rate:               3,251,016.34 blocks/sec
Mean throughput (overall):        35,169.69 Mbit/sec
Max throughput (per core):        37,436.74 Mbit/sec
```

7.2.2　软件库的使用

不要手动优化软件库的使用。Hyperscan 能够处理各种规模的规则集和输入数据。除非对 Hyperscan 的使用存在特定的性能问题，最好以简单、直接的方式使用 Hyperscan。例如，将输入进行缓存以单次匹配更大的数据块并不会对匹配性能有本质提升，除非在输入数据很小的情况下（例如，一次 1~2 字节）。

与许多其他正则表达式匹配库相比，Hyperscan 在运行少量规则时匹配性能更高，且随着规则数量上升匹配性能衰减速度减慢（其他匹配库如 RE2，通常在特定规则数量上限之内性能较高，超过上限则无法工作，或性能立刻减半）。

7.2.3　块模式

尽可能使用块模式。每当输入数据出现在离散记录中，或者需要某种转换（例如 URI 归一化），以要求在处理之前将所有数据组合在一起，都应该以块模式而不是流模式进行匹配。

对不必要流模式的使用会降低 Hyperscan 的编译期优化，并且可能会使某些规则匹配得更慢。请注意，流模式对性能的影响与定义的规则紧密相关。因此我们建议读者测试实际规则以获得性能差异。下面显示了在块模式和流模式下匹配 snort_PCRE 规则集的性能。在这种情况下，我们可以观察到流模式相较块模式在性能上的下降。

如果混合使用块模式和流模式，则应在分配相互独立的数据库进行扫描，除非使用流模式的规则数量远远超过使用块模式的规则数量。

块模式匹配性能：

```
$ taskset 1 bin/hsbench -e snort_pcres -c alexa200.db -N
Signatures:                 snort_pcres
Hyperscan info:             Version: 5.2.0 Features: AVX2 Mode: BLOCK
Expression count:           847
Bytecode size:              1,984,536 bytes
Database CRC:               0xeed085a0
Scratch size:               111,032 bytes
Compile time:               2.699 seconds
Peak heap usage:            208,666,624 bytes

Time spent scanning:        30.853 seconds
Corpus size:                177,087,567 bytes (130,957 blocks)
Matches per iteration:      1,522,622 (8.804 matches/kilobyte)
Overall block rate:         84,890.97 blocks/sec
Mean throughput (overall):  918.36 Mbit/sec
Max throughput (per core):  934.63 Mbit/sec
```

流模式匹配性能：

```
$ taskset 1 bin/hsbench -e snort_pcres -c alexa200.db
Signatures:                 snort_pcres
Hyperscan info:             Version: 5.2.0 Features: AVX2 Mode: STREAM
Expression count:           847
Bytecode size:              1,931,744 bytes
Database CRC:               0xab17c3ee
Stream state size:          2,947 bytes
Scratch size:               82,975 bytes
Compile time:               2.711 seconds
Peak heap usage:            208,891,904 bytes

Time spent scanning:        53.850 seconds
Corpus size:                177,087,567 bytes (130,957 blocks in
                                              5,400 streams)
```

```
Matches per iteration:          305,637 (1.767 matches/kilobyte)
Overall block rate:             48,637.62 blocks/sec
Mean throughput (overall):      526.16 Mbit/sec
Max throughput (per core):      535.64 Mbit/sec
```

7.2.4 数据库分配

避免使用不必要的统一数据库。如果有 5 种不同类型的网络流量 $T1 \sim T5$，必须针对 5 个不同的规则集进行匹配，那么构建 5 个单独的数据库并针对相应的数据库进行匹配，比为 5 个规则集生成统一数据库，并在事后删除不适当的匹配要高效得多。图 7.3 展示了两种方式的对比。

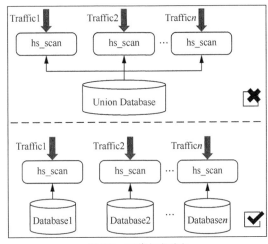

图 7.3 两种方式对比

即使在规则集之间存在一定量相同规则的情况下也是如此。只有当规则集的公共子集非常大（例如，5 种网络流量对应的规则集共享 90%的规则），且出现在公共子集之外的特定规则没有对总体产生性能问题时，才应该考虑合并 5 个规则集的数据库。

7.2.5 scratch 内存分配

不要在运行期调用匹配函数 hs_scan()之前才为规则数据库分配 scratch 内存。相反，应该在编译或反序列化规则数据库之后立即执行这一操作。

scratch 内存分配不一定是高效的操作。因为第一次（在编译或反序列化之后）使用规则数据库时，Hyperscan 需在 hs_alloc_scratch()内部执行一些验证检查，并且还必须分配内存，所以，如图 7.4 所示，我们应该在规则数据库被编译或反序列化之后立即分配 scratch 内存，然后保留该 scratch 以便之后进行匹配操作，而不在应用程序的运行期中调用 hs_alloc_scratch()。

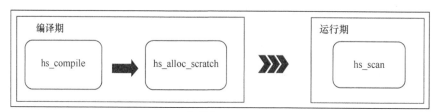

图 7.4　提前分配 scratch 内存

可以为每个匹配上下文分配一个共享的 scratch 内存，以便它可以与任意一个数据库一起使用。每个并发的匹配操作（例如线程）都需要自己的 scratch 内存。

hs_alloc_scratch() 可以接受现有的 scratch 空间并将其扩展以支持用户使用另一个数据库进行扫描。这意味着用户不必为应用程序使用的每个数据库分配一个 scratch 内存，而是可以使用指向同一 scratch 的指针来调用 hs_alloc_scratch()，并且将适当调整其大小以适用于任何已经给定的数据库。下面的代码段提供了有关用法的示例。

```
1   hs_database_t *db1 = buildDatabaseOne();
2   hs_database_t *db2 = buildDatabaseTwo();
3   hs_database_t *db3 = buildDatabaseThree();
4   hs_error_t err;
5   hs_scratch_t *scratch = NULL;
6
7   err = hs_alloc_scratch(db1, &scratch);
8   if (err != HS_SUCCESS) {
9       printf("hs_alloc_scratch failed!");
10      exit(1);
11  }
12
13  err = hs_alloc_scratch(db2, &scratch);
14  if (err != HS_SUCCESS) {
15      printf("hs_alloc_scratch failed!");
16      exit(1);
17  }
18
19  err = hs_alloc_scratch(db3, &scratch);
20  if (err != HS_SUCCESS) {
21      printf("hs_alloc_scratch failed!");
22      exit(1);
23  }
```

```
24
25  /* scratch may now be used to scan against any of
26  the databases db1, db2, db3 */
```

7.2.6 锚定规则

使用锚定匹配数据开头。锚定规则^...比其他规则更容易匹配，尤其是锚定到输入数据（或流模式下的流数据）开头的规则。将规则锚定到缓冲区的末尾对性能提升更小，尤其在流模式下。

有以下多种方法将规则锚定到特定偏移量。

- ^和\A 将规则锚定到输入数据的开头。例如，^foo 只能匹配偏移量 3。

- $、\z 和\Z 将规则锚定到输入数据的末尾。例如，foo\Z 仅在被匹配的数据以 foo 结尾时才匹配。应注意，$和\z 也将匹配输入数据末尾之前的换行符，因此 foo\z 将与 abc foo 或 abc foo\n 匹配。

- min_offset 和 max_offset 扩展参数还可用于约束规则匹配的输入数据偏移量。例如，max_offset 为 10 的规则 foo 将仅在输入数据中小于或等于 10 的偏移量处产生匹配（此规则也可以写成^.{0,7}foo，用 HS_FLAG_DOTALL 标志编译）。

如下所示，对比显示了锚定 snort_literals 规则集的显著性能优势。

锚定字符串规则匹配性能：

```
$ taskset 1 bin/hsbench -e snort_literals_anchored -c alexa200.db -N -n100
Signatures:                  snort_literals_anchored
Hyperscan info:              Version: 5.2.0 Features: AVX2 Mode: BLOCK
Expression count:            3,116
Bytecode size:               2,326,960 bytes
Database CRC:                0xc3547884
Scratch size:                28,588 bytes
Compile time:                5.877 seconds
Peak heap usage:             312,262,656 bytes

Time spent scanning:         7.541 seconds
Corpus size:                 177,087,567 bytes (130,957 blocks)
Matches per iteration:       14,586 (0.084 matches/kilobyte)
Overall block rate:          1,736,578.44 blocks/sec
Mean throughput (overall):   18,786.41 Mbit/sec
Max throughput (per core):   19,519.32 Mbit/sec
```

原始字符串规则匹配性能：

```
$ taskset 1 bin/hsbench -e snort_literals -c alexa200.db -N
Signatures:                  snort_literals
```

```
Hyperscan info:                Version: 5.2.0 Features: AVX2 Mode: BLOCK
Expression count:              3,116
Bytecode size:                 923,512 bytes
Database CRC:                  0xf7bc0d1c
Scratch size:                  5,545 bytes
Compile time:                  0.158 seconds
Peak heap usage:               196,415,488 bytes

Time spent scanning:           9.734 seconds
Corpus size:                   177,087,567 bytes (130,957 blocks)
Matches per iteration:         637,380 (3.686 matches/kilobyte)
Overall block rate:            269,063.15 blocks/sec
Mean throughput (overall):     2,910.74 Mbit/sec
Max throughput (per core):     3,027.46 Mbit/sec
```

7.2.7　随处匹配的规则

避免使用随处匹配的规则。 由于 Hyperscan 支持的语义是"返回所有可能匹配，且只匹配结束偏移量"。随处匹配的规则由于需要返回大量匹配，系统将运行缓慢。

在基于自动机的匹配算法中，类似 .*的规则将在每个输入字符偏移量之前和之后产生匹配，因此一个包含 100 个字符的输入数据将返回 101 个匹配。 在这种情况下，支持贪婪语法的匹配库（如 libpcre）将只返回一个匹配项。但我们的语义是返回所有匹配项，这对我们的自身代码和客户端代码来说可能开销很大。

该语义（随处匹配）的另一个结果是导致具有可选的开始或结束部分（例如 x?abcd *）的规则可能无法产生预期匹配结果。

首先，x?部分是不必要的，因为它不会影响匹配结果。

其次，上述规则将比 abc 产生更多匹配，但 abc 将始终检测到任何将被 x?abcd*匹配的输入数据，不过它只会产生更少的匹配项。

例如，输入数据 0123abcdddd 将匹配规则 abc1 次，但匹配 abcd* 5 次（abc、abcd、abcdd、abcddd 和 abcdddd）。

对比如下，由于更复杂的处理逻辑和更高的匹配率，在将.*添加到原始规则 foobar 之后，我们观察到了明显的性能下降。

规则 foobar 匹配性能：

```
$ taskset 1 bin/hsbench -e pattern1 -c alexa200.db -N -n200
Signatures:                    pattern1
Hyperscan info:                Version: 5.2.0 Features: AVX2 Mode: BLOCK
```

```
Expression count:            1
Bytecode size:               936 bytes
Database CRC:                0x1d705c72
Scratch size:                2,319 bytes
Compile time:                0.000 seconds
Peak heap usage:             182,796,288 bytes

Time spent scanning:         6.378 seconds
Corpus size:                 177,087,567 bytes (130,957 blocks)
Matches per iteration:       3 (0.000 matches/kilobyte)
Overall block rate:          4,106,477.01 blocks/sec
Mean throughput (overall):   44,424.11 Mbit/sec
Max throughput (per core):   47,203.78 Mbit/sec
```

规则 foo.*bar 匹配性能：

```
$ taskset 1 bin/hsbench -e pattern2 -c alexa200.db -N -n100
Signatures:                  pattern2
Hyperscan info:              Version: 5.2.0 Features: AVX2 Mode: BLOCK
Expression count:            1
Bytecode size:               6,440 bytes
Database CRC:                0x9ae7aa07
Scratch size:                2,867 bytes
Compile time:                0.002 seconds
Peak heap usage:             184,459,264 bytes
Time spent scanning:         4.460 seconds
Corpus size:                 177,087,567 bytes (130,957 blocks)
Matches per iteration:       546 (0.003 matches/kilobyte)
Overall block rate:          2,936,005.62 blocks/sec
Mean throughput (overall):   31,761.88 Mbit/sec
Max throughput (per core):   33,807.31 Mbit/sec
```

7.2.8　流模式下的重复语义

包含重复语义的规则在流模式下性能开销大。包含重复语义的规则如 X.{1000,1001}abcd，在流模式下性能开销大。它要求对每个 X 字符进行相应处理（对搜索较长的字符串而言，在流模式下性能开销更大），并可能需要记录数百个偏移量的历史记录，以防 X 和 abcd 被流边界分隔开。

因此，应避免大量地、不必要地使用重复语义，特别是在规则的其他部分非常具体的情况下。例如，规则中包含病毒特征就足够了，而无须包含如包括两字符 Windows 可执行前缀和预先定义的重复语义。

7.2.9　青睐字符串

在可能的情况下，更倾向编写带字符串的规则，尤其是较长字符串的规则。在流模式下，更倾向在靠前部分出现字符串的规则。

必须匹配字符串的规则将比不匹配字符串的规则的匹配性能更高。例如，\wab\d*\w\ w\w 的性能比\w\w\d*\w\w 更高，也比\w(abc)?\d*\w\w\w 更高（包含一个不必在输入中出现的字符串）。

下面显示了在相同输入数据下\wab\d*\w\w\w 的匹配性能比\w\w\d*\w\w 高，这是利用字符串部分进行输入预过滤实现的。

即使包含隐式字符串也比没有要好：[0-2][3-5].*\w\w 仍然有效地包含 9 个两字符的字符串。但不需要手动优化此规则；如果重写为（03|04|05|13|14|15|23|24|25），此规则也不会被匹配得更快。

在任何情况下，使用较长的字符串比使用较短的字符串要好。一个由 100 个 14 字符的字符串生成的数据库将比一个由 100 个 4 字符的字符串生成的数据库匹配性能要快得多，并且返回的匹配数更少。

此外，在流模式下，更倾向规则中出现较早、较长字符串的规则。例如，规则 b\w*foobar 不如 blah\w*foobar 好。

在块模式下，这些规则之间的差异要小得多。

在流模式下，规则中任何位置出现较长字符串都将更好。例如，在流模式下，上述两种规则都比 b\w*fo 匹配性能更高。

规则\wab\d*\w\w\w 匹配性能：

```
$ taskset 1 bin/hsbench -e pattern1 -c alexa200.db -N -n100
Signatures:              pattern1
Hyperscan info:          Version: 5.2.0 Features: AVX2 Mode: BLOCK
Expression count:        1
Bytecode size:           14,024 bytes
Database CRC:            0x56a69596
Scratch size:            2,831 bytes
Compile time:            0.003 seconds
Peak heap usage:         184,459,264 bytes

Time spent scanning:     5.976 seconds
Corpus size:             177,087,567 bytes (130,957 blocks)
Matches per iteration:   26,983 (0.156 matches/kilobyte)
Overall block rate:      2,191,387.88 blocks/sec
Mean throughput (overall):   23,706.56 Mbit/sec
Max throughput (per core):   24,992.55 Mbit/sec
```

规则\w\w\d*\w\w 匹配性能：

```
$ taskset 1 bin/hsbench -e pattern2 -c alexa200.db -N
Signatures:                 pattern2
Hyperscan info:             Version: 5.2.0 Features: AVX2 Mode: BLOCK
Expression count:           1
Bytecode size:              5,880 bytes
Database CRC:               0x824e1b6b
Scratch size:               2,681 bytes
Compile time:               0.002 seconds
Peak heap usage:            184,459,264 bytes

Time spent scanning:        24.962 seconds
Corpus size:                177,087,567 bytes (130,957 blocks)
Matches per iteration:      32,210,619 (186.256 matches/kilobyte)
Overall block rate:         104,925.56 blocks/sec
Mean throughput (overall):  1,135.09 Mbit/sec
Max throughput (per core):  1,158.41Mbit/sec
```

7.2.10 DOTALL 标志

尽可能使用 DOTALL 标志。不使用 HS_FLAG_DOTALL 标志可能性能开销较大，因为这将默认使 A.*B 形式的规则变成 A[^\n]*B。

不带 DOTALL 标志的匹配很可能逐行完成，因为换行符标记每个块的开始和结束。

在大多数情况下都是如此（一个例外是 DOTALL 标志处于关闭状态，但该规则包含显式换行符或隐式匹配换行符的结构，例如\s）。对比如下，在规则 foo.*bar 之后添加 DOTALL 标志后匹配性能略有提升。

规则 foo.*bar 带 DOTALL 标志的匹配性能：

```
$ taskset 1 bin/hsbench -e pattern1 -c alexa200.db -N -n200
Signatures:                 pattern1
Hyperscan info:             Version: 5.2.0 Features: AVX2 Mode: BLOCK
Expression count:           1
Bytecode size:              5,928 bytes
Database CRC:               0xf4da444c
Scratch size:               2,470 bytes
Compile time:               0.002 seconds
Peak heap usage:            184,459,264 bytes

Time spent scanning:        8.843 seconds
```

```
Corpus size:                    177,087,567 bytes (130,957 blocks)
Matches per iteration:          604 (0.003 matches/kilobyte)
Overall block rate:             2,961,952.16 blocks/sec
Mean throughput (overall):      32,042.57 Mbit/sec
Max throughput (per core):      34,175.61 Mbit/sec
```

规则 foo.*bar 匹配性能：

```
$ taskset 1 bin/hsbench -e pattern2 -c alexa200.db -N -n200
Signatures:                     pattern2
Hyperscan info:                 Version: 5.2.0 Features: AVX2 Mode: BLOCK
Expression count:               1
Bytecode size:                  6,440 bytes
Database CRC:                    0xad5006ea
Scratch size:                   2,867 bytes
Compile time:                   0.002 seconds
Peak heap usage:                184,459,264 bytes

Time spent scanning:            8.899 seconds
Corpus size:                    177,087,567 bytes (130,957 blocks)
Matches per iteration:          546 (0.003 matches/kilobyte)
Overall block rate:             2,943,035.31 blocks/sec
Mean throughput (overall):      31,837.93 Mbit/sec
Max throughput (per core):      33,949.44 Mbit/sec
```

7.2.11　单次匹配标志

考虑使用单次匹配标志。 如果每条规则仅需要一个匹配项，则可以使用提供的标志（HS_FLAG_SINGLEMATCH）来表示这一点。此标志可以允许许多优化，从而在流模式下既可以提高性能，又可以减少匹配状态空间。下面展示了单次匹配标志带来的效果。

然而，有一些额外开销与记录规则集中的每条规则是否匹配相关。对于某些匹配不频繁的应用程序，使用单次匹配标志可能会降低性能。

规则\wab\d*\w\w\w 带单次匹配标志的匹配性能：

```
$ taskset 1 bin/hsbench -e pattern1 -c alexa200.db -N -n100
Signatures:                     pattern1
Hyperscan info:                 Version: 5.2.0 Features: AVX2 Mode: BLOCK
Expression count:               1
Bytecode size:                  13,544 bytes
Database CRC:                    0xc78250fd
Scratch size:                   2,832 bytes
```

```
Compile time:              0.003 seconds
Peak heap usage:           184,459,264 bytes


Time spent scanning:       5.655 seconds
Corpus size:               177,087,567 bytes (130,957 blocks)
Matches per iteration:     10,555 (0.061 matches/kilobyte)
Overall block rate:        2,315,911.76 blocks/sec
Mean throughput (overall): 25,053.67 Mbit/sec
Max throughput (per core): 26,734.46 Mbit/sec
```

规则\wab\d*\w\w\w 匹配性能：

```
$ taskset 1 bin/hsbench -e pattern1 -c alexa200.db -N -n100
Signatures:                pattern1
Hyperscan info:            Version: 5.2.0 Features: AVX2 Mode: BLOCK
Expression count:          1
Bytecode size:             14,024 bytes
Database CRC:              0xe62b9905
Scratch size:              2,831 bytes
Compile time:              0.003 seconds
Peak heap usage:           184,459,264 bytes


Time spent scanning:       6.115 seconds
Corpus size:               177,087,567 bytes (130,957 blocks)
Matches per iteration:     26,983 (0.156 matches/kilobyte)
Overall block rate:        2,141,737.04 blocks/sec
Mean throughput (overall): 23,169.44 Mbit/sec
Max throughput (per core): 24,673.13 Mbit/sec
```

7.2.12 Start of Match 标志

非必须情况下不要使用 Start of Match（SOM）标志。SOM 信息的收集成本可能很高，并且可能需要在流模式下存储大量流状态。因此，仅对要求 SOM 的规则使用 HS_FLAG_SOM_LEFTMOST 标志。

SOM 信息通常不会比使用重复语法开销更小（无论是性能，还是流内存大小方面）。因此，与 foo.{300}bar 相比，带 SOM 标志的 foo.*bar 在回调函数检查匹配开始偏移量开销更大。下面显示了在 foo.*bar 上使用 SOM 标志后的额外开销。

同样，min_length 扩展参数可用于指定规则匹配长度的下限。在某些情况下，使用此功能可能比在调用程序中使用 SOM 标志和确认匹配长度更方便。

规则 foo.*bar 带 SOM 标志的匹配性能：

```
$ taskset 1 bin/hsbench -e pattern1 -c alexa200.db -N -n200
Signatures:                   pattern1
Hyperscan info:               Version: 5.2.0 Features: AVX2 Mode: BLOCK
Expression count:             1
Bytecode size:                10,048 bytes
Database CRC:                 0xca229d58
Scratch size:                 3,255 bytes
Compile time:                 0.002 seconds
Peak heap usage:              182,796,288 bytes

Time spent scanning:          9.429 seconds
Corpus size:                  177,087,567 bytes   (130,957 blocks)
Matches per iteration:        546 (0.003 matches/kilobyte)
Overall block rate:           2,777,748.74 blocks/sec
Mean throughput (overall):    30,049.85 Mbit/sec
Max throughput (per core):    31,876.40 Mbit/sec
```

规则 foo.*bar 匹配性能：

```
$ taskset 1 bin/hsbench -e pattern2 -c alexa200.db -N -n200
Signatures:                   pattern2
Hyperscan info:               Version: 5.2.0 Features: AVX2 Mode: BLOCK
Expression count:             1
Bytecode size:                6,440 bytes
Database CRC:                 0xf588f3dd
Scratch size:                 2,867 bytes
Compile time:                 0.002 seconds
Peak heap usage:              184,459,264 bytes

Time spent scanning:          8.916 seconds
Corpus size:                  177,087,567 bytes (130,957 blocks)
Matches per iteration:        546 (0.003 matches/kilobyte)
Overall block rate:           2,937,693.19 blocks/sec
Mean throughput (overall):    31,780.14 Mbit/sec
Max throughput (per core):    33,804.19 Mbit/sec
```

7.2.13　近似匹配

近似匹配是一项实验功能。由于匹配的可能性增长，因此近似匹配通常会带来性能影响。图 7.5 显示了规则为^abcd 且编辑距离为 1 所生成的图结构。近似匹配功能将增加图的复杂度，并由于更多激活状态和状态转移而导致性能降低。我们可以通过比较进一步证明这种情况。

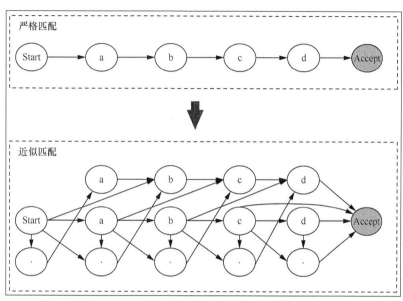

图 7.5　近似匹配的转换示例：规则为^ abcd 且编辑距离为 1

规则 foobar 且编辑距离为 2 的匹配性能：

```
$ taskset 1 bin/hsbench -e pattern1 -c alexa200.db -N -n200
Signatures:                  pattern1
Hyperscan info:              Version: 5.2.0 Features: AVX2 Mode: BLOCK
Expression count:            1
Bytecode size:               10,488 bytes
Database CRC:                0xde90c5aa
Scratch size:                3,214 bytes
Compile time:                0.006 seconds
Peak heap usage:             184,459,264 bytes

Time spent scanning:         33.477 seconds
Corpus size:                 177,087,567 bytes (130,957 blocks)
Matches per iteration:       11,899 (0.069 matches/kilobyte)
Overall block rate:          782,377.03 blocks/sec
Mean throughput (overall):   8,463.80 Mbit/sec
Max throughput (per core):   8,787.20 Mbit/sec
```

规则 foobar 匹配性能：

```
$ taskset 1 bin/hsbench -e pattern2 -c alexa200.db -N -n200
Signatures:                pattern1
Hyperscan info:            Version: 5.2.0 Features: AVX2 Mode: BLOCK
Expression count:          1
Bytecode size:             936 bytes
Database CRC:              0xcc566bb4
Scratch size:              2,319 bytes
Compile time:              0.000 seconds
Peak heap usage:           182,796,288 bytes

Time spent scanning:       6.465 seconds
Corpus size:               177,087,567 bytes (130,957 blocks)
Matches per iteration:     3 (0.000 matches/kilobyte)
Overall block rate:        4,051,369.73 blocks/sec
Mean throughput (overall): 43,827.96 Mbit/sec
Max throughput (per core): 46,537.12 Mbit/sec
```

第8章　Hyperscan 实际案例学习

Hyperscan 作为一款高性能正则表达式匹配库被广泛应用于各种系统中，包括 IDS/IPS、防火墙、网络应用识别系统等。本章将为读者介绍 Hyperscan 在各种应用中的具体集成案例，并展示其所带来的性能提升。

8.1　Snort

8.1.1　介绍

Snort 是来自 Cisco 公司的开源网络入侵预防和检测系统。它基于定义的规则集分析网络上的实时流量并记录数据报文日志，其功能包括协议分析、内容搜索和匹配、网络攻击，以及异常的检测，例如缓冲区溢出、隐形端口扫描、通用网关接口（Common Gateway Interface，CGI）攻击、服务器消息块（Server Message Block，SMB）探测、操作系统指纹尝试等。

Snort 可被配置为 3 种运行模式。

（1）Sniffer 模式：从网络读取数据报文并显示在屏幕上。

（2）Packet Logger 模式：将数据报文记录到磁盘中。

（3）网络入侵检测系统（Network Instruction Detection System，NIDS）模式：对网络流量进行检测和分析。

Snort 接收网络数据报文，对数据报文内容进行重组和归一化处理，然后基于规则集对此流量进行威胁检测。如果检测到威胁，则可以触发后续处理。图 8.1 所示为 Snort 的基本处理流程。

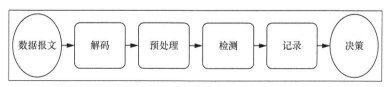

图 8.1　Snort 的基本处理流程

- 解码每个数据报文以确定网络信息，例如源地址、目标地址、源端口和目标端口。在对数据报文进行解码时会检查各种封装协议的完整性和异常情况。

- 对每个解码后的数据报文进行预处理。此步骤可能涉及对 IP 片段和 TCP 片段进行重新排序和重组，以生成原始应用协议数据单元（Protocol Data Unit，PDU）。根据需要对这些 PDU 进行分析和归一化，以支持进一步处理。

- 检测分为两个阶段。为了提高效率，大多数规则包含可搜索的特定子字符串规则，当找不到字符串匹配项时，无须进一步处理。所有字符串规则将统一进行匹配。如果找到匹配项，则匹配字符串规则对应的完整规则。

- 在记录步骤中，Snort 会针对先前步骤结果采取必要的操作，或保存先前步骤所产生的任何信息。

有关 Snort 功能的更多详细信息，请参考 Snort 3.0 的相关手册。

8.1.2　Hyperscan 集成

Snort 的 3 个模块中使用了 Hyperscan。

（1）多字符串匹配，替代了默认的 Aho-Corasick 算法。

（2）单字符串匹配，替代了默认的 Boyer-Moore 算法。

（3）正则表达式匹配。对于 Hyperscan 支持的规则，使用 Hyperscan 替代 PCRE 做匹配；对于 Hyperscan 不支持的规则，作为 PCRE 的预过滤。在运行 PCRE 之前，用 Hyperscan 的预过滤模式对规则进行预过滤检查。预过滤的结果可以完全避免 PCRE 匹配性能开销大的规则。

Snort 主要分为 2.9 版本和 3.0 版本。以下代码片段来自 Snort 2.9.8.2 补丁，其中提供了 Hyperscan 集成所需的主要函数。Snort 3.0 的改动与此类似。这些函数如下。

- HyperscanPm()：基本数据结构，包含数据库、规则，以及处理数据库所需的其他信息，例如规则数量、分配的内存容量等。

- HyperscanFree()：释放已创建的 Hyperscan 数据库。

- HyperscanAddPattern()：添加规则和对应的标志，包括大小写、有效匹配偏移量区间和规则长度等。

- HyperscanBuild()：根据标志、扩展参数和 scratch 内存编译数据库。

- HyperscanCompile()：调用 HyperscanBuild() 并分配 Snort 私有变量。

- HyperscanSearch()：使用编译生成的数据库对流量进行匹配，并返回匹配数量。

- HyperscanPrintInfo()：输出 Hyperscan 相关信息，如规则数量、规则标志（大小写和有效匹配偏移量区间等）、平均规则长度和数据库大小等。

- Hyperscan PrintSummary()：提供有关数据库数量、内存和 scratch 内存大小的信息。

```
HyperscanPm *HyperscanNew(void (*userfree)(void *p),
                          void (*optiontreefree)(void **p),
                          void (*neg_list_free)(void **p));


int HyperscanBuild(HyperscanPm *pm);


void HyperscanFree(HyperscanPm *pm);


int HyperscanAddPattern(HyperscanPm *pm, unsigned char *pat, int patlen, int nocase,
                   int offset, int depth, int negative, void *id, int iid);


int HyperscanCompile(HyperscanPm *pp,
                   int (*build_tree)(void *id, void **existing_tree),
                   int (*neg_list_func)(void *id, void **list));


int HyperscanCompileWithSnortConf(struct _SnortConfig *sc, HyperscanPm *pp,
                              int (*build_tree)(struct _SnortConfig *,
                              void *id, void **existing_tree),
                              int (*neg_list_func)(void *id, void **list));


int HyperscanSearch(HyperscanPm *pm, unsigned char *t, int tlen,
                   int (*match)(void *id, void *tree, int index, void *data,
                   void *neg_list), void *data);


int HyperscanGetPatternCount(HyperscanPm *pm);


void HyperscanPrintInfo(HyperscanPm *pm);


void HyperscanPrintSummary();
```

以下代码展示了 HyperscanBuild()的细节。Hyperscan 将编译一组规则，并为每条规则检查标志与扩展参数，如是否区分大小写。然后使用 hs_compile_ext_multi 将规则编译成数据库。在默认情况下使用块模式进行编译。如果数据库编译失败，将返回错误信息。

```
1    int HyperscanBuild(HyperscanPm *pm) {
2        if (!pm) {
3            return -1;
4        }
5
6        // The Hyperscan compiler takes its patterns in a group of arrays
```

```
 7      const unsigned num_patterns = pm->patterns_len;
 8      const char **patterns = SnortAlloc(num_patterns * sizeof(char *));
 9      unsigned int *flags = SnortAlloc(num_patterns * sizeof(unsigned int));
10      unsigned int *ids = SnortAlloc(num_patterns * sizeof(unsigned int));
11      hs_expr_ext_t *exts = SnortAlloc(num_patterns * sizeof(hs_expr_ext_t));
12      const hs_expr_ext_t **ext =
13          SnortAlloc(num_patterns * sizeof(hs_expr_ext_t *));
14      unsigned int i = 0;
15
16      for (; i < num_patterns; i++) {
17          const HyperscanPattern *hp = &pm->patterns[i];
18          patterns[i] = hp->pattern;
19          flags[i] = HS_FLAG_SINGLEMATCH;
20          if (hp->nocase) {
21              flags[i] |= HS_FLAG_CASELESS;
22          }
23          ids[i] = i;
24          exts[i].flags = 0;
25          if (hp->offset != 0) {
26              exts[i].flags |= HS_EXT_FLAG_MIN_OFFSET;
27              exts[i].min_offset = hp->offset + hp->pattern_len;
28          }
29          if (hp->depth != 0) {
30              exts[i].flags |= HS_EXT_FLAG_MAX_OFFSET;
31              exts[i].max_offset = hp->offset + hp->depth;
32          }
33          ext[i] = &exts[i];
34      }
35      hs_compile_error_t *compile_error = NULL;
36      hs_error_t error = hs_compile_ext_multi(patterns, flags, ids, ext,
37          num_patterns, HS_MODE_BLOCK, NULL, &(pm->db), &compile_error);
38      free(patterns);
39      free(flags);
40      free(ids);
41      free(exts);
42  }
```

以下代码展示了 HyperscanSearch() 使用 Hyperscan 匹配的流程。编译生成的数据库、匹配输入数据、scratch 内存和回调函数将被提供给 hs_scan()。如果 Hyperscan 找到了匹配，将触发回调函数记录匹配数。此函数最后返回累计匹配数。

```
 1  int HyperscanSearch(HyperscanPm *pm, unsigned char *t, int tlen,
 2                      int (*match)(void *id, void *tree, int index, void *data,
```

```
 3                         void *neg_list), void *data) {
 4      HyperscanCallbackContext ctx;
 5      ctx.pm = pm;
 6      ctx.data = data;
 7      ctx.match = match;
 8      ctx.num_matches = 0;
 9
10      hs_error_t error = hs_scan(pm->db, (const char *)t, tlen, 0,
11                                 hs_mpse_scan_scratch, onMatch, &ctx);
12
13      if (error != HS_SUCCESS && error != HS_SCAN_TERMINATED) {
14          FatalError("hs_scan() failed: error %d\n", error);
15      }
16      return ctx.num_matches;
17  }
18
19  int onMatch(unsigned int id, unsigned long long from, unsigned long long to,
20              unsigned int flags, void *hs_ctx) {
21      HyperscanCallbackContext *ctx = hs_ctx;
22      const HyperscanPattern *hp = &ctx->pm->patterns[id];
23
24      ctx->num_matches++;
25
26      int index = (int)(to - hp->pattern_len);
27
28      if (ctx->match(hp->user_data, hp->rule_option_tree, index, ctx->data,
29                     hp->neg_list) > 0) {
30          return 1; // Halt matching
31      }
32      return 0; // Continue matching
33  }
```

8.1.3 基于内存的性能测试

在内存测试中，Snort 读取 PCAP 文件，并将规则应用于其中包含的网络流量。

1. 环境配置

我们在 Intel® Xeon® Gold 6152 上使用 Snort 社区规则和 Hyperscan 5.0 来测试 Snort 3.0 性能。表 8.1 展示了硬件配置细节。表 8.2 和表 8.3 分别展示了 Snort 与 Hyperscan 软件细节及其他第三方软件库版本。

表 8.1　Intel® Xeon® Gold　硬件配置细节

属性		值
Motherboard		Supermicro X11DPG-QT
CPU	Product	Intel® Xeon® Gold 6152
	Speed(MHz)	2100
	Number of CPUs	22 Cores (Total 88 Threads)
	Stepping	4
	L3 Cache	30976K
System Memory	Vendor	Micron*
	Type	DDR4-2667 RDIMM
	Configured Speed	2667 MHz
	Size per DIMM	16 GB
	Channel	1 DIMM/Channel, 6 Channels per socket
BIOS	Vendor	American Megatrends Inc. *
	Microcode Version	0x200004d
	Version	2.0b
OS	Vendor	Ubuntu 18.04
	Version	4.15

表 8.2　Snort 与 Hyperscan 软件细节

属性	值
Snort® Version	3.0
Hyperscan Version	5.0
Snort® Ruleset	Snort Community Rules
Total no. of Rules	829

表 8.3　第三方软件库版本

软件库	版本
GCC version	7.3
DAQ Version	2.2.2
LuaJIT Version	2.1.0-beta3
OpenSSL Version	1.1.0
Libpcap Version	1.8.1
PCRE Version	8.39

2.　测试方法

测试方法如下。

- Snort 在启动时对规则集进行加载，线程在 PCAP 输入上匹配这些规则，所有线程同时运行在同一个 PCAP 输入上。
- 从终端记录接收字节数和运行时间。
- 吞吐量通过公式——(接收字节数/总运行时间) × 8 / 10^9 来计算，单位为 Gbit/s。
- 测试场景如下。
    - 开启超线程。
    - 基于核数的性能扩展性。
    - 测试开启和关闭 Turbo 的性能并比较。
    - 为展示 Hyperscan 优势，将与默认匹配算法比较性能。

3. 命令行

使用的命令行如下：

```
taskset -c 0-21 snort -c snort.lua --PCAP-dir PCAPS --PCAP-filter '*.PCAP' -R  snort3
-community.rules -k none -z 22 --lua "search_engine = { search_method = 'hyperscan'}"
--PCAP-loop 20
```

- 具体选项介绍如下。
    - --PCAP-dir：PCAP 文件所在目录。
    - --PCAP-filter：仅使用扩展名为.PCAP 的文件。
    - -R：规则文件。
    - -z：并行线程数。在这种情况下为 22 个并行线程。
    - --lua：指定匹配方法，这里为 Hyperscan，默认为 ac_bnfa。
    - -c：Snort Lua 文件。
    - --PCAP-loop：迭代次数。

4. RAMDisk

存储配置如下：

- 对于双 CPU socket 测试，每个 socket 挂载一个 RAMDisk。
- 配置 Snort 从特定的 CPU socket 读取 PCAP 文件。

5. PCAP 描述

PCAP 描述如下。

- 包含使用网络爬虫脚本抓取的访问 Alexa 列举的最热门的 200 个网站时产生的流量。
- 报文总数为 726 827（98.1% TCP 报文；1.8%UDP 报文）。
- PCAP 文件总大小为 566 403 076 字节。

6. 测试结果

图 8.2 展示了 Snort 3.0 内存模式的性能测试，包含开启 Hyperscan 且关闭 Turbo 下基于核数的性能扩展性。

- 开启超线程后获得 1.4 倍性能提升。
- 基于核数的性能扩展性接近线性。

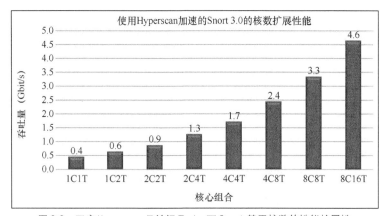

图 8.2　开启 Hyperscan 且关闭 Turbo 下 Snort 基于核数的性能扩展性

图 8.3 展示了 Snort 3.0 分别开启和关闭 Hyperscan 的单核性能比较。单核单线程下开启 Hyperscan 且关闭 Turbo，获得约 4 倍性能提升。

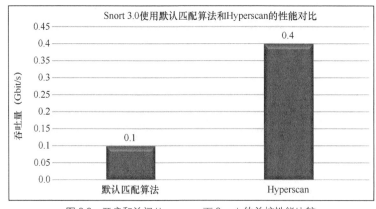

图 8.3　开启和关闭 Hyperscan 下 Snort 的单核性能比较

8.2　Suricata

8.2.1　介绍

Suricata 是一款可靠、高性能的开源网络威胁检测引擎。

它的特性包括：实时入侵检测/防御、网络安全监控和离线 PCAP 处理。Suricata 支持多线程处理，因此 Suricata 的一个实例可以充分利用 Intel 多核体系结构。Suricata 在启动过程中加载用户定义的规则，然后使用这些规则分析数据报文。

图 8.4 展示了 Suricata 的运行出入口，以及 3 个主要功能模块。

（1）数据包获取模块：从网络上不断读取数据报文。

（2）解码模块：对数据报文进行解码。流应用层需要负责以下 3 个任务。

● 　进行流跟踪，以确保网络连接的正确性。

● 　进行流组装，重建原始流。

● 　检查应用程序层，分析 HTTP 和 DCERPC。

（3）检测线程模块：对编译期加载的签名进行比较。检测线程可能有多个，并同时运行。基于此，Suricata 可以被归类为多线程应用程序

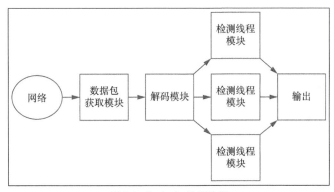

图 8.4　Suricata 处理流程

此外，在输出中，所有的警报和异常事件都会被处理。

8.2.2　Hyperscan 集成

Suricata 的单规则匹配（Spatial Pyramid Matching，SPM）和多规则匹配（MPM）这两个模块都使用了 Hyperscan。

对于 MPM，util-mpm-hs.c 提供了 MPM 所需的主要功能，如下所列。

- SCHSInitCtx()：初始化 Hyperscan 上下文。
- SCHSAddPatterns()：将规则添加到 MPM 上下文。输入包括指向规则的指针、规则的长度、规则 id、签名 id 和规则标志。
- SCHSAddPatternCI()：与上述相同，但增加了规则的大小写不区分。
- SCHSAddPatternsCS()：与上述相同，但增加了规则的大小写区分。
- SCHSPreparePatterns()：创建了内部表以及添加到 MPM 上下文的规则。
- SCHSSearch()：主要的 Hyperscan 查询功能。输入包括 MPM 上下文、MPM 线程上下文、指向用来保存匹配的规则匹配队列的指针、输入缓冲区和缓冲区长度。
- SCHSPrintInfo()：输出有关 MPM Hyperscan 匹配器的常规信息，例如分配的内存、规则大小、上下文信息等。

这里更深入地介绍一下规则编译 SCHSPreparePatterns()和查询 SCHSSearch()这两个重要函数。

首先列出的是关于 Hyperscan 上下文的数据结构，用于存储规则的细节信息：

```
1    typedef struct MpmCtx_ {
2        void *ctx;
3        uint8_t mpm_type;
4        uint8_t flags;
5        uint16_t maxdepth;
6        /* unique patterns */
7        uint32_t pattern_cnt;
8        uint16_t minlen;
9        uint16_t maxlen;
10       uint32_t memory_cnt;
11       uint32_t memory_size;
12
13       uint32_t max_pat_id;
14
15       /* hash used during ctx initialization */
16       MpmPattern **init_hash;
17   } MpmCtx;
```

下面 4 段代码来自 SCHSPreparePatterns()。首先是一些前期初始化：

```
1    int SCHSPreparePatterns(MpmCtx *mpm_ctx) {
2        SCHSCtx *ctx = (SCHSCtx *)mpm_ctx->ctx;
3
4        if (mpm_ctx->pattern_cnt == 0 || ctx->init_hash == NULL) {
5            SCLogDebug("no patterns supplied to this mpm_ctx");
```

```
6          return 0;
7      }
8
9      hs_error_t err;
10     hs_compile_error_t *compile_err = NULL;
11     SCHSCompileData *cd = NULL;
12     PatternDatabase *pd = NULL;
13     cd = SCHSAllocCompileData(mpm_ctx->pattern_cnt);
14
15     if (cd == NULL) {
16         goto error;
17     }
18
19     pd = PatternDatabaseAlloc(mpm_ctx->pattern_cnt);
20     if (pd == NULL) {
21         goto error;
22     }
```

然后根据散列函数的规则来填充规则数组：

```
23     for (uint32_t i = 0, p = 0; i < INIT_HASH_SIZE; i++) {
24         SCHSPattern *node = ctx->init_hash[i], *nnode = NULL;
25         while (node != NULL) {
26             nnode = node->next;
27             node->next = NULL;
28             pd->parray[p++] = node;
29             node = nnode;
30         }
31     }
```

为每个规则添加 HS_FLAG：

```
32     for (uint32_t i = 0; i < pd->pattern_cnt; i++) {
33         const SCHSPattern *p = pd->parray[i];
34
35         cd->ids[i] = i;
36         cd->flags[i] = HS_FLAG_SINGLEMATCH;
37
38         if (p->flags & MPM_PATTERN_FLAG_NOCASE) {
39             cd->flags[i] |= HS_FLAG_CASELESS;
40         }
41
42         cd->expressions[i] = HSRenderPattern(p->original_pat, p->len);
43
```

```
44          if (p->flags & (MPM_PATTERN_FLAG_OFFSET | MPM_PATTERN_FLAG_DEPTH)) {
45              cd->ext[i] = SCMalloc(sizeof(hs_expr_ext_t));
46
47              if (cd->ext[i] == NULL) {
48                  SCMutexUnlock(&g_db_table_mutex);
49                  goto error;
50              }
51              memset(cd->ext[i], 0, sizeof(hs_expr_ext_t));
52
53              if (p->flags & MPM_PATTERN_FLAG_OFFSET) {
54                  cd->ext[i]->flags |= HS_EXT_FLAG_MIN_OFFSET;
55                  cd->ext[i]->min_offset = p->offset + p->len;
56              }
57
58              if (p->flags & MPM_PATTERN_FLAG_DEPTH) {
59                  cd->ext[i]->flags |= HS_EXT_FLAG_MAX_OFFSET;
60                  cd->ext[i]->max_offset = p->offset + p->depth;
61              }
62          }
63      }
```

到这一步，就可以使用 hs_compile_ext_multi() 来根据规则、标志、id、模式等参数来编译数据库。Suricata 在检测模块中使用的就是这里生成的数据库。类似地，编译期还要对 scratch 内存空间进行分配。代码如下：

```
64      err = hs_compile_ext_multi((const char *const *)cd->expressions, cd->flags,
65                          cd->ids, (const hs_expr_ext_t *const *)cd->ext,
66                          cd->pattern_cnt, HS_MODE_BLOCK, NULL, &pd->hs_db,
67                          &compile_err);
68
69      if (err != HS_SUCCESS) {
70          SCLogError(SC_ERR_FATAL, "failed to compile hyperscan database");
71          if (compile_err) {
72              SCLogError(SC_ERR_FATAL, "compile error: %s", compile_err->message);
73          }
74          hs_free_compile_error(compile_err);
75          SCMutexUnlock(&g_db_table_mutex);
76          goto error;
77      }
78
79      err = hs_alloc_scratch(pd->hs_db, &g_scratch_proto);
80      SCMutexUnlock(&g_scratch_proto_mutex);
```

```
81
82     if (err != HS_SUCCESS) {
83         SCLogError(SC_ERR_FATAL, "failed to allocate scratch");
84         SCMutexUnlock(&g_db_table_mutex);
85         goto error;
86     }
```

下面的 SCHSSearch()实现了对输入流量或只读 PCAP 文件进行规则匹配的核心功能。其中所调用的 Hyperscan 核心匹配函数是 hs_scan()，其输入参数包括 Suricata 规则编译期生成的数据库、输入流量，以及 scratch 内存空间。如果遇到成功匹配，就会触发一个匹配事件处理函数。

```
1   uint32_t SCHSSearch(const MpmCtx *mpm_ctx, MpmThreadCtx *mpm_thread_ctx,
2                       PrefilterRuleStore *pmq, const uint8_t *buf,
3                       const uint32_t buflen) {
4       uint32_t ret = 0;
5       SCHSCtx *ctx = (SCHSCtx *)mpm_ctx->ctx;
6       SCHSThreadCtx *hs_thread_ctx = (SCHSThreadCtx *)(mpm_thread_ctx->ctx);
7       const PatternDatabase *pd = ctx->pattern_db;
8
9       if (unlikely(buflen == 0)) {
10          return 0;
11      }
12
13      SCHSCallbackCtx cctx = {.ctx = ctx, .pmq = pmq, .match_count = 0};
14      /* scratch should have been cloned from g_scratch_proto at thread init */
15      hs_scratch_t *scratch = hs_thread_ctx->scratch;
16      BUG_ON(pd->hs_db == NULL);
17      BUG_ON(scratch == NULL);
18
19      hs_error_t err = hs_scan(pd->hs_db, (const char *)buf, buflen, 0, scratch,
20                      SCHSMatchEvent, &cctx);
21
22      if (err != HS_SUCCESS) {
23          /* An error value (other than HS_SCAN_TERMINATED) from hs_scan()
24           * indicates that it was passed an invalid database or scratch region,
25           * which is not something we can recover from at scan time */
26          SCLogError(SC_ERR_FATAL, "Hyperscan returned error %d", err);
27          exit(EXIT_FAILURE);
28      } else {
29          ret = cctx.match_count;
30      }
31      return ret;
32  }
```

对于 SPM，util-spm-hs.c 提供了 SPM 所需的主要功能，和 MPM 中类似，如下。

- HSMakeThreadCtx()：为 SPM 线程上下文分配内存，还为启动的每个线程分配 scratch 内存空间。
- HSDestroyThreadCtx()：释放 scratch 内存空间。
- HSInitCtx()：构建 Hyperscan 数据库。
- HSScan()：对在编译期建立的数据库扫描流量或语料库文件。

如果 Suricata 是和 Hyperscan 一起编译的，Suricata 就可以在运行时引用上述 Hyperscan 使用的功能函数，而不是默认的匹配引擎。不过此时仍然需要在配置文件或命令行中设置使用 Hyperscan 来充当匹配引擎，否则将使用默认的匹配引擎。

8.2.3　基于内存的性能测试

基于内存的性能测试的方式是由 Suricata 读取 PCAP 文件，并将其视为输入流量。

1．环境配置

测试将使用 Suricata 的内存模式，规则集为 Emerging-threat，Hyperscan 版本为 5.2，硬件平台为 Intel® Xeon® Gold 6152。表 8.4 展示了硬件配置细节。表 8.5 和表 8.6 分别展示了 Snort 与 Hyperscan 软件细节及其他第三方软件库版本。

表 8.4　Intel® Xeon® Gold 硬件配置细节

属性		值
Motherboard		Supermicro X11DPG-QT
CPU	Product	Intel® Xeon® Gold 6152
	Speed(MHz)	2100
	Number of CPUs	22 Cores (Total 88 Threads)
	Stepping	4
	L3 Cache	30976K
System Memory	Vendor	Micron*
	Type	DDR4-2667 RDIMM
	Configured Speed	2667 MHz
	Size per DIMM	16 GB
	Channel	1 DIMM/Channel, 6 Channels per socket
BIOS	Vendor	American Megatrends Inc. *
	Microcode Version	0x200004d
	Version	2.0b
OS	Vendor	Ubuntu 18.04
	Version	4.15

表 8.5　Suricata 与 Hyperscan 软件细节

属性	值
Suricata® Version	5.0.2
Hyperscan Version	5.2
Suricata® Ruleset	Emerging Threat ruleset
Total no. of Rules	13458

表 8.6　第三方软件库版本

软件库	版本
GCC version	7.3
DAQ Version	2.2.2
LuaJIT Version	2.1.0-beta3
OpenSSL Version	1.1.0
Libpcap Version	1.8.1
PCRE Version	8.39

2. 测试方法

测试方法如下。

- Suricata 在启动时对规则集进行加载，线程在 PCAP 输入上匹配这些规则，所有线程同时运行在同一个 PCAP 输入上。
- 从终端记录接收字节数和运行时间。
- 吞吐量通过公式——(接收字节数/总运行时间) $\times$ 8 / 10^9 来计算，单位为 Gbit/s。
- 测试场景如下。
  - 开启超线程。
  - 基于核数的性能扩展性。
  - 为展示 Hyperscan 优势，将与默认匹配算法比较性能。

3. 命令行

使用的命令行如下：

```
/usr/bin/suricata -c /etc/suricata/suricata.yaml  -r
root/PCAP/alexa200_no_compressed_tr.PCAP   -v
```

对于基于核数扩展性测试，需要修改 Suricata.yaml 文件。后面会给出为了进行核数扩展性测试和改变算法需要对该文件进行修改的细节。

-v 表示输出详细细节。

4. PCAP 描述

PCAP 描述如下。

- 包含使用网络爬虫脚本抓取的访问 Alexa 列举的最热门的前 200 个网站时产生的流量。
- 报文总数为 726 827（98.1% TCP 报文；1.8% UDP 报文；0.1%其他报文）。
- PCAP 文件总大小为 566 403 076 字节。

5. 测试结果

图 8.5 展示了 Suricata 在启用 Hyperscan 之后基于内存的核数扩展性测试结果。

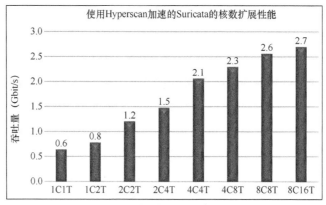

图 8.5　核数扩展性测试结果

- Suricata 利用了超线程优势。启用超线程时，性能提升可以达到 20%。
- Suricata 整体性能也随核数的增加而增加。尽管这种扩展可能不是线性的，但是使用增加线程的方式总能获得性能提升。

图 8.6 展示了启用 Suricata、关闭 Hyperscan（默认是 Aho-Corasick 匹配算法）的性能对比。

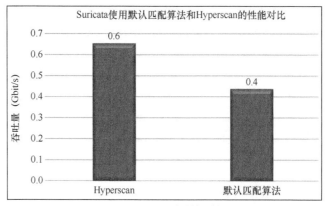

图 8.6　Hyperscan 与默认算法性能对比

使用 Hyperscan 后，Suricata 获得了巨大的性能提升，观察到的增益大概有 50%。

6. Suricata 配置文件优化

Suricata 配置文件优化如下。

- 配置默认 Aho-Corasick 算法。
  - mpm-algo: ac (aho-corasick)。
  - spm-algo: bm (boyer-moore)。
- 配置 Hyperscan 算法。
  - mpm-algo: hs (Hyperscan)。
  - spm-algo: hs (Hyperscan)。
- 配置基准转发性能测试。
  - 上述算法配置的规则都注释禁止。
- 多线程配置。
  - set-cpu-affinity: yes
  - cpu-affinity:
    - management-cpu-set:
      - cpu: [0]　# 在亲和力设置中仅包含这些 CPU
    - receive-cpu-set:
      - cpu: [1]　# 在亲和力设置中仅包含这些 CPU
    - worker-cpu-set:
      - cpu: [2,3]
      - mode: "exclusive"
        - #threads: 2
      - prio:
        - low: [0]
        - medium: [1,2]
        - high: [1,2]
        - default: "medium"
- 禁用所有统计信息、警告信息和报文日志功能。数据分析功能也禁用。

8.3　垃圾邮件检测

Rspamd

　　Rspamd 是一套开源的垃圾邮件过滤系统，它通过一系列规则来评估邮件消息，其规则包括正则表达式、统计分析和客户服务，如 URL 黑名单等。每条消息经过 Rspamd 分析后会得到一个分数。根据这个分数和用户设置会对消息采取对应的行为，如通过、拒绝、添加头部等。Rspamd 可以同时处理大量消息，每秒可处理数百条消息。

　　Rspamd 由事件驱动，分为很多进程，由主进程负责协调各个工作进程。工作进程有多种类型，包括普通扫描进程、控制进程和其他服务进程，如图 8.7 所示。消息处理和适用 Hyperscan 的部分就位于扫描进程。

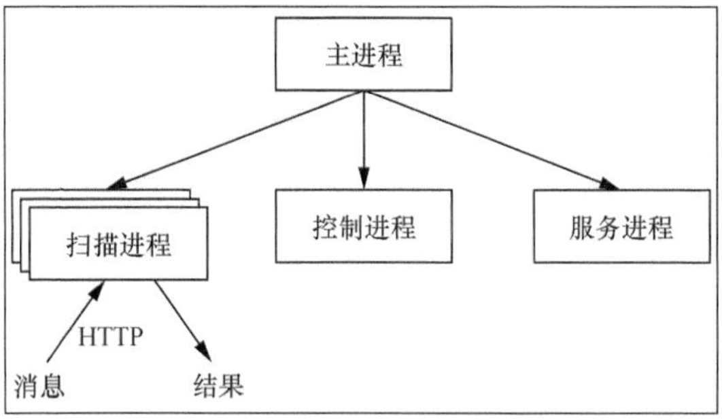

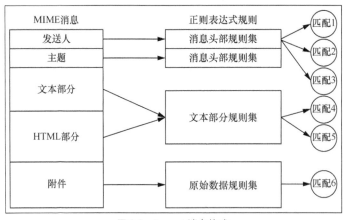

图 8.7　Rspamd 消息处理流程

　　Rspamd 中的正则表达式规则由用户定义，可来自邮件消息各个部分的特征，如消息头、URL 信息、文本部分，或整个消息体，如图 8.8 所示。每个正则表达式规则的匹配结果都会影响对邮件消息的评判。

图 8.8　Rspamd 消息格式

　　Rspamd 2016 年 1 月发布的 1.1 版，开始集成了 Hyperscan，用于加速对多正则表达式规则的匹配。在此之前，Rspamd 只使用 PCRE 来处理正则表达式的匹配，而 PCRE 一次只能对单个正则表达式规则进行匹配，这与 Rspamd 需要快速匹配大量正则表达式存在矛盾。在用 PCRE 处理多正则表达式规则的匹配问题时，不得不将每条规则分别进行编译，并分别进行匹配，如此会带来很大开销，运行效率低下。一种简单的解决办法是将所有的正则表达式规则用"或"运算合并为一条规则，然后使用 PCRE 做一次编译和一次匹配，如下列多条正则表达式规则：

foo.*bar；

[a-f]{6,10}；

GET\s.*HTTP。

可合并为一条正则表达式规则：

(foo.*bar) | ([a-f]{6,10}) | (GET\s.*HTTP)。

但这种方法并非任意时刻通用，一个简单的例子就是正则表达式通常可带有标志，如单次匹配、不区分大小写、支持多行等，如下所示：

/foo.*bar/H；

/[a-f]{6,10}/i；

/GET\s.*HTTP/m。

对于这类带有不同标志的正则表达式规则不能简单地用"或"运算合并。而使用 Hyperscan 可以较好地支持对各种多正则表达式规则的单次编译和单次匹配，使用方便、灵活，且运行效率很高。

由于 Hyperscan 与 PCRE 支持的语法存在一些差异，由此在正则表达式规则的编译期，需要对每条规则进行检查分类。根据结果规则可分为三类：第一类为 Hyperscan 支持的规则；第二类为 Hyperscan 不支持但可使用 Hyperscan 预过滤功能的规则；第三类为 Hyperscan 不支持且不能使用预过滤功能的规则。对于第一类和第二类规则，使用 Hyperscan 的多正则表达式编译接口进行一次编译；对于第二类和第三类规则，需要使用 PCRE 对逐条规则进行编译，因为第二类规则需要应对预过滤可能出现的 PCRE 确认操作,而第三类规则必须用 PCRE 进行匹配。

对规则的检查分类过程如图 8.9 所示。

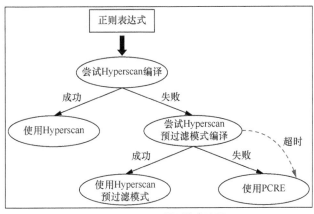

图 8.9　Rspamd 规则检查流程

各个阶段对应的伪代码如下：

```
1    void classify(const char *pat, int flag, int id) {
2        // try hyperscan
3        if (hs_compile(pat, flag, …) == HS_SUCCESS) {
4            hs_pats[n] = pat;
5            hs_flags[n] = flag;
6            hs_ids[n++] = id;
7        } else {
8            // try prefilter
9            if (hs_compile(pat, flag | HS_FLAG_PREFILTER, …) == HS_SUCCESS) {
10               hs_pats[n] = pat;
11               hs_flags[n] = flag | HS_FLAG_PREFILTER;
12               hs_ids[n++] = id;
13               compile with pcre;
14           } else {
15               compile with pcre;
16           }
17       }
18   }
```

对所有规则检查分类完成后，第一类和第二类规则及其标志和 id 保存在 hs_pats[]、hs_flags[] 和 hs_ids[] 数组中。编译进程将它们编译并存储，然后通知主进程编译完成，主进程随后广播至多个扫描进程，扫描进程读取编译好的规则并对语料进行扫描，如图 8.10 所示。

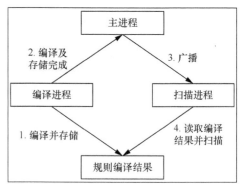

图 8.10　Rspamd 进程协作

编译和存储过程的伪代码如下：

```
1    void compile() {
2        hs_compile_multi(hs_pats, hs_flags, hs_ids, n, …, &hs_db, …);
3        hs_serialize_database(hs_db, &hs_serialized, &serialized_len);
4    }
```

读取和扫描过程的伪代码如下：

```
1    void scan() {
2        hs_deserialize_database(ptr, len, &hs_db);
3        hs_alloc_scratch(hs_db, &hs_scratch);
4        hs_scan(hs_db, data, len, 0, hs_scratch, db, db_data);
5    }
```

扫描进程在运行时，对第一类和第二类规则进行一次扫描，获得的所有匹配结果中，来自第一类规则的匹配为真实匹配；来自第二类规则的匹配需要单独运行 PCRE 做一次确认，若 PCRE 也报告匹配，则为真实匹配；对第三类规则，只能逐条运行 PCRE 进行扫描。图 8.11 即展示了这一过程。

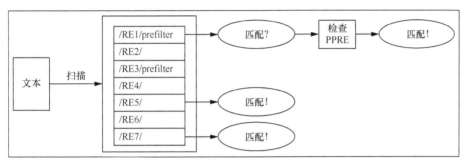

图 8.11 Rspamd 的扫描和匹配确认过程

在某测试场景中，Rspamd 对 4095 条正则表达式规则进行多规则匹配，分别使用 PCRE 和 Hyperscan 进行对比。当单纯使用 PCRE 时，必须对每条正则表达式规则进行编译并匹配，相同语料会被匹配很多次；而使用 Hyperscan+Prefilter+PCRE 时，大部分正则表达式规则可被一次编译并进行匹配，只有 Hyperscan 不支持的少量规则会用到 PCRE 匹配。总体而言，如图 8.12 所示，使用 Hyperscan+Prefilter+PCRE 时其吞吐量比单纯使用 PCRE 获得了 2.85 倍的提升。

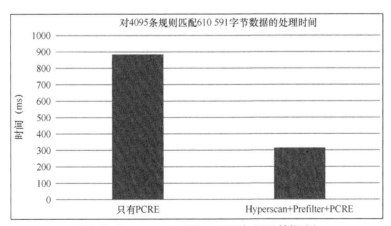

图 8.12 Hyperscan+Prefilter+PCRE 与 PCRE 性能对比

Hyperscan 在 Rspamd 中的应用，代替了原来单纯使用 PCRE 的做法，其关键在于以下几点：Hyperscan 对 PCRE 的性能优势，Hyperscan 处理多正则表达式规则的便利，Hyperscan 预过滤模式的使用，以及对编译好的规则的重复利用。

8.4　深度报文检测

DPI 系统可检测应用程序/协议类型并提取数据报文元数据，以用于网络分析、流量管理和网络安全解决方案等。知名的商业 DPI 方案有 Enea 公司的 Qosmos 和 Rohde&Schwarz 公司的 ipoque。同时还有来自 ntop 的 nDPI 以及 FD.io 中基于 VPP 的 UDPI 开源项目。我们将在本节深入研究这两个开源解决方案。

8.4.1　nDPI

nDPI 是 GNU LGPL 许可的开源 DPI 解决方案，支持 240 多种协议/应用程序识别。它们可以被归纳为以下不同的类别。

- 信息通信（Facebook、WhatsApp）。
- 多媒体（YouTube、iTunes）。
- 会议（Webex、CitrixOnline）。
- 流媒体（爱奇艺、Netflix）。
- 商业应用（VNC、Citrix）。

nDPI 以数据报文流作为输入，因此要求用户在调用 nDPI 函数之前完成对报文中的数据链路层和网络层信息的解析。nDPI 提取网络报文五元组信息对流进行分类，然后根据传输层协议类型检测上层应用程序。因为 TCP 和 UDP 都有与自己对应的一组上层应用程序，所以可以有效地减少要检查的应用程序类型的数量。

随着应用程序和服务种类激增，往往需要不断添加功能来检测新的应用。nDPI 提供了一个灵活的框架，开发者可以在其中通过以下两种方式动态添加新应用的检测功能。

1. 协议配置文件

如下所示，用户可以创建一个新的协议配置文件，该文件通过传输协议（TCP/UDP）、网络端口号、主机名、IP 地址等信息来定义应用程序类型。nDPI 可以在启动时通过加载该配置文件来动态添加识别文件中定义的应用。

```
Format:
#   <tcp|udp>:<port>,<tcp|udp>:<port>,.....@<proto>
tcp:81,tcp:8181@HTTP

#   Subprotocols
#   Format:
```

```
#  host:"<value>",host:"<value>",.....@<subproto>
host:"googlesyndication.com"@Google
```

2. 协议解析器

nDPI 中包含对各种协议或应用的解析器。在完成 TCP 或 UDP 解析后，nDPI 将遍历所有协议解析器以识别应用类型。每个协议解析器为相应的应用实现了专用的检测逻辑。以 SSL / TLS 解析器为例，在解析完网络流中的 IP 和 TCP 信息后，nDPI 将报文交给 SSL/TLS 解析器来进一步处理。由于 SSL/TLS 协议在握手建立连接之后将对流中所有后续数据报文进行加密，应用类型识别必须在握手阶段进行，且握手阶段出现的 SeverHello 和 Certificate 类型的数据报文的证书信息中包含上层应用对应的 URL 信息，因此，该解析器通过匹配它们证书中包含的 URL 来确定应用类型。

为了检测大量应用类型，nDPI 在内部定义了一个应用程序规则库，其中包含了各种应用对应的 URL 信息。如下例所示，它定义了微信应用所有可能使用的 URL。

```
{ ".wechat.com", NULL, "\\.wechat\\.com",     "WeChat",       NDPI_PROTOCOL_WECHAT, NDPI_
PROTOCOL_CATEGORY_CHAT, NDPI_PROTOCOL_FUN },

{ ".wechat.org", NULL, "\\.wechat\\.org",     "WeChat",       NDPI_PROTOCOL_WECHAT, NDPI_
PROTOCOL_CATEGORY_CHAT, NDPI_PROTOCOL_FUN },

{ ".wechatapp.com", NULL, "\\.wechatapp",     "WeChat",       NDPI_PROTOCOL_WECHAT, NDPI_
PROTOCOL_CATEGORY_CHAT, NDPI_PROTOCOL_FUN },

{ ".we.chat", NULL, "\\.we\\.chat",           "WeChat",       NDPI_PROTOCOL_WECHAT, NDPI_
PROTOCOL_CATEGORY_CHAT, NDPI_PROTOCOL_FUN },
```

3. 性能测试

nDPI 识别过程中利用了 Aho-Corasick 算法为网络流并行匹配多个 URL 字符串。我们可以通过使用 Hyperscan 替换 Aho-Corasick 算法来进一步加速匹配性能。我们将通过 nDPI 官方工具 ndpiReader 进行性能评估，展示 Hyperscan 带来的性能提升。如下所示，ndpiReader 提供了完整的统计信息，包括吞吐量、平均内存占用量和流量特征等。

```
nDPI Memory statistics:
     nDPI Memory (once):      203.64 KB
     Flow Memory (per flow):  1.95 KB
     Actual Memory:           2.85 MB
     Peak Memory:             2.85 MB
```

```
Traffic statistics:
        Ethernet bytes:           6323017         (includes ethernet CRC/IFC/trailer)
        Discarded bytes:          0
        IP packets:               6999            of 6999 packets total
        IP bytes:                 6155041         (avg pkt size 879 bytes)
        Unique flows:             61
        TCP Packets:              6954
        UDP Packets:              44
        VLAN Packets:             0
        MPLS Packets:             0
        PPPoE Packets:            0
        Fragmented Packets:       0
        Max Packet size:          1480
        Packet Len < 64:          2764
        Packet Len 64-128:        99
        Packet Len 128-256:       65
        Packet Len 256-1024:      234
        Packet Len 1024-1500:     3837
        Packet Len > 1500:        0
        nDPI throughput:          184.33 K pps / 1.24 Gb/sec
        Analysis begin:           13/Jan/2017 09:50:30
        Analysis end:             13/Jan/2017 09:52:00
        Traffic throughput:       77.82 pps / 549.26 Kb/sec
        Traffic duration:         89.937 sec
Detected protocols:
        DNS              packets: 28       bytes: 4469       flows: 12
        HTTP             packets: 929      bytes: 1011981    flows: 6
        SSDP             packets: 16       bytes: 2648       flows: 1
        IGMP             packets: 1        bytes: 60         flows: 1
        SSL              packets: 1047     bytes: 603725     flows: 20
        NetFlix          packets: 4908     bytes: 4482357    flows: 18
        Amazon           packets: 70       bytes: 49801      flows: 3NetFlix
```

表 8.7 显示了测试配置。

表 8.7　nDPI 测试配置

属性	值
CPU	Intel Xeon Gold 6152
nDPI®版本	2.9.0-1466-6c9fbc2
Hyperscan 版本	5.1

nDPI 在测试中共处理了 76 个 PCAP 文件，它们包含访问热门网站而抓取的网络流量。图 8.13 给出了性能测试结果。由于空间限制，在此图中我们仅显示了因 Hyperscan 而性能提升最多的 36 个 PCAP 文件。但请注意，在任何情况下，nDPI 都不会因为使用 Hyperscan 检测 PCAP 文件而降低性能。可以看出，在集成了 Hyperscan 后，nDPI 在检测几乎所有 PCAP 文件时获得了数倍的性能提升。

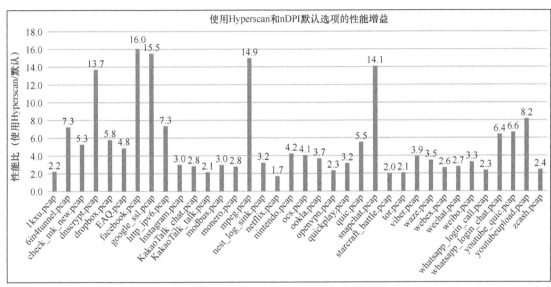

图 8.13　开启 Hyperscan 对 nDPI 的性能提升

8.4.2　UDPI

通用深度报文检测（Universal Deep Packet Inspection，UDPI）项目通过与 VPP 网络协议栈的结合构建了高性能的 DPI 解决方案。该项目使用 Hyperscan 来对网络流中的 URL 进行匹配以识别应用类型。UDPI 总体设计如图 8.14 所示。

如图 8.14 所示，UDPI 主要涵盖以下 3 个部分。

1.　流分类

UDPI 首先通过五元组（源 IP、目的 IP、源端口、目的端口及协议类型）信息进行流分类。如果数据报文属于尚未被识别的新流，则将生成新的流 id，并且必须进行深度报文检测才能找到对应应用类型。否则，这就意味着该数据报文属于已经被识别的流，可以立刻返回应用程序类型。完整的功能支持列表如下所示。

- 硬件流分类：最新的 Intel 网卡 FVL 可以加速流分类，并可以降低对 CPU 资源的占用率。

- 软件流分类：在没有硬件流分类功能时，可基于软件实现流分类。
- 同时支持 IPv4 和 IPv6 网络流。
- 支持隧道流量识别。
- 支持桥接域（Bridge Domain，BD）感知和虚拟路由转发（Virtual Routing Forwarding，VRF）感知。
- 双向流映射：识别相同主机和客户端之间的双向网络流，并将它们映射到相同的流 id。

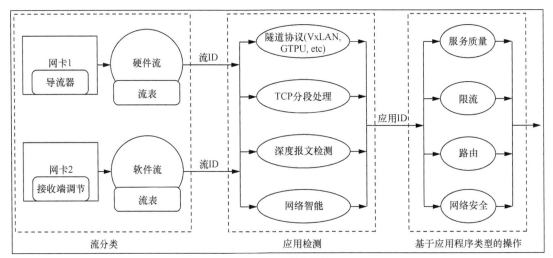

图 8.14　UDPI 总体设计

2.　应用检测

- 隧道支持。

支持对隧道数据报文进行解析，以进行进一步处理。

- TCP 流管理。
  - TCP 连接记录。
  - TCP 会话的流过期管理。

TCP 段重组：要检测的负载可分布在多个数据报文中，且接收到的同一网络流的 TCP 数据包可能是乱序且内容重叠的。因此 TCP 段重组是应用识别的先决条件。

- DPI。
- 应用程序数据库。
  - 默认静态的基于应用 URL 的规则库。
  - 动态添加的应用程序配置文件。

- 网络智能。
  - 利用机器学习进行应用分类。

检测阶段的核心是将 Hyperscan 用作匹配引擎，根据已定义规则快速匹配数据报文。Hyperscan 与其他方法不同，它包含流模式以支持跨报文匹配。如图 8.15 所示，在块模式中，需要在匹配之前将数据报文 1 与数据报文 2 拼接到一段连续的内存中。而流模式下避免了内存复制的开销，它在匹配完报文 1 之后可保存临时匹配状态，并依靠保存的状态继续匹配数据报文 2。在需要匹配的报文数量很多的情况下，利用流模式可以显著提高整体检测性能。

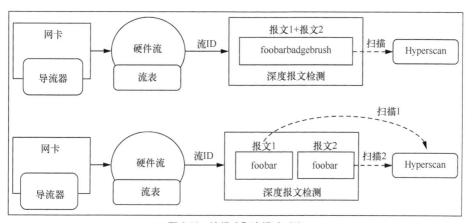

图 8.15　块模式和流模式对比

3. 基于应用程序类型的操作

应用识别可使用户基于流量类型定义后续处理策略，包括 QoS、限速、路由和安全等。

UDPI 是 FD.io 新成立的项目，在编写本书时有 13 家公司和 20 个贡献者参与其中，并且已经发布了第一个版本 20.01。通过与开源社区的合作，我们将使 UDPI 进一步增强性能，并添加新功能。

8.5　数据库

大多数数据库系统支持正则表达式的语法，并需要各类正则匹配算法的支持。但不同数据库用于正则表达式匹配的"手段"可能并不足够优化。目前已知采用了 Hyperscan 的开源数据库产品只有 ClickHouse，这是一款非常高性能的列式存储数据库，Hyperscan 因为在多规则匹配上的优越性能被用于加速该数据库的多条正则表达式查询和定位功能。

我们深入若干开源数据库系统，将 Hyperscan 作为它们的正则表达式匹配工具，观察性能上潜在的收益。实验证明，对需要大规模正则表达式匹配的应用场景来说，采用 Hyperscan 比采用这些数据库系统内置的匹配操作在性能上的提升更大（2～10 倍）。本节给出我们在数据库与 Hyperscan 整合方面所做工作的一些介绍。

8.5.1　整合概述

1. 目标数据库系统和数据

我们深入几种开源关系数据库管理系统（Relational DataBase Management System，RDBMS）：MySQL（Oracle 公司旗下产品）、MariaDB（由开源社区维护的 MySQL 的一个分支）、PostgreSQL（加州大学伯克利分校计算机系开发），以及一个面向文档的、非关系数据库系统——MongoDB。

数据方面，我们从互联网电影数据库（Internet Movie DataBase，IMDB）上获得了纯文本的数据源，并借助开源脚本将数据导入结构查询语言（Structure Query Language，SQL）表和 Mongo 文件。（IMDB 现在已经更改了数据集的访问方式：这些数据仍然是可用的，但绝大部分数据转移到了 AWS S3，需要用户对数据的存储和下载进行一定的费用支付。）

用于后续测试实验的数据内容是存档在 IMDB 中的引文集合。在 SQL 数据库中，"movie_info" 表包含了诸多关于电影内容的一些事实，例如上映日期、地点、原声带列表、花絮等——表格总大小约为 2GB，其中约有 200MB 为引文内容，分布在 819 508 行记录中，平均每个引文数据项的大小约为 255.9B。

MongoDB 中的数据库表现形式不同于 SQL 表——每个电影的引文信息被整合进了一个 BSON 文档。引文条目的数据总大小约为 195MB，平均每个引文数据项的大小约为 1727.75B。

通常情况下，数据库应用不提倡对 SQL 数据库进行全表扫描。很多系统在处理文本字段时，可能会对字符串进行分词并构建索引，或者采用其他预处理手段，使得整体性的扫描基本上能够被避免。而实施这些优化有一个重要前提——对实际搜索负载的关键词分布具有先验知识。本文关于正则表达式的性能对比分析主要是建立在"需要对数据库进行完全搜索"这一前提下。

2. 数据库中的正则匹配

目前在数据库系统中，有两种常用的正则表达式引擎：PCRE（libpcre）、POSIX RE（以 Henry Spencer 的实现版本为代表）。Hyperscan 能够按 PCRE 的语法和语义进行匹配。POSIX RE 的语法与 PCRE 和 Hyperscan 整体相似，但略有区别。对本次实验内容而言，这些区别无伤大雅。

SQL 数据库支持不同类型的文本匹配操作。常见的就是 LIKE 操作符，它可以结合通配符的代换来进行简单的文本匹配。

MySQL 和 MariaDB 支持直接进行正则表达式匹配的 REGEXP 操作符。PostgreSQL 使用~（波浪号）字符来执行正则表达式匹配。MariaDB 使用 PCRE 库来实现其正则匹配操作符，而 MySQL 和 PostgreSQL 的实现属于 Spencer 正则表达式代码的某种形式。

所有这些匹配形式的返回值都是布尔类型——给定的规则要么在该字段有至少一个匹配，要么没有匹配。它们不对匹配次数进行计数，也不会记录发生匹配时的位置。

我们使用 SELECT 语句来获取被索引的 movie_info 表中的引文信息。简洁起见，我们对引文类型 id 字段进行硬编码，而不是每次都通过 JOIN 操作类连接 info_type 表。例如：

```
SELECT count(*) from movie_info m
    WHERE m.info_type_id = 15 AND m.info LIKE "%foo%";
```

MongoDB 将查询任务表达为 JavaScript 和 JSON 的结合。由于 MongoDB 内嵌了 libpcre 来执行正则表达式匹配，因此其规则的书写形式也遵循 PCRE 语法。上述查询语句在 MongoDB 中的等价表述为：

```
db.MovieDoc.find({"DocType" : "quotes", "DocText" : /foo/}).count()
```

我们在 SQL 和 MongoDB 数据库中分别为 info_type 和 DocType 构建了索引，这样就节省了定位到需要做扫描的指定条目的位置的时间。

3. Hyperscan 的整合实现

为了实现 SQL 数据库系统对 Hyperscan 的调用，我们实现了可链接到 Hyperscan 库服务器的 C 语言函数。在 MySQL 和 MariaDB 中，这一函数也被称为用户定义函数（User Defined Function，UDF）。事实上对这两个同源数据库系统来说，编写的 UDF 是相同的。

针对 PostgreSQL 的整合实现则稍显复杂。我们需要实现一种 Hyperscan 类型，并且定义若干基于此类型的关键操作。

MongoDB 没有可供用户进行服务器函数扩展的途径，于是我们整体复制了一份服务器代码，并将其中用 PCRE 实现正则匹配功能的部分整体替换成了 Hyperscan。

在所有这些与数据库系统的整合过程中，对 Hyperscan 的影响之一是，它需要一个规则编译期，并且能够完成为了真正完成扫描所需的 scratch 空间的分配工作。其实在这些实现中，我们不得不通过每执行一条查询语句都要进行编译和空间分配，来让 Hyperscan 和数据库系统一起工作。在最坏的情况下，如果查询是针对所有记录行的，那么 Hyperscan 的性能就会大幅缩水。

8.5.2　实验结果与分析

1．实验环境配置

我们选取了一小组正则表达式集合进行实验测试，如表 8.8 所示。这些表达式不仅足够简洁，同时也能涵盖很多反映匹配引擎性能的要素。这些规则会尽可能地使用不同匹配引擎共同支持的语义。唯一的例外是，MySQL 中 REGEXP 操作符并不支持以\d 的形式指代任意数字字符。

表 8.8　测试用到的正则表达式

正则表达式编号	正则表达式文本
1	'foo' (or '%foo%')
2	'^foo' (or 'foo%')
3	'foo|bar' (LIKE '%foo%' OR LIKE '%bar%')
4	[0-9]{6}
5	\\d{6}
6	[[:digit:]]{6}
7	[[:space:]]foo[^[:alnum:]]bar
8	[[:space:]]foo[^[:alnum:]]bar|[[:digit:]]{6}
9	/pride|greed|lust|envy|gluttony|sloth|wrath/

前两个规则寻找字段中包含字符串 foo 的记录：第 1 个规则匹配任意位置的 foo，第 2 个规则为"首端锚定"，即必须在记录的起始位置开始匹配，这也是一种常见的简易测试形式。第 3 个规则寻找字段中的字符串 foo 或者 bar。接下来的 3 个规则都是长度为 6 的字符序列，区别在于字符类型。基于这 3 个规则的匹配性能刻画了系统对 Unicode 属性的处理行为——Unicode 要比[0..9]包含更多的数位。第 7 和第 8 两个规则再次对字段中的 foo、bar，以及数字序列进行匹配，但与前述用例有所区别的是，字符串前面需带有额外的字符类前缀。最后一个规则是 7 个单词的简单并列，当任意一个单词发生匹配时，返回值即为真（在 LIKE 关键词场景中，等价于将多个 LIKE 语句通过 OR 运算一起执行）。

计时方面，实验使用数据库系统本身的计时汇总。在 MySQL 和 MariaDB 中，时间单位为秒。PostgreSQL 和 MongoDB 则使用微秒。

运行测试程序的系统是双 socket Intel® Xeon® E5-2699v3，2.3GHz 主频，128GB 内存。数据库位于一块 Intel-730 系列固态盘（Solid State Disk，SSD）上，与系统驱动分离。同一时刻只有一个数据库服务在运行，所有的数据库参数设置都保持默认值。

2. 性能测试结果

（1）MariaDB 10.1.24。

表 8.9 给出了 MariaDB 的测试数据。使用 LIKE 进行文本串定位时，除了在最后一个规则中表现出了由于多次 OR 运算导致的明显性能下降，一般情况下的性能和 Hyperscan 是大致相当的。使用 REGEXP 操作符时，匹配性能则显示了更大的差异，尤其是最后 3 个规则。随着规则复杂度的增加，Hyperscan 相对 PCRE 的性能优势也更明显。

表 8.9　MariaDB 性能数据

规则	hscan/s	REGEXP/s	LIKE/s	匹配计数
'foo' (or '%foo%')	1.76	2.54	1.62	17 469
'^foo' (or 'foo%')	1.51	1.81	1.72	74
'foo|bar'	2.05	9.34	2.07	51 713
[0-9]{6}	1.52	6.60	n/a	97
\\d{6}	1.70	7.35	n/a	97
[[:digit:]]{6}	1.67	8.67	n/a	97
[[:space:]]foo|[^[:alnum:]]bar	1.81	15.82	n/a	43 627
[[:space:]]foo|[^[:alnum:]]bar|[[:digit:]]{6}	2.51	22.32	n/a	43 720
/pride|greed|lust|envy|gluttony|sloth|wrath/	1.58	26.03	4.61	4543

（2）MySQL 5.7.18。

MySQL 的测试结果如表 8.10 所示。和 MariaDB 类似，LIKE 操作符的性能表现与 Hyperscan 对比仍算相当不错，但 REGEXP 操作符没有在任何匹配实例中取得可与 Hyperscan 所匹敌的性能。最后一个规则的 REGEXP 匹配性能下降十分巨大，值得注意。

表 8.10　MySQL 性能数据

规则	hscan/s	REGEXP/s	LIKE/s	匹配计数
'foo' (or '%foo%')	2.90	9.27	3.15	17 469
'^foo' (or 'foo%')	2.08	8.67	2.36	74
'foo|bar' (LIKE '%foo%' OR LIKE '%bar%')	2.39	13.15	2.58	51 713
[0-9]{6}	2.24	10.64	n/a	97
\\d{6}	2.69	n/a	n/a	97
[[:digit:]]{6}	2.73	9.20	n/a	97
[[:space:]]foo|[^[:alnum:]]bar	2.57	14.69	n/a	43 627
[[:space:]]foo|[^[:alnum:]]bar|[[:digit:]]{6}	3.21	27.43	n/a	43 720
/pride|greed|lust|envy|gluttony|sloth|wrath/	2.27	37.35	4.87	4543

（3）PostgreSQL。

表 8.11 和表 8.12 分别展示了 PostgreSQL 在大小写敏感性的不同配置下的性能数据。在 PostgreSQL 中扫描表要比在 MySQL 和 MariaDB 中快很多，然而其 LIKE 操作符的匹配性能已经明显落后于 Hyperscan。值得注意的是，PostgreSQL 中的 LIKE 操作符是大小写敏感的，因此若要将 PostgreSQL、MySQL 和 MariaDB 三者进行公平比较，我们应该关注的是 ILIKE 这个大小写不敏感的操作符。表格中很直观地显示了 PostgreSQL 以大小写不敏感的方式进行匹配会影响性能。

表 8.11　PostgreSQL 性能数据（大小写敏感）

规则	hscan/ms	~ (regexp)/ms	LIKE/ms	匹配计数
'foo' (or '%foo%')	379.4	1805.9	761.5	16 304
'^foo' (or 'foo%')	375.4	805.1	321.5	1
'foo|bar' (LIKE '%foo%' OR LIKE '%bar%')	517.7	1909.6	1091.5	32 822
[0-9]{6}	488.7	1576.8	n/a	97
\\d{6}	558.4	1572.2	n/a	97
[[:digit:]]{6}	557.9	1565.0	n/a	97
'[[:space:]]foo|[^[:alnum:]]bar'	910.8	2366.0	n/a	25 470
[[:space:]]foo|[^[:alnum:]]bar|[[:digit:]]{6}	1040.2	2720.0	n/a	25 564
/pride|greed|lust|envy|gluttony|sloth|wrath/	589.0	5599.7	3321.3	4044

表 8.12　PostgreSQL 性能数据（大小写不敏感）

规则	hscan/ms	~ (regexp)/ms	ILIKE/ms	匹配计数
'foo' (or '%foo%')	441.5	1689.5	3046.0	17 469
'^foo' (or 'foo%')	455.4	826.0	2773.7	74
'foo|bar' (LIKE '%foo%' OR LIKE '%bar%')	511.0	1939.32	5501.7	51 713
'[[:space:]]foo|[^[:alnum:]]bar'	954.5	2548.4	n/a	43 627
[[:space:]]foo|[^[:alnum:]]bar|[[:digit:]]{6}	1085.3	2853.3	n/a	43 720
/pride|greed|lust|envy|gluttony|sloth|wrath/	537.8	5741.5	18 290.7	4543

此外，PostgreSQL 实现的 Spencer 正则匹配引擎的表现要优于 MySQL。但与之相比 Hyperscan 仍有 4～10 倍的显著性能优势。

（4）MongoDB 3.4.4。

MongoDB 的测试结果如表 8.13 所示。MongoDB 结合 libpcre 和 Hyperscan 的性能差异已标记于表中。除了简单的单字符串匹配用例之外，其他的规则匹配在 PCRE 的作用下都会比 Hyperscan 耗费更多的时间。MongoDB 中的规则在默认情况下是大小写敏感的，使用 i 标记可转化为大小写不敏感，可参见最后一个规则的写法。表格最后一列匹配计数与前面 3 个数据库的测试记录不相同的原因是，MongoDB 的数据组织格式与前三者存在差异。

表 8.13 MongoDB 性能数据

规则	mongo hscan/ms	mongo pcre/ms	匹配计数
'foo'	223	909	12 176
'^foo'	192	435	0
'foo|bar'	241	4594	20 721
[0-9]{6}	235	3797	94
\\d{6}	236	3940	94
[[:digit:]]{6}	262	3798	94
'[[:space:]]foo|[^[:alnum:]]bar'	264	5185	16 389
[[:space:]]foo|[^[:alnum:]]bar|[[:digit:]]{6}	320	7596	16 894
/pride|greed|lust|envy|gluttony|sloth|wrath/i	299	20 397	3895

3. 结论

进行数据匹配只是 SELECT 语句执行过程中需要完成的众多任务之一。如果对数据库表中的一行数据使用 REGEXP 操作符进行完整扫描需要花费 n s，那么更换为另一种正则匹配实现后，有多少比例的时间可以节省下来呢？

下面是一个具体实例。利用 Linux perf 工具可以得到 PostgreSQL 对第 3 个规则 foo|bar 进行匹配的 SELECT 语句的整个调用链：

```
Children    Self      Samples  Command        Shared Object        Symbol
........    .....     .........  ...........    ...............      ...........................
91.31%      0.00%          0 postgres        postgres             [.] PostgresMain
               |
           ---PostgresMain
                |
              --91.23%-- PortalRun
                         PortalRunSelect
                         standard_ExecutorRun
                         ExecProcNode
                         ExecAgg
                         |
                        --91.14%-- fetch_input_tuple
                                  |
                                  --91.11%-- ExecProcNode
                                            |
                                            --90.99%-- ExecScan
```

```
                                           |
                                    --82.98%-- ExecQual
                                           |
                                    --82.60%-- ExecMakeFunctionResultNoSets
                                           |
                                    --80.14%-- textregexeq
                                           |
                                    --78.53%-- RE_execute
```

如上所示，整个任务有 91.31% 的时钟周期用于运行 PostgreSQL 服务器，78.53% 的时间用于实际执行正则匹配函数，计算可知正则匹配子任务在服务器查询总任务所占比例约为 86%。PostgreSQL 对这一 SELECT 语句的计时为 1909ms，这意味着如果正则匹配的速度达到无限快，最理想的执行时间应约为 266ms。而通过 Hyperscan 来匹配正则，最终的扫描时间是 517ms。

我们已经看到，在数据库系统中，使用 Hyperscan 来完成正则表达式匹配任务能够为某些应用带来很大的性能提升。

这些数据库系统中现有的正则表达式匹配实现都没有针对现代处理器进行优化，即便是相对容易的简单字符串匹配也不够高效。与这些实现相反，Hyperscan 则充分利用了现代 x86 指令集和 SIMD 编程的优势，借助它能够轻易获得可预见的性能提升。

Hyperscan 以往多应用于网络安全环境，且被设计为能够同时操作多个正则表达式的处理模式，足够应付海量数据。尽管本实验的测试用例大多是单规则匹配，数据集规模一般，但我们仍有把握说，Hyperscan 会是数据库用户的福音。

在现代数据库系统的众多应用场景中，面向正则表达式或字符串匹配任务的大规模数据项扫描并不算一种主流应用形式，但 Hyperscan 在该应用下的优异性能表现仍然是十分值得关注的。未来，将 Hyperscan 在这些用例下进行更适配的调优，探索 Hyperscan 和数据库索引机制的有效结合，都是大有前景的工作。

8.6　Web 应用防火墙

由于网络服务和应用程序的激增，以及将服务迁移到云的趋势，使云安全变得越发重要。因此，主要的云服务提供商都提供了自己的 Web 应用防火墙（Web Application Firewall，WAF），以保护其私有的和客户部署的应用程序。WAF 通常以插件的形式与 Web 服务器（例如 Nginx 和 Apache）相结合。它利用预定义的规则对 HTTP 包头和负载执行深度报文检测以识别潜在威胁，包括 SQL 注入、跨站点脚本（Gross-Site Scripting，XSS）、文件包含、错误安全性配置等。开放式 Web 应用安全项目（Open Web Application Security Project，OWASP）包含了 WAF

用来防御各种攻击的核心规则集。

ModSecurity

1. ModSecurity 概述

ModSecurity 是被广泛使用的开源 WAF，由 Trustwave 的 SpiderLabs 开发，目前已应用在 1 万多个解决方案中。ModSecurity 的主要工作流程包括 HTTP 流量的 5 个处理阶段，涵盖 HTTP 请求头部、请求正文、响应头部、响应正文和日志记录。对于每个单独的阶段，用户都可以定义特定规则以决定检测策略。内部引擎将遍历定义的规则并触发检测行为。基于检测结果，ModSecurity 可以对当前的流量采取进一步的操作。ModSecurity 支持的规则主要分为 6 个部分。

（1）配置指令。

用户可以配置整体策略，包括检测方法、阈值变量和目录路径等。下面显示了两个示例指令。

1）SecDebugLog：定义 debug 日志的路径。

2）SecRequestBodyLimit：配置可缓存的最大 HTTP 请求正文大小。

（2）处理阶段。

1）HTTP 请求头部。

此阶段提供对 HTTP 报文头部的检查，其中包括 HTTP 请求方法和其他各种参数。例如，一些经常检查的参数包括请求文件名、URI、IP 地址、用户代理、内容类型和 cookie 等。

2）HTTP 请求正文。

请求主体处理主要涉及面向应用程序的规则。此阶段有 3 种主要的数据编码类型。

- application / x-www-form-urlencoded：用于传输表单数据。
- multipart/form-data：用于文件传输。
- text / xml：用于传递可扩展标记语言（eXtensible Markup Language，XML）数据。

3）HTTP 响应头部。

此阶段处理从服务器发送的响应数据报文头部。

4）HTTP 响应正文。

这是检查从服务器发送的响应报文正文，包括文件、错误消息或失败的身份验证信息等。

5）日志记录。

更新常规统计信息并记录异常情况，例如拒绝服务。

（3）变量。

这与处理阶段配置相结合，定义了要检查的目标内容，例如文件属性、HTTP 头部字段、

HTTP 方法和时间信息。

（4）转换功能。

对于实际的网络流量，通常在检测内容之前需要对接收到的数据报文内容进行转换解码。ModSecurity 构建了 30 多种转换功能，包括 Base64 解码、URL 解码、HEX 解码和空白字符删减等。以 HEX 解码为例，报文负载<img src = 1 onerror ="alert(1)">由 Web 服务器进行编码。URL 编码的输出为%3cimg + src%3d1 + onerror%3d%22alert(1)%22%3e，其中特殊符号都为 HEX 格式（例如将<转换为%3c，将>转换为%3e，将空格转换为+，将=转换到%3d）。

（5）操作。

匹配完规则后，ModSecurity 将通过此参数定义后续的操作。这些操作可能会影响网络流量处理（例如通过、阻止和丢弃等），或执行与元数据相关的操作，例如记录内部变量值和日志。

（6）运算符。

在同一规则中为变量配置特定的运算符。它们涵盖了 SQL/XSS 检测、IP 匹配、字符串匹配和正则表达式匹配等。

典型的 ModSecurity 规则如下所示：

```
SecRule REQUEST_FILENAME" @contains / admin / config /"" id: 9001122,
phase: 2, pass, nolog, ctl: ruleRemoveById = 942430"
```

让我们将此规则分解为单独的部分。

- SecRule（配置指令）：定义一个新规则。
- REQUEST_FILENAME（变量）：要检查的变量为特定文件名。
- " @contains /admin/config/"（运算符）：要求匹配字符串/admin/config/。
- id:9001122（操作）：为此规则分配的 id 值为 9001122。
- phase:2（处理阶段）：此规则将在处理 HTTP 请求正文阶段被触发。
- pass（操作）：即使匹配成功，也将继续对下一条规则进行检测。
- nolog（操作）：无须记录日志。
- ctl:ruleRemoveById = 942430（操作）：匹配此规则后，将跳过对 id 为 942430 的规则的检测。

2. Hyperscan 集成

我们在 ModSecurity 中找到了一些规则匹配开销较大的操作，以使用 Hyperscan 进行性能加速。这些操作为单条正则表达式匹配和多字符串匹配。由于 Hyperscan 更适用于多条正则表达式匹配，因此在 ModSecurity 中使用 Hyperscan 进行单条正则表达式匹配并无显著优势。由于 Hyperscan 多字符串匹配性能显著高于经典算法，因此可以使用 Hyperscan 提高 ModSecurity 中多字符串匹配性能。ModSecurity 中包含两个用于多字符串匹配的运算符。

（1）pm。

利用 Aho-Corasick 匹配算法，为所定义的字符串规则执行不区分大小写的匹配。例如，以下规则将在 HTTP 请求头部中的 User-Agent 字段里匹配 pm 关键字后定义的字符串。

```
# 通过查看用户代理标识来检测可疑客户端
SecRule REQUEST_HEADERS:User-Agent "@pm WebZIP WebCopier Webster WebStripper ... Site
Snagger ProWebWalker CheeseBot" "id:166"
```

（2）pmf。

pmf 是 pmFromFile 的简称，与 pm 运算符功能类似。但是它需要解析文件中定义的字符串规则来进行匹配。

3. 性能评估

我们利用了开源 Web 服务器性能测试工具 Windows 研究内核（Windows Research Kernel，WRK）来进行性能评估。WRK 可以通过定义 HTTP 请求头部各字段内容来初始化 HTTP 请求流量，并在指定的时间长度内产生大量相同的连接。

我们将 ModSecurity 以模块形式与 Nginx 编译在一起，并使用 ModSecurity Nginx 连接器将 HTTP 流量从 Nginx 导入 ModSecurity。同时，ModSecurity 将加载 OWASP ModSecurity crs 规则集进行检测。

在所有测试中，我们创建了一个 Nginx worker 线程来处理客户端的请求。我们通过测量每秒处理的请求数（Request Per Second，RPS）来评估 Nginx 的性能。如图 8.16 所示，每个 WRK 请求都通过 10GB 网卡从客户端（Intel®Xeon®Gold 6140 CPU @ 2.30GHz）发送到 Nginx 服务器（Intel®Xeon®CPU E5-2699 v4 @ 2.20GHz）。示例测试命令如下：

```
taskset -c 1 wrk -t 1 -c 1000 -d 10s http://target_server_ip_address/10kb.bin
```

在此命令中，总共有 1000 个持续 10s 的 HTTP 连接请求，以获取服务器上的文件。ModSecurity 将检查 HTTP 请求和响应数据报文。为了最大程度地展现 Hyperscan 带来的优势，我们需要使 ModSecurity 尽量花费更长时间进行字符串匹配。因此，检查 HTTP 响应正文中的文件内容，并逐渐增加请求的文件大小，将会增加 ModSecurity 中规则匹配的工作量。Nginx 测试数据如表 8.14 所示。

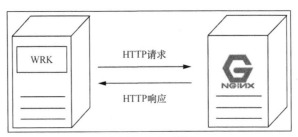

图 8.16　Nginx 测试

表 8.14　Nginx 测试数据

文件大小/KB	RPS （Nginx + ModSecurity）	RPS （Nginx + ModSecurity +Hyperscan）	性能提升
1	854.63	919.65	7.6%
10	582.32	665.18	14.2%
100	116.36	226.21	94.4%

　　如表 8.14 所示，请求文件越大，RPS 性能提升就越大。对于 100KB 的文件最多可能达到 2 倍的性能提升。在此测试中，perf top 命令输出显示，基于 Aho-Corasick 多字符串匹配最多占用 Nginx 计算总周期的 36%，而集成 Hyperscan 后多字符串匹配占用的比例减少到小于 1%。